生活窍门早知道

左　岸◎编著

中国言实出版社

图书在版编目（CIP）数据

生活窍门早知道 / 左岸编著. —北京：中国言实出版社，2015. 4

ISBN 978-7-5171-1246-4

Ⅰ. ①生… Ⅱ. ①左… Ⅲ. ①生活—知识 Ⅳ. ①TS976. 3

中国版本图书馆 CIP 数据核字（2015）第 067034 号

责任编辑：陈昌财

出版发行 中国言实出版社

地　址：北京市朝阳区北苑路 180 号加利大厦 5 号楼 105 室

邮　编：100101

编辑部：北京市西城区百万庄路甲 16 号五层

邮　编：100037

电　话：64924853（总编室）　64924716（发行部）

网　址：www. zgyscbs. cn

E-mail：yanshicbs@126. com

经　　销 新华书店

印　　刷 北京市玖仁伟业印刷有限公司

版　　次 2015 年 6 月第 1 版　2015 年 6 月第 1 次印刷

规　　格 787 毫米×1092 毫米　1/16　18 印张

字　　数 335 千字

定　　价 35. 00 元　ISBN 978-7-5171-1246-4

前 言

现代社会是一个高速发展的信息时代，时间变成了奢侈品，在高效快节奏的运转中，如何让自己的生活出彩，需要智慧，用智慧点亮的生活才丰富多彩。那么，何谓生活？这是一个简单而富有哲理性的问题，因人而异，回答不尽相同，但其宗旨没有改变，即衣、食、住、行是生活的重要组成部分。可以说，衣、食、住、行贯穿着我们的一生，影响着我们对人生观和价值观的认识。可见生活是富有创造性的，同时生活又蕴含着诸多的思索。懂生活的人，一定是智慧而快乐的，因为他们在日常生活中找到了窍门，让复杂的变为简单，让简单的变为轻松，让轻松的成为乐趣！不懂得生活的人，就没有情趣缺乏热情，表现出冷漠、孤僻、猜忌等不良的心理状态。

其实，生活并非像我们想象的那么简单，时时刻刻给我们制造一些各种各样的问题，而正是这些琐碎的小问题，开启了我们的智慧，古今中外许多伟大的发明均从生活中获得启迪，另一方面这些琐碎的小问题给我们积累了经验，例如家务事看似简单，但大有学问，需要我们不断地学习、总结，继而升华成智慧，再运用到生活中，以后遇到类似的问题，便可迎刃而解，把生活打理得井井有条，既节省了时间又愉悦了心情。

基于此，本书从居家生活的各个方面入手，从大众百姓所总结的各种聪明的、独到的、实用的、科学的、健康的生活经验和生活知识中，汇集了日常生活衣食住行各个方面的常识、方法、技巧，条条简明易学，精选了生活中时时用得上的数百种高招、绝招、巧招和妙招，不知道这些生活常识实在可惜，而学会了这些生活妙招却能为生活增色不少。一个创意，就让家居生活充满了温馨情调；一个窍门，就为生活增添了缤纷色彩；一点改变，就给我们自身创造了无穷的乐趣。

本书在编撰过程中，从家居、保洁、服饰、饮食、美容等七个方面进行材料组织，而这些小窍门最接地气，最与日常生活息息相关。所以，实用性是本书的纲领，同时将知识性、科学性、趣味性、时尚性巧妙地融为一体，然后逐一呈现给所有热爱生活的人。

目 录

第一章 家居美化——幸福生活从家开始

第二章 家庭保洁——让污垢没有藏身的地方

第三章 美丽橱柜——时尚生活穿出来

第四章　食全食美——快乐厨房里的交响

第五章　时尚美容——靓丽生活需要“妆”点自己

第六章 医疗保健——健健康康每一天

第七章　节能环保——珍爱资源是一种美德

家居美化——幸福生活从家开始

温馨的家庭，不单单体现在家人之间的和睦共处。创造美好的起居环境，有利于我们的身心健康，而身心达到了最佳状态，家庭自然就温馨。如何创造优美的家庭环境？这需要智慧，而智慧就来源于我们对家的认识。

一、设计与装饰

家居巧设计

决定布置居家环境之前，可先做纸上作业，让全家人围坐在餐桌旁共同讨论，把个人需求都列出来，通过不同意见的表达，理出一个大概的头绪，为某个空间设计做出多个方案，最终策划出一份最好、最理想的设计蓝图。

设计好蓝图后，把家具或物品试着摆放，这样才能确保空间的合理使用和设计效果相得益彰。

墙面颜色，采用怎样的地板，以及悬挂怎样的灯饰及艺术品，都可通过家庭成员的智慧来解决。

哪些家具需动手制作，哪些家具买现成品要比动手做来得便宜，哪些工作必须找专业木工才能完成等。

总之，一个理想家居要根据实际情况来设计和营造，这是最明智的做法。

设计玄关（门厅）的窍门

在居室装修中，人们往往重视客厅的装修和布置，对玄关（门厅）的装修重视不够。其实，在房间的整体设计中，玄关是给人“第一印象”的地方。因此，在设计玄关时，要注意以下一些因素。

1. 间隔和私密性

之所以要在进门处设置“玄关对景”，其最大的作用就是遮挡人们的视线。但这种遮蔽并不是完全的遮挡，而要有一定的通透性。

2. 实用和保洁

玄关同室内其他空间一样，也有其使用功能，就是供人们进出家门时在这里更衣、换鞋，以及整理装束。因此，在这个空间中，要结合“玄关对景”设置衣帽架、鞋柜和穿衣镜。这些实用的东西，不仅供人们使用，而且可装点空间。由于处于主户门旁，玄关的保洁非常重要。在门口处，放置一个脚垫，蹭去鞋底的灰尘。

3. 风格与情调

玄关的装修设计浓缩了整个设计的风格和情调，要能起到“提纲挈领”的作用。因此，在“玄关对景”的造型、装饰材料的色彩和质感上，都要精心设计、巧妙安排。

合理设计客厅的窍门

现代生活中，客厅是全家人文化娱乐、休息团聚、接待客人、交流沟通的场所。

客厅的主要功能区域为聚谈区，送往迎来、新老朋友相聚、小坐品茗，都要在这里进行；也可分为阅读、书写区、音乐欣赏区、影视欣赏区或娱乐区，等等。这些区域的活动性质往往相似，但进行活动的时间不同，因此，可尽量合并以增加空间。

为了解决有些功能区域相互干扰的矛盾，需要通过装修手段，采取不同的分隔方式来解决。

常用的分隔方式有：家具分隔、花池分隔、装饰隔断、活动百叶窗、卷帘、帷幔、折叠门、博古架、屏风及矮墙分隔等。另外，还可以采取复式地板来创造不同功能的空间：装饰精美的柱式造型象征性地分隔空间，利用顶棚天花板造型的不同变化来区别空间，以及利用地面色彩来暗示不同使用空间。这些方式因为不需要使用分隔空间的实体而节约了空间。

通过一定造型和形式的分隔，使客厅既有多个不同功能区域，又不失为一个有机的整体空间。

设计客厅角落的窍门

可在角落处设置一个距地面 0.7 米～0.8 米的精品台，台上可摆一盆鲜花或一尊雕像工艺品。精品台造型宜简洁大方，选材以木质配少量金属为佳，也可直接到家具店购买造型美观的金属架。

在离地面 1.8～2 米处角落上方挂一个两边紧贴墙体的花篮，内置色彩艳丽、气味芬芳的干花或绢花。

角落的上下两头设角柜，下角柜高度在 0.6 米左右，上角柜高度在 0.4 米左右，中间部分设置 90°扇形玻璃隔层板，间距任意选定。层板上搁置工艺品，或者在上下角柜间拉铁丝（刷黑漆）做造型。甚至可将下角柜做成花池，种些造型独特的植物。

另外，在经过处理的角落上方加一盏射灯，会让这个区域更加生机勃勃。

装饰背阴客厅的窍门

有的客厅因方位的原因光线不是很好，这种背阴的客厅遇上天气变化，更是一片灰暗。如何营造一个温馨、舒适的氛围，大有学问。利用一些合理的设计方法来扬长补短，凸显空间，让背阴的客厅变得光亮起来。

首选的办法是补充光源。光源在立体空间里能营造出层次感，适当增加一些辅助光源，尤其是日光灯类的光源，可收到奇效。另外，还可用射灯打在浅色画上，均可起到较好的效果。

另外，应统一客厅整体色彩基调。背阴的客厅忌用一些沉闷的色调。由于受空间的局限，异类的色块会破坏整体的柔和与温馨。宜选用白榉饰面，枫木饰面亚光漆家具，浅米黄色柔丝光面砖，墙面采用浅蓝色调试一下，在不破坏氛围的情况下，能突破暖色的沉闷，起到调节光线的作用。

再就是尽可能地增大活动空间，充分利用死角。根据客厅的具体情况，设计出合适的家具，靠墙展示柜及电视柜也量身定做，节约每一寸空间，在视觉上保持清爽的感觉。另外，若客厅留有暖气位置，可依墙设计一排展示柜，既可充分利用死角，保持统一的基调，还可以为展示个人文化品位打开一个窗口。同时要注意，在地面处理上尽量使用浅色材料，这样也能避免深色吃光，增加客厅内的光亮度。

居室分隔的窍门

（1）布帘：选择采用丝绒、毡毯、厚布料制成的帷幔或竹帘、百叶式卷帘等分隔居室简便易行，经济实惠，但是隔音效果较差，适用于一间多用，人口少的家庭。

（2）推拉门或屏风：选用此种方法分隔居室，灵活实用，隔音效果较好，并且装饰性强。

（3）家具：较小的房间可以采用低矮家具分隔居室，易调整，还不影响室内的亮度；采用组合家具、立柜来分隔居室，搭配灯光适合于较大的房间。

（4）花架盆栽：采用花架盆栽做分隔，可以为居室增添生机和活力，但是封闭性较差。

设计卧室时使用色彩的窍门

卧室设计可展示主人的情趣和爱好。卧室设计不需要奢华的摆设，简约、明快、合理的设计是上佳选择。

传统上，人们喜欢把卧室布置得一尘不染，然而这种一尘不染往往来自颜色的整体感。也就是说，人们喜欢采用清亮、干净的色调。比如：白色、浅蓝色或是采用小面积的点或线条，这样布置的卧室不会有压抑感。

配色包含了很多方面。首先是房间的大环境，如墙壁、地面、家具的色彩，一旦确定下来就会相对稳定，但床上用品、装饰物、窗帘的色彩则可以任意组合。

光线和灯光的变化也会对卧室色彩产生不小的影响。想一想，如果没有光，世界恐怕一片黑暗，哪儿还有这个幻彩的世界？在微风中，窗帘把月色也送进来，倾泻在地板上，谁能说得清那是一种什么样的优雅？灯光照在不同的织物上也会产生不同的效果。

卧室设计中床的位置

在卧室中，床是人们视线的焦点，这个焦点不仅会影响到卧室整体布局，而且人们在卧室的心情也会因此而发生变化。一张双人床如果放在卧室的入口处，既不方便，又让人觉得房间狭小局促。卧室中的床最好三面临空，床头靠墙，这样的布置可以方便起居。如果是单人床，则可将床靠墙摆放，以增加室内的活动面积。窗口下面最好不要摆放床，虽然室外的光线会令窗下的床显得很温暖，但强烈的光线也会影响床上织物的使用寿命，而且人们在白天的睡眠也会受到光线的影响，尤其不便的是，室外的雨水或灰尘很容易污染到窗口下的床。

布置卧室家具的窍门

卧室家具主要由睡具、化妆柜、储藏及桌椅四部分组成，其中睡具包括床和床头柜两部分。

床头柜可放置照明灯、时钟、电话机、烟灰缸、杯子及书，此外，一些零碎小件也可放在床头柜中，取拿方便。化妆家具则包括梳妆台、镜子及椅子三部分。储藏家具可收储被褥、床单、枕巾、垫席等宿具及衣物、皮包、帽子、领带等。若卧室空间面积较大，可设置专用的储藏室，将衣物、被褥等物品单独存放。休闲椅和矮桌是供主人听音乐、聊天或小酌时使用的不可缺少的物件。

卧室家具的布置大多取决于房间门与窗的位置，习惯上以站在门外，以不能直视到床上的陈设为佳，而窗户与床体呈平行方向较适合。此外，储藏柜、小圆桌椅大多布置在床体侧面，视听展示柜则大多陈列在床的迎立面，以便于观看。梳妆台的摆放没有固定模式，可与床头柜并排放置，也可与床体呈平行方向布置。

总之，卧室布置要体现整洁、舒雅的氛围，整体线条应通顺、流畅，切忌繁杂。

卧室设计用光的窍门

在床的周围设置灯光，可为主人提供夜间活动的照明。可在床头柜上设置台灯，采用半透明的灯罩，这样可以使光线柔和，不至于刺眼。也可以选用暖色调灯罩来烘托这一气氛。这种摆放位置的好处在于主人伸手即可触到开关。

也有的照明灯具设置在床头上方的墙壁上，这种灯光是为了满足床上阅读的需要。很多人喜欢在睡前读一些杂志，在床头中部的上方安装可以调节的阅读灯，既不会反光或者刺眼，也不会影响到旁边的人休息；或是在床边安装工作灯，使其朝墙面照射，以获得良好的阅读环境。在安装用于阅读的照明时，应避免直射，或配合其他照明共同使用，防止眼睛产生疲劳。

如果卧室里有梳妆台，应把它放置在自然光充足的地方，同时，可在镜面的两侧设置小射灯来弥补光线的不足。在镜子的顶部安装射灯会影响视觉，同时还可能产生不美观的影像。为避免反光，镶嵌式穿衣镜最好采用弹性悬顶式灯具，照射角度以 45 度为宜。

在橱柜周围和内部设置照明装置也必不可少。特别是一些体积较大的衣柜，如果没有灯光的协助，主人找起衣物来就十分不便。可在柜门的顶部安装一盏日光灯，提供均匀的白色灯光。或是在柜顶边缘安装小射灯，不仅实用，而且很有装饰效果。

儿童的卧室内应设置可调节的灯光照明。儿童的心理发育尚未成熟，卧室灯光对于他们的内心恐惧可以起到安抚的作用。一盏可调节、低亮度的灯不仅节能而且实用。家中若有小宝宝，要避免使用电线过长的灯具，以免发生危险。造型新颖的桌灯会引起孩子的兴趣，卡通样式的灯具非常适合儿童使用。学龄儿童的卧室往往也有书房的作用，选择可以调节的台灯使他们的眼睛适当地休息，以便养成良好的学习习惯。

卧室里也要有一些装饰性的灯光，比如床头的壁灯既可以提供阅读的光线，也可渲染装饰画的色彩；打向布帘的灯光可以营造柔和的气氛；烛光点点释放浪漫的气氛。装饰性灯光是功能性照明的补充，但在设置中要避免一味地追求奢华，使人产生眼花缭乱的感觉。

卧室灯光设置的总原则即发散、柔和。让所有的光线射向下方，使其集中在较低的层面上，减少光线向上投射。总之，卧室里的灯光应是静谧、安详的。

小房间设计的窍门

小房间的装修要点是努力扩大空间，在视觉上产生宽敞、明亮的感觉。以下方法可供您参考。

1. 图案法

利用人们视觉上的错觉来改变人对空间高低、大小的估计，比如墙壁上的花纹不同，就会使人对房间空间产生扩大或缩小的效果。所以，如果墙壁用带菱形图案的墙壁纸装饰后，会给人带来宽阔感。

2. 色彩法

色彩是一种有明显效果的装饰手段，不同的色彩赋予人不同的距离、温度和重量感。

利用色彩的这个特点，比较小的房间就应该用亮度高的淡色作为主要色调，比如淡蓝或浅绿等。这样的色彩使空间显得开阔、明快。另外也可以使用中性浅冷色来改变窄小空间的紧迫感。

如果房间不但小而且低矮，那就应该用远感色，即把天花板和墙面涂成同一浅冷色，这同样能取得空间开阔的效果。

如果是长方形的房间，相距比较近的两面墙壁，一面涂以白色或其他浅淡颜色，另一面涂以深于前者的同种色调。这种深、浅色调的对比，可以产生拉长两墙之间距离的效果。

另外，沙发套、床单、桌布等如果选用与墙壁颜色相同或相似的颜色，这种单调的配色也能使室内空间产生沿各个方面扩大的视觉效果。

3. 重叠法

采用上下重叠组合的家具，把它们尽量贴墙放置，使房间中部形成比较大的空间，便于室内活动。

4. 空间延伸法

通过透明体的反光作用，使室内空间得以贯通。比如用镜子悬挂于迎门的墙上或用镜面作壁檐，桌子和茶几等家具的表面装放玻璃板尽量选用半透明质料的窗帘等，都能收到这样的效果。

儿童房间整体设计的窍门

1. 功能

为给孩子营造一个身心放松、学习嬉戏的小天地，儿童卧室应尽可能缩小家具所占空间，在侧重功能性方面多加考虑。比如，在居室两面墙的夹角处放一套集多种使用功能于一体的套装结构的儿童家具。上面是单人童床，床侧有护栏，既保证孩子安全，又起到很好的装饰作用；其下方是一个活动区，可以根据小主人的年龄大小进行布置。年龄大的孩子可放置写字台、座椅及书柜，供学习、做作业，如还有足够的空间可放衣柜，再放几个带软垫的矮柜。再比如，居室内靠墙处可放置儿童两用小沙发，供孩子休息或小客人来访时使用，选择软矮的主衣柜，将孩子的服装分不同季节放在其中，方便存取。衣柜上布置悬挂式书架，既可放书，也可放一些装饰物，以衬托室内的气氛。书桌力求简单，不要妨碍孩子起坐，但面积要稍大些，符合孩子喜欢占用很大面积来做事情的习惯。儿童居室布置，既要满足孩子的日常生活和学习所需，又有一定的空间供孩子玩耍。

2. 色彩

宜明快、亮丽、鲜亮，以偏浅色调为佳，尽量不用深色。例如浅黄、淡蓝、淡粉、豆青或白色，还有榉木、枫木或樱桃木纹理的本色，如果是分色，例如淡粉配白、淡蓝配白、榉木等配浅棕色等，则更显活泼多彩，富于层次感，适合孩子幻想斑斓瑰丽的童话世界。

女孩居室的家具色彩可相对艳丽一些，但要得体。孩子对色彩比成人敏感，艳丽的色彩对她们极具吸引力，不但可激发她们的好奇心，还可在不知不觉中培育着她们的审美情趣和品位。

3. 安全

儿童活泼好动，兴致所至往往手舞足蹈，忘乎所以，在有限的空间里难免发生碰撞或磕绊，所以重视儿童家具的安全性极为重要。作为儿童专用家具，宜选择边角外缘有小圆弧的，横边及立边也要有一定 R 弧，俗称“倒弧儿”，以避免尖棱立角碰伤孩子。

所以，家具结构一定要牢固，放置一定要稳固。家具的材料最好是木质的，家具表面宜选择国际防火板（塑皮）的材料，拉开抽屉，打开柜门不能有异味，以保证儿童居室内的空气无污染，保护孩子身体健康。

书房布置的窍门

（1）通风好：书房里越来越多的电子设备，需要良好的通风环境，一般不宜安置在密不透风的房间内。门窗应能保证空气对流畅顺，其风速的标准可控制在每秒1米左右，这有利于机器的散热。

（2）温度适宜：因为书房里有电脑和书籍，故而房间的温度最好控制在0℃～30℃之间。电脑摆放的位置有三忌：一忌摆在阳光直接照射的窗口；二忌摆在空调器散热口下方；三忌摆在暖气散热片或取暖器附近。

（3）采光有讲究：书房的采光可以采用直接照明或半直接照明方式，光线最好从左肩上端照射，或在书桌前方放置高度较高又不刺眼的台灯。专用书房的台灯，宜采用艺术台灯，如旋臂式台灯或调光艺术台灯，使光线直接照射在书桌上。一般不需全面用光，为检索方便可在书柜上设隐形灯。若是一室多用的“书房”，宜用半封闭、不透明金属工作台灯，便于将光集中投射到桌面上，既满足作业平面的需要，又不影响室内其他活动。若是在座椅、沙发上阅读，最好采用可调节方向和高的落地灯。

（4）色彩要柔和：书房的色彩既不要过于耀目，又不宜过于昏暗，而应当取柔和色调的色彩装饰。在书房内养两盆诸如万年青、君子兰、文竹、吊兰之类的植物，则更赏心悦目。

厨房设计的窍门

装饰厨房时，为减轻劳动强度需要运用人体工程学原理，合理布局。

厨房的形式有敞开式和封闭式两种。敞开式扩大了空间，减小压抑感，但易受油烟污染的影响，不便清洁；封闭式厨房限制了空间，但同时也避免了油烟侵蚀。厨房的空间规划应主要考虑空间大小、入口位置、管道预设位置、采光照明等因素，综合布局。

厨房通常的布局有“一”字形、“L”形、“U”形和“岛”形几种。“一”字形设计适合面积小或狭长的空间；“L”形设计适用于面积较为宽敞的空间，但短边不宜太短，否则影响正常操作及有效地利用收藏空间；“U”形设计要求房间有一定宽度，这样布置可充分地利用空间，扩大操作面积；“岛”形设计适用于敞开式的厨房，与餐厅相连，通透又有分隔，是国外比较流行的形式。带有餐台的厨房设计适合于有足够使用空间的厨房。

为了获得足够的照明，水槽通常应靠近窗户布置。炉灶应远离冰箱，但要靠近烟道，以提高吊柜的利用率。热水器既要考虑便于排放气体，又要缩短与洗手间的距离。

厨房操作台一般高度为80厘米，应尽可能安排流水操作，依次为储藏区、生菜料理台、水槽、料理切配台、烹饪区和熟菜区。吊柜的下沿一般不低于150厘米，既考虑扩大存储空间，方便存取物品，又不能影响做菜烧饭，不能碰头。灯具应选择简单耐用、易清理的吸顶灯。厨房门往往设计成透明玻璃，屋里屋外都能看见，以免开门碰撞。

厨房的装饰以简洁、明亮、整齐为原则。所选材料应色彩清淡、素雅，且方便清理，不易污浊，防潮、防热、耐久性要好。

由于厨房走动频繁，地面易被油污弄脏。因此，要求地面材料耐温、耐磨、防水、防滑并易清洗，通常铺设防滑地砖或塑料胶地板，颜色略深，图案清晰。墙面受油烟污染，容易产生油腻污垢，因此选择瓷砖较理想。瓷砖具有光洁、防水、抗热的特点。瓷砖的规格不宜太大，颜色以浅色或冷色为主。顶棚采用PVC扣板、金属扣板，也可使用磨砂玻璃吊顶。

设计时尚卫浴的窍门

卫生间是最私人化的隐秘之地，那么卫生间该怎样布置及配制设备呢?

目前，卫浴用品趋向于规格缩小，流线外形，如坐便器、洗脸盆、浴缸等，也有不少世界品牌进入国内市场，如意大利的雅柏图、瑞典的旁梦等。人们无须到桑拿房去洗桑拿浴，蒸气浴、水力按摩浴和药浴等，在家里就可以享用。时下最引人注目的是家用的多功能电脑蒸汽浴房，它只有1平方米～2平方米，全电脑控制，集淋浴、桑拿、按摩为一体，最适应都市人的需求，但售价高。相对而言，水力按摩浴缸的价格略低，只需1平方米，可安装双人浴缸。

淋浴房是目前卫浴的新宠儿。以往的浴室是一人洗澡，整个卫生间皆湿。而淋浴房使此种情况有所改变，使浴室也可以和家中的其他地方一样干爽，干湿分离的效果明显。

六小招巧妙扮阳台

阳台是一个容易被忽略的空间。巧用以下六妙招，将使您家的小空间有大用处。

(1) 漆一扇彩色的门。大多数家庭装修都是以木色为主，装完之后显得沉闷，如果把阳台门漆成墨绿色，墙面涂成鹅黄色，色彩感觉十分和谐丰富，效果就会与众不同。

(2) 利用空间造景美居。在阳台上铺黑白的鹅卵石，种上翠竹，一个理想中的世外桃源就这样诞生了。

(3) 双阳台装饰分主次。双阳台要分出主次，切忌“一视同仁”。与客厅、主卧相邻的阳台是主阳台，功能以休闲为主。在装饰材料的使用方面，也同客厅区别不大。

较为常用的材料有强化木地板、地砖等，如果封闭做得好，还可以铺地毯。墙面和顶部一般使用内墙乳胶漆，品种和款式要与客厅、主卧相符。次阳台一般与厨房相邻，或与客厅、主卧外的房间相通。次阳台的功能主要是储物、晾衣等。因此，这个阳台装修时，可以不封装，地面要采用防水防滑的地砖，顶部和墙壁采用外墙涂料。为了方便储物，次阳台上可以安置几个储物柜，以便存放杂物。

(4) 弧形顶别致又大方。如果阳台面积较大又位于顶楼，应该属于“露台”。可在阳台上加透明的弧形采光顶，使这个阳台当作一个房间使用。

(5) 在阳台开辟一个别致的书房。将阳台用玻璃和木材封闭成居家小书房，窗外的绿叶仿佛伸手可及，让自然与居室在阳台这个小小空间相交融。

(6) 阳台装饰巧用砖。阳台顶部可沿用中国传统建筑中“雕梁”的工艺，做出两道红榉木的“假梁”。而墙壁采用外墙花砖，地面则是色彩交叉的西班牙地砖。在暖气罩的上方墙面上，采用“板岩”做装饰。这样内外结合、深浅有致的设计，使整个阳台的气氛与众不同。

窗台设计的窍门

窗台是一处充满风情的空间，只要您善于用心，勤于动手，便能营造风情万种的居室空间，以下妙招供您借鉴。

1. 雕花护栏

窗前用一款中国古典雕花护栏，是很好的点缀。或用一款极简易的线条构筑护栏，不同寻常的是，它完全用有机玻璃制成，手感像有弹性似的，孩子碰着了也不会很痛，冬天也不会有冰冷的感觉。

2. 休闲榻

按窗台的尺寸，做个满铺的海绵垫，垫子不宜太薄，8 厘米左右，人坐着或躺在上面也不会觉得太硬。垫子套可与窗帘或墙壁同色，更能显出整体感。如果窗台不够宽，也可加宽一些，加宽的那部分底下，可以做成隐蔽的鞋柜。

3. 写字桌

在比较小的书房，利用窗台做成写字桌，实在是个好主意。一般说，写字看书适合侧光，可以将书桌设计成“翘脚”的，长的桌脚着地，短的桌脚支在窗台上；也可以设计成不对称的：一边是桌脚着地，一边是书柜或者是资料柜，直接“躺”在窗台上，而这柜子的顶，也是书桌的台面，形成 L 形的转角。另一种做法是将整个窗台抬高，稍稍加宽，让人坐下时正好可以把腿放在下面，而抬高的那部分又正好可以是书桌的抽屉。另外要注意装副好窗帘，既保证足够的光线，又可避免阳光太刺激眼睛。

地面设计选地砖的窍门

地砖是主要铺地材料之一，其品种有通体砖、釉面砖、通体抛光砖、渗花砖、渗花抛光砖等。其特点是，质地坚实、耐热、耐磨、耐酸碱、不渗水、易清洗、吸水率小、色彩图案多、装饰效果好。

选择地砖时，可根据个人的爱好和居室的功能要求，根据实地布局，从地砖的规格、色调、质地等方面进行筛选。质量好的地砖规格大小统一、厚度均匀，地砖表面平整光滑、无气泡、无污点、无麻面、色彩鲜明、均匀有光泽、边角无缺陷、90度直角、不变形，花纹图案清晰，抗压性能好，不易损坏。

地毯确定图纹的窍门

选择地毯的图案纹样，首先应从自己居室的整体环境出发，再根据个人的喜好进行选择。

地毯幅面较大，其图案纹样一般以四方连贯组织为多。网纹内包含着许多大小不等、方向不同、集中或分散的自然形，也包含着许多四方形、三角形、长方形、菱形、几何形等。无论自然形还是几何形，它们都应具有较好的空间穿插、虚实照应、形神贯通的关系，以达到图案对比调和、变化统一的艺术效果。

几何纹样的地毯给人以错落有序、庄重典雅而又不失活泼的感觉。有些几何纹样的地毯立体感极强，这种纹样的地毯应用于光线较强的房间内，如客厅等，再配以合适的家具，可使房间显得宽敞而富有情趣。

花草纹样是象形地毯纹样中较为常见的一种。花草植物的机理、局部或细部的彩色斑纹，往往显出它的聚散组合、起伏节奏、丰富变化、自然穿插与对比统一。花草纹样的地毯以中国民间（包括少数民族）传统的花草图案为主，这类图案的花草种类较少，有牡丹、芍药、月季、梅花、兰花、菊花及松竹等等，特别以牡丹、菊花、月季、梅花居多，图案风格变化也不大，但它们有的表现出丰满华丽、富贵典雅的风格，有的则表现出粗犷有力、单纯朴素的特点。这类地毯的材质以纯羊毛纺制居多，大面积铺设如果与家具或其他装饰物搭配不好，效果会大为逊色。若房间正中或客厅的沙发、茶几下铺设一块此类地毯，会使四壁生辉。

源于欧洲宫廷建筑艺术的“美术式地毯”，富有大自然风情，图案纹样呈现绘画效果，活泼轻松，给人以美的享受。

用适合居室图案纹样的地毯美化房间，不仅显得富丽堂皇，典雅美观，而且给人以艺术美的感觉。

居室配色的窍门

颜色的选配在家庭装修中起很大的作用。科学地选择颜色，将会让您舒适愉悦，生活甜蜜温馨。

（1）朝北的房间，一年四季见不到阳光，最好把墙刷成暖色调。东西方向的房间，夏天日照时间长，墙壁应刷淡绿或淡蓝色。

（2）居室较大且人口少，显得较冷清的，最好把墙刷成淡红或淡黄色，这样会感到温和一点，黄色或橘黄色可使人精神振奋，产生一种愉快、舒适的感觉。房间小，想让它看上去大一些，可把天花板刷成蓝色或天蓝色。

（3）若家中有心脏病、高血压等病人，最好将他居住的房间墙壁刷成淡蓝色，这种冷色调会影响人的体温，使血压下降。

（4）家具的颜色要与墙壁的颜色相协调。若墙壁的颜色是淡绿、淡黄的，家具应该选择淡黄色。

（5）窗帘、床罩、灯罩、沙发罩等颜色，也应和墙壁的色彩相互衬托、呼应，这样，整个房间才会显得富有生气，给人舒适愉快的感觉。

布置新潮房间的窍门

1. 不求合理，但求惊人

现代人讲求个性。尤其是青年人在布置房间时，喜欢独树一帜，追求与众不同、新颖独特的新潮效果。因此在布置房间时要遵循简单、明快、适用、卫生、变化等基本原则。布置美景佳镜时可以超脱传统习惯的约束，哪怕占房间的一角，也要摆出自己的特色，这时可以不求合理，但求惊人，如设置“家庭沙龙一角”等。

2. 物少品精，超凡脱俗

从人和空间的关系来讲，人少空间大对人体健康有利。现在家庭成员大多是2～3人，购置家具要少而精。对卧室而言，一张舒适的睡床，一个或两个卧室柜即可。对客厅兼书房而言，一两件组合沙发，可坐可躺；一个写字台，一个书柜，书柜内既可放书，又可摆放少量工艺品。如果卧室、客厅、书房三者合一，以上家具也已够用，最好不要购置“铜墙铁壁”式的组合柜，不要让家具与人争空间。墙上挂的画最多不要超过两张，但求张张是精品。

3. 局部效果，一流视觉

除色彩与线条巧搭配要注重整体效果外，还要注重局部的视觉效果。例如从门外进屋，第一眼的感觉就非常关键。如果高低起伏、错落有致、情调浪漫、匹配和谐，不仅客人来了有宾至如归之感，自己出出进进也备感温馨、愉快。另外，站、坐在室内的任何角落，或沙发、立柜旁，放眼望去，室内简洁明快、富于变化。

4. 家具换位，倍添新意

变换家具的摆放角度和位置比起更换新家具更经济、更现实，而两者的效果却近似，都能在凝重、稳健中给人以新鲜感和美的享受。

房间布置照明灯具的窍门

现代家庭对灯具的要求已不仅限于一般照明，更加强了它对居室的美化、装饰作用。一室一灯的使用习惯已为多种照明形式所代替，如台灯、壁灯、吊灯、吸顶灯、落地灯、工作灯、床头灯、床脚灯，等等。它们在居室装饰中占有重要的位置，在调节气氛、美化环境中起着烘托的作用。那么怎样布置才能使灯具具有上述作用呢?

1. “主角”要唱好

主灯是房间里的主要光源，既要提供足够的亮度，又要亮度适中，否则过亮的照明会使人感到焦躁不安。为了解决既美观又有足够亮度的矛盾，可采用真假主灯的方法：吊灯或吸顶灯里放上功率较小的灯泡，主要起装饰作用，即“假”主灯；在平顶与墙面的交角处，或是窗帘箱的上面安装日光灯，利用墙面与平项的反光使房间更明亮，即“真”主灯。真假主灯遥相呼应，既美观又实用。

此外灯具的造型、色调和风格要与住宅的建筑风格统一，使其浑然一体。光源也要协调，冷光源——日光灯类，较适宜夏天或偏暖的房间；暖光源——白炽灯类，较适宜偏冷的房间或冬天使用。如果将冷光源灯具和暖光源灯具同装一室，最好不同时点亮，以免造成不协调的感觉。当然，特殊设计——真假主灯不包括在其中。

主灯的功率，以 15 平方米房间为例，白炽灯宜 60 瓦，日光灯宜 15～20 瓦。

2. “配角”不可少

台灯、壁灯、落地灯等是房间照明的辅灯。虽是辅灯，但其与主灯一样具有装饰、美化的作用，不可缺少。例如，台灯能把光线控制在所需要的小范围内，造成明、暗两个环境，为一房多用创造条件；壁灯光线柔和，通过半透明的灯罩使光源发出散色光，使房间处于一种宁静舒适的气氛中；落地灯使用灵活，可根据需要临时安排在任何有插座（电源）的地方。

台灯宜带灯罩，灯罩下沿应与眼平齐，或略下一些，以避免刺目，壁灯最好安装在卧室床头左上方的画景线以下，灯罩可用反射式或漫射式，尽可能不用直射光；落地灯可放在床边作床头灯，也可放在客厅作较暗或彩色光源。当人坐在沙发上时，灯罩的高度应高于人的视线水平。具体高度以 1.2 米为宜。辅灯的功率一般在 15～20 瓦，宜采用白炽灯，不宜太亮。辅灯还可以根据不同需要，配制不同颜色的灯光。例如，夏天可采用蓝灯以使房间显得凉爽舒畅；冬天可采用橘红色的灯光，以使房间增加温暖的气氛。

布置射壁灯的窍门

射壁灯在照明布置中的作用不可低估，它既能用作主体照明，又能作为一种装饰光和辅助光，为居室增色。

(1) 居室里的家具如果是组合式，选择一至数盏射壁灯较合适。一般可将灯安在家具两边的墙上，灯架垂直，灯罩可略倾斜。有些组合式家具用木板隔成一个个小区域，层次分明，那么将射壁灯直接安在小区域时，既可用于局部照明，又可烘托居室明朗的气氛，起到画龙点睛的作用。

（2）如果在床头安上一盏壁灯，则成为光线柔和的床头灯，高度一般以人坐在床上与头部平行为宜。用阻燃工程塑料制成的灯罩完全不透光，光线完全洒在照射区内，而非照射区则是一片黑暗。因此，夜晚开灯时，也不影响他人休息。

（3）射壁灯也可安在盥洗室里充当镜前灯。安装时宜将灯架横过来，高度在洗脸池的上方。由于灯罩转动自如，所以小小盥洗室只要安上一盏灯就足够了。无论哪个地方需要打光，它都能“投其所好”。

（4）不少人尝试用射壁灯代替吊灯，效果也不错。安装时只要将底儿倒过来固定在天花板上即可。如果居室较长或带有酒柜等，以安装一排射壁灯为佳。如居室接近正方形，则可在天花板四周装上射壁灯，但开关最好分开控制，全部开启时，就成为居室的主体照明：单独开启时，则是一盏射灯、壁灯或者“单头吊灯”，别有一番意境。

居室挂画的窍门

挂画，不仅可以美化环境，开阔有限的室内空间，而且能陶冶人的艺术情操。

选用什么样的挂画要因人因地制宜，根据不同房间、不同格局、墙面空余面积以及经济条件、职业习惯、文化素养和个人爱好方面的不同而异，就一般规律来说，房间较小的，宜配置低度冷色的画面，给人以深远的感觉：面积较大的房间，宜选择高明度暖色的画面，使人感到近在咫尺。

（1）卧室是休息的地方，一般宜配挂油画、镜框等内容平和、恬静，画幅不太大的饰品。青少年的居室则适合挂生动活泼的饰物等。厅堂和文学、艺术工作者的房间，可选择诸如古今诗词书画、名联佳对等。在起居室内挂饰一幅五彩缤纷的静物写生，有助于增进人的食欲。

（2）朝南的房间，光线充足，以配冷色调的画为主；朝北的房间则多布置暖色调的画，画宜挂在房间内的右墙面，这样使窗外的光线与画面互相呼应，和谐统一，有真实感。至于字画挂饰的内容与风格，一个房间可配一种，也可选择几种不同风格和内容的字画饰品。

中式格调的室内布置，宜挂中国的字画、年画、竹编画、绳编画等。西式格调的室内，则宜挂版画、油画或大幅彩照等。墙面较高的室内，宜挂直幅字画等，较低的则宜挂横幅。挂饰还要根据环境而定。如室外绿色环境很好，就不宜布置有树木的大幅画。

（3）选择镜框照片点缀室内，宜挂大幅的照片，把许多小照片挤排在一个镜框里就显得俗气、不大方。镜框色泽应注意与墙面、家具的色彩协调。白色墙宜挂浅棕色或淡黄色的镜框，苹果绿的墙面则宜配金黄色。

（4）布置字画挂饰不宜太密，应保持一定的间隔距离，以留有一定的空壁，让人们的目视有歇息过渡的余地。同一房间的字画，应保持在同一水平线上。镜框的挂置高度，一般离地面 1.5～2 米较合适，前倾角度在 10 度左右。

巧用布艺装饰品

布艺以其柔软的质感、整体的色调及易洗的特点，成为家庭中重要的装饰品。选择布艺时要注意以下事项：

（1）首先，要根据室内家具的颜色，选择同一色调的用布，使色调与室内陈设协调统一。也可按使用性质分类，每类以一个基调为主，以避免一室之内，五光十色，凌乱不堪。

（2）挑选台布时，花纹图案不宜过多、过碎，色彩以素淡自然色为佳，其尺寸应和覆盖的家具面积相符；若主要用于防尘防晒，面料应选择质地厚实的纺织品；枕套、床单既是实用品，也具有美化房间的作用。因此，都要服从于家具、地面、墙壁等色彩、格局的需要。

用帘布美化居室的窍门

在美化家居时，帘布的作用不可小视。不但可营造美丽迷人的空间，还有其他意想不到的功能。以下几种方法供您参考：

（1）窗帘扩展法：一般讲，人们习惯于将窗帘扩展在有窗子的一整面墙的范围内。如今客厅面积越来越大，将窗帘向另一面或两面墙的方向再扩展一两米，也会有独特的效果。

（2）背景帘：在客厅沙发背靠的墙上，可装修出拱门状的一块三四米宽的空间，再在其中挂上轻薄的纱帘，使之成为沙发的背景，令会客区充满温馨；同时又使墙上的挂画、挂饰物品处在朦胧神秘的状态。

（3）电视装饰帘：如今许多家庭都有大屏幕彩电，在大彩电后面布置一道色彩柔和的帘幕，会使人在看电视时视觉更舒服，同时又“软化”了电视机的“傻大笨粗”。

（4）隔断帘：对于大房间或小房间来说，都有需要隔断的情况，如细长条的客厅，可用帘布将其分隔成会客厅和看电视区；对小房间来说，如卧室中有电视机，也可将看电视区和睡眠区用帘布分开，需要注意的是，隔断帘最好是用深浅两种颜色的布制成双层双面，使隔断的两个区域形成明显的区别，给人一种变化感。隔断帘的另一优势是在很方便的拉动中可随时调节空间的大小。

（5）镜帘：对于较大面积的镜子，在其边缘部分加上一道或两道纱布帘，就多了一份居室内的温馨、浪漫气氛，使镜中的形象更为美好。

小物件摆放的窍门

家中的小物件如果正确摆放，也能透出主人独特的情趣。下面的方法可以学一学。

（1）观赏物品：对于纯观赏或形色俱佳的常用器皿，可以摆设在三面玻璃、背衬镜子的陈列柜内，在玻璃和镜子的透视和反射下，既增加柜内的“景观”，又使观赏品重影呼应，虚实相生，楚楚动人。

（2）小摆设艺术：各种室内摆设都能反映主人的情趣。形式上，室内摆设的主要手法是采用对比关系。色彩上，还应注意质感上的对比。如将毛绒玩具安置在玻璃台一角，更显出台面的光洁和玩具的柔美。

（3）艺术塑像或手工艺品：塑像周围要保持足够的“气氛空间”，即旁边最好不放置其他物品，最好在各个角落都能看到它，其高度应与欣赏时人眼高度等齐。其次，在色彩上要有变化，一般彩陶色泽沉着，易和家具遥相呼应；石膏像若有浅色墙面相衬，就有理想的意境。餐桌上不宜陈列塑像，用专门的架子或墙面搁板来陈列各种工艺品是最理想的。

用花瓶激活居家氛围

单调的居室看起来死气沉沉，这时可以选几个精致小巧的花瓶来激活室内的氛围，让我们的小家更温馨。在用花瓶装饰我们的居室时要注意以下两点：

（1）花瓶大小的选择：用花瓶来装点居室，应根据房间的风格和家具的形状、大小来选择，如厅室较狭窄，就不宜选体积过大的花瓶，以免产生拥挤、压抑的感觉。

（2）花瓶色彩的选择：花瓶的色彩既要协调，又要有对比。应根据房间内墙壁、天花板、地板以及家具和其他摆设物的色彩来选定。

例如，房间色调偏冷，则可考虑暖色调的花瓶，以加强房间内热烈而活泼的气氛。反之，则可放置冷色调的花瓶，给人以宁静安详的感觉。

二、材料选购

选购板材的窍门

（1）看表面有无瑕疵：装饰板表面应光洁，无毛刺和刨切刀痕，无透胶、无污染现象（如局部发黑、发黄等），尽量挑选表面无裂缝、无裂纹、无节子、无夹皮、无树脂囊和无树胶道的，整张板自然翘曲度应尽量小，避免由于砂光工艺操作不当，基材透露出来的砂透现象。

（2）区分薄木贴面与天然木质单板贴面：前者的纹理基本为通直纹理，纹理图案有规则；后者为天然木质花纹，纹理图案自然变异性比较大，无规则。

（3）外观检验：装饰板外观应有较好的美感，材质应细致均匀，色泽清晰，木纹美观，配板与拼花的纹理应按一定规律排列，木色相近，拼缝与板边近乎平行。

(4) 胶层结构稳定，无开胶现象：应注意表面单板与基材之间、基材内部各层之间不能出现鼓包、分层现象。

(5) 选择甲醛释放量低的木材：不要选择具有刺激性气味的装饰板。因为气味越大说明甲醛释放量越高，污染越厉害，危害性越大。

(6) 刀撬法检验胶合强度：此法是检验胶合强度最直观的方法。用锋利平口刀片沿胶层撬开，如果胶层破坏，而木材未被破坏，说明胶合强度差。

选择地材的窍门

家庭装修中，大理石一般用于入口玄关及客厅的地面铺设，其优点是便于清理，外观华贵，使用寿命长，不怕划伤，不怕重物压，天然美观。其缺点是天然石材价格昂贵，质地重，对楼体产生重压，影响安全，施工时间较长。

客厅、卧室可选用木地板。木地板分两类，即实木地板和复合木地板。

实木地板的优点是有天然暖色调，具天然纹理，质地优良。缺点是干缩湿胀，易变形、易虫蛀、易燃、不耐磨、保养复杂，天长日久易失去光泽。

复合木地板的优点是耐磨、耐划、耐压，不易变形，清理方便，抗静电，防虫蛀，安装简便、快捷。缺点是脚感不十分舒适，弹性稍差。

厨房、洗手间、阳台等公用区域可选用地砖、墙砖、通体砖材料。其优点是便于清理，铺装简便，色彩丰富，图案多样。通体砖硬度高，即使表面破损也不影响美观，经久耐用，质地较轻。

卧室、儿童房选用地毯较为合适，其优点是外观华贵，化纤地毯价格便宜，柔软，保温、防潮、质轻；而羊毛地毯用天然材料织成，给人以返璞归真之感，缺点是易脏、染尘。

选择实木地板的窍门

目前市场上销售的实木地板主要有柚木、柞木、水曲柳、桦木及中高档进口木材等。实木地板一般有两种型号。一种是长条形木地板，长度一般为 45 厘米～90 厘米，厚度在 1.6 厘米以上，宽度在 6 厘米以上。它不是直接与地面粘合的，下面一定要打龙骨或大芯板作基层。另一种是短小超薄型，它直接与地面黏合，对其质量要求主要是干燥程度高，含水率低。

选材时要考虑居室的地面条件，例如平房或楼房底层，因直接接触地面湿度大，应做防潮处理，可选用柞木、水曲柳，因为这种木材受潮后不易变形。楼层的地面可采用水曲柳、柞木、柚木、杉木、白桦等地板，材质要无疤结、无严重色差等。若材质硬度低，使用过程中因家具或重物撞击易造成明显的划痕，严重影响装饰效果。选材时必须注意木地板的含水率应与室内湿度相适应。

目前，市售的块装企口木地板，不仅材质好、加工精良，经过干燥处理，且表面光洁平整，表面已涂刷高级淋漆，其最大优点是易安装，采用企口连接，安装快捷。

识别纤维板优劣的窍门

纤维板通常有两种：一种是硬质纤维板，另一种是软质纤维板。市场上供应的一般是硬质纤维板，由于它板薄而硬，所以适用于做家具的底板或背板。选择硬质纤维板首先观其表面，颜色深浅恰当，光滑、平整，没有水渍、油渍、粘迹的为好。再看纤维结构是否紧密，有无变色、霉斑、腐朽等现象。其次，看纤维板的厚度要均匀，静曲强度要大的，可将板略弯曲成弓形，凸起一面有无断痕、纤维翘起等缺陷。再查看板的四周端面，如果细密、结实、光滑不发毛，有一道道的锯痕，说明板的强度较好。再次，可用手指轻轻地弹敲，如发出清脆声，说明板质量上乘，倘若发出沉闷声音，则表明该纤维板疏松，质量差。

辨别胶合板真伪的窍门

（1）掂分量：柳桉的密度高于杨木，柳桉芯板的分量要重。

（2）观察板材的韧性：柳桉芯的韧性要高于杨木芯，在翻动时柳桉芯板不易发生扭曲；而杨木芯板会觉得比较柔软。

（3）以自然颜色区分：由于柳桉芯与杨木芯的自然成色存在较大差异，而制假的方法也只限于对胶合板四周裸露的芯板部分进行着色，因此消费者可将胶合板边角部分的表面剥开，观察内部芯板的颜色，杨木芯呈白色，而柳桉芯则呈红棕色。

选购人造板材的窍门

目前，家居装潢市场售有一种人造板，这些人造板以其特有的优点，吸引了众多消费者的目光。从质量和美观程度上，人造板优于实木。

实木木材都有纹理，在温度、湿度变化较大时，易出现开裂、翘曲和变形的现象；而人造板是将木材分解成木片或木浆，再重新制作板材。因为打破了木材原有的物理结构，所以在温、湿度变化较大的时候，人造板的“形变”要比实木小得多。因此，人造板的质量要比实木的质量稳定。

由于人造板材的物理性能稳定，一些天然木材制作不了的部件和家具可采用人造板生产。例如，近几年来畅销不衰的弯曲木家具，就是将木材破成窄木片，然后经胶合、轧制而成的。弯曲木可以弯成任意的角度，且耐用性好。另外，流行的板式家具因其可任意组合而颇受消费者青睐，但天然木材存在较大的“形变”，很难制作板式家具。而像防火板等具有特殊性能的人造板更可用在装修厨房、卫生间上。

从外观方面来讲，由于人造板的制造工艺比较先进，无论从色泽、纹理和质感等方面，制作精良的人造板几乎与天然木材真假难辨，大大丰富了家居装修风格。

选购纸面石膏板的窍门

纸面石膏板是以建筑石膏为主要原料，掺入适量添加剂与纤维做板芯，以特制的板纸为护面，经加工制成的板材。纸面石膏板具有重量轻、隔声、隔热、加工性能强、施工方法简便的特点。纸面石膏板特别适宜家庭装修使用。它的表面有较好的着色性，因此成为藻井式吊顶的主要材料。

纸面石膏板从性能上可分为普通型、防火型、防水型三种。

纸面石膏板目测外观质量不得有波纹、沟槽、污痕和划伤等缺陷，护面纸与石膏芯连接不得有裸露部分。检测石膏板尺寸，长度偏差不得超过 5 毫米，宽度偏差不得超过 0.5 毫米，模型棱边深度偏差应为 0.6 毫米～2.5 毫米，棱边宽度应为 40 毫米～80 毫米，含水率小于 2.5%，9 毫米板每平方米重量在 9.5 千克左右，断裂荷载纵向 392 牛、横向 167 牛。购买时应向经销商索要检测报告进行审验。

选择石膏线的窍门

目前，家装材料市场上出售的石膏线所用石膏质量存在着很大的差异。据商家介绍，好的石膏线洁白细腻，光亮度高，手感平滑，干燥结实，背面平整，用手指弹击，有清脆钢声。而一些劣质石膏线是用石膏粉加增白剂制成，颜色发青，还有用含水量大且没有完全干透的石膏制成的石膏线，这些石膏线的硬度、强度都大打折扣，使用不久会发生扭曲变形，甚至断裂。

选择石膏线最好看其断面，成品石膏线内铺有数层纤维网。所以纤维网的层数和质量与石膏线的质量有密切关系。劣质石膏线内铺网的质量差，不满铺或层数少，甚至以草、布代替，这样都会减弱石膏线的附着力，影响石膏线的质量。使用这样的石膏线，容易出现边角破裂，甚至整体断裂。检验石膏线的内部结构，应检查其断面，看其内部网质和层数，检验其内部质量。

辨别饰面石材质量的窍门

加工好的成品饰面石材，其质量好坏可以从以下方面来鉴别。

观察石材的表面结构。一般来说，均匀的细料结构的石材具有细腻的质感，为石材之佳品；粗粒及不等粒结构的石材其外观效果较差，机械力学性能不均匀，质量稍差。另外，天然石材由于地质作用的影响常产生一些细脉、微裂隙，石材最易沿这些部位发生破裂，缺棱少角更是影响美观，选择时尤应注意。

测量石材的尺寸规格，以免影响拼接或造成拼接后的图案、花纹、线条变形，影响装饰效果。

敲击石材听声音。一般而言，质量好的石材其内部致密均匀，敲击声清脆悦耳；相反，若石材内部存在显微裂隙或细脉，则敲击声粗哑。

用简单的试验方法来检验石材质量。通常在石材的背面滴上一小滴墨水，如墨水很快四处分散渗入，即表示石材内部颗粒较松或存在显微裂隙，石材质量不好；反之，若墨水滴在原处不动，则说明石材结构致密，质地好。

鉴定地毯品质的窍门

好房子铺上好地毯，才能使居室更有特色，呈现出豪华、气派。

人们常说的好地毯是指用手工编织的羊毛地毯，它不仅是一件工业产品，还是工人匠心独具创造出的工艺美术品。其具用五光十色的各种图案。另外，手工羊毛地毯还具有保值作用，一块地毯铺上十年八年，不但不会降价还会增值，时间愈久远增值愈高。

羊毛地毯有较好的吸音能力，可削弱噪声，它可吸收高达50%的声波。羊毛地毯的隔热性能也很好，因毛纤维具有很低的热传导性。

羊毛地毯还具有吸湿、防水以及防止空气污染等重要功能。在一般情况下，羊毛能吸收本身重量13%～18%的水分，在特殊的情况下，羊毛的含水量可达到33%，正是这种特质使它具有了调节环境湿度的作用，在高湿度环境中，它可从空气中吸收潮气，在空气干燥时又可将其所含水分释放出来。

除此之外，羊毛地毯还具有良好的阻燃性、抗污染性、易清洗的特点，即使经过几年的使用后，送到清洗店清洗，色泽仍艳丽如初。

选择布艺装饰的窍门

布艺作为“软饰”在家居中更具独特的魅力，它可柔化室内空间生硬的线条，赋予居室一种温馨的格调：或清新自然，或典雅华丽，或浪漫宜人，具有其独特的审美价值。

布艺的主要种类有窗帘装饰：帷幔装饰，床幔、墙幔等；陈设品覆盖织物装饰：桌布、地毯、家具布艺用品；布垫装饰：坐具、卧具、靠垫、踏垫；壁挂装饰：织物类吊毯、彩绘壁挂；家具布饰：沙发蒙面、用具外套等。布艺装饰在材质、色彩、款式、花型的选择上要特别注意搭配得当，并且与居室整体风格相互照应，这样才会给人以协调、舒畅的温馨感。如居室层高不是很高，应选择竖纹或浅色小花型的窗帘以调节视觉，延展空间。布艺在色彩上给人的感觉是：冷色调给人以朴素、宁静感；暖色调给人以热烈、喜庆感；亮丽色给人以轻松、豪华感，如浅色调的家具宜选用淡粉、粉绿等雅致的碎花布料，对于深色调的家具，墨绿、深蓝等色彩都是不错的选择。在材质上的表现是：光滑产生冷硬、粗糙产生暖意、细薄产生活泼、粗厚产生凝重、绒类感觉神秘。

在款式上简洁传递素雅，繁复营造富贵。

床上布艺一定要选择纯棉质地的布料，纯棉布料吸汗且柔软，有利于汗腺“呼吸”和人体健康，而且触感柔软，易营造出温馨的睡眠气氛。布艺的美化效果不言而喻，但维护却被人忽视，布艺装饰材料的质地多是纤维织物，其最忌烟火，一点火星，小则烧穿成洞，大则引发火灾，所以一定不要靠近易燃物品布置。

选择窗帘面料的窍门

选择窗帘面料质地时，首先应考虑房间的功能，要选择实用性比较强且容易洗涤的面料，而且风格力求简单流畅。客厅、餐厅可选择豪华、优美的面料。卧室的窗帘是应多费心的地方，要求厚质、温馨、安全，以保证生活私密性及睡眠安逸。书房窗帘要透光性好、明亮，宜采用淡雅的色彩，使人心情平和，有利于工作和学习。选择窗帘面料质地还应考虑季节因素，夏季窗帘宜用质料轻柔的纱或绸，以透气凉爽；冬季宜用质厚的绒线布，厚密温暖；花布窗帘四季皆宜，活泼明快。

不同质地的窗帘布会产生不同的装饰效果。丝绒、缎料、提花织物、花边装饰会给人以雍容华贵、富丽堂皇之感。方格布、灯芯绒、土布等能营造一种安逸舒适的格调。窗帘布最好不要过于光滑闪亮，因为这样的布料易反射光线、刺激眼睛。

玻璃美化家居的窍门

家装中玻璃的采用比较广泛，如用平板玻璃制成落地门窗，与明亮的大理石地面、不锈钢现代家具配合，创造超凡脱俗的空灵意境，创造淡雅、温馨的气氛；有的以雕花、彩绘玻璃代替实墙，可丰富空间层次。

在玻璃的族群中，镭射玻璃和镜面玻璃最为实用。镭射玻璃能分解射来的光线，从而得到多层次的七彩光，具有令人欢快的效果。而镜面玻璃是绝好的装饰背景材料，如在装饰书架、案头小摆设、室内花木或盆景后面放上镜面玻璃，能够强化原有装饰效果和艺术氛围；也在客厅顶部可用白色长方形方格镶嵌蓝色镜面玻璃，给人以如蓝天白云般的清新感受，使整个客厅显得超凡脱俗，清爽宜人。

家具玻璃镜鉴别的窍门

一面好镜子，必须具备以下几点：

（1）看镜面水平度：把镜子立在地上，靠稳后，看看镜面有无竖流（如同下雨一样的雨线）或横流（如水波纹样），如镜面有竖流或横流，则为次品，这样的镜面照出的像，左右不对称，上下不协调。选镜子时，可对着镜子让镜子旋转一周（按镜子所在的平面转动）再观察，如果不走样，不变形，说明镜子平坦。

（2）看镜子光洁亮度：看镜子是清亮，还是乌亮，清亮透彻的为佳。如果镜子面发乌，像蒙上一层雾气一样的，说明玻璃潮湿未干就上了银。质量较差。

（3）看有无气泡：镜面上不能有气泡、玻璃疙瘩、蓝色片块。同时也不能有黑斑点、黑块、污点和银层剥落等毛病，如果有这些毛病，则是因为玻璃上有脏东西，污点没有清除就镀银造成的。

（4）看镜面破损：镜面有无划痕、炸口等毛病。

（5）看保护漆层：即镜子的反面，一般是红色的，也有黑色或其他颜色，不能有脱落、崩口、漏涂和划线伤痕等。

板式家具挑选的窍门

随着家具的更新换代，市场上纯木质的家具已越来越少，板式家具成了发展趋势。对广大消费者来说，如何选购呢？

首先，要仔细检查人造板的质量。市场上出售的家具多是采用胶合板，以水曲柳为好，纹理美丽、坚固耐用。如果是塑料贴面板的，应当从侧面看看板面周围有没有起缝，塑料贴面板是将牛皮纸贴上一层装饰纸或表层纸压制而成，如果出现缝隙，说明工艺处理得不好，容易变形。还有一种细木贴面板，是在普通的物板上，贴 0.2～0.3 毫米的木条，这时应当检查一下木条的对缝是否严密，木条的纹理是否顺，纹理杂乱的影响美观。

其次，要注意家具结构的牢固度。用手轻轻推一下家具，如果出现晃动或发出吱吱嘎嘎的响声，说明结构不牢固。

再次，要注意家具活动部分的间隙。比如门缝、抽屉缝，以间隙合适为好，从这些间隙的合适与否上，可以看出做工的精细度。如果缝隙大，说明做工粗糙，时间长了还会变形。

之后，还要注意看看家具是单包箱还是双包箱。拉开柜门，看看内部是否还有一层板，通常除了外面一层板之外，里面还应贴有一层，这叫双包箱，既美观又结实，单包箱的则不然。如果是拆装式的，还应当检查一下金属连接件。金属连接件有空心螺丝和偏心连接件两种，要用手试试螺钉是否牢固，如果是偏心连接件的，应当看看连接件与板子镶得是否精细贴切。

最后，还要考虑家具的颜色与室内墙面、地板的颜色是否协调，经常出现的问题是别的什么都好，就是颜色不理想，这也是很重要的参考标准。

金属家具挑选的窍门

目前由于天然木材取之有限，家具产业越来越趋向多种材质以替代木材的短缺，金属家具（也称钢木家具）就是发展方向之一。

目前，市场上的金属家具种类较多，常见的有桌、椅、床和衣架等。因为它的结构牢固、经久耐用、搬运方便等优点而深受消费者欢迎，但许多消费者选购它们多不在行。

所以根据有关标准，提醒您在选购时注意如下几个方面：

（1）要注意家具的外观。市场上的金属家具一般为两类：电镀家具，对它的要求应是电镀层不起泡，不起皮，不露黄，表面无划伤；烤漆类家具，要保证漆膜不脱落，无皱皮，无明显流挂，无疙瘩，无磕碰和划伤。

（2）钢管的管壁不允许有裂缝、开焊，弯曲处无明显皱褶，管口处不得有刃口、毛刺和棱角。

（3）管件之间的焊接部位不允许有漏焊、开焊、虚焊，不能出现气孔、焊穿和毛刺等缺陷。

（4）金属部件和钢管的铆接要牢固，不能出现松动现象。铆钉帽要光滑平坦，无毛刺，无锉伤。

（5）家具打开使用时，四脚落地平稳一致，折叠产品要保证折叠灵活，但不能有自行折叠现象。

另外，在搬运金属家具时，要避免磕碰和划伤表面保护层；不要把金属家具放在潮湿的角落，应放在干燥、通风之处，以防锈蚀。

金漆家具挑选的窍门

金漆家具耐酸耐热，光亮坚实，古香古色。挑选时应注意以下几点：

（1）看造型结构。要求金漆家具的整体规则严谨，不偏不倚，无矫形，尤其是肩口处不能有裂痕。

（2）看罩漆色泽。金漆家具的表面加工，比一般家具精细，它要经过挂灰磨平、彩绘罩漆等工序。罩的漆是用新型合成大漆或天然大漆，要挑选漆色纯正均匀，无花斑、划伤，罩面平整光滑的。

（3）看图案。图案纹样要美观大方，勾绘的线条粗细均匀，色调一致。

钢木家具鉴别的窍门

钢木家具以木材为板面基材，以钢材为骨架基材，两种基材配合使用，是家具中的新品种。钢木家具分固定式、拆装式、折叠式等种类。对金属表面的处理有静电喷漆、塑料粉末喷涂、镀镍、镀铬、仿镀金等几种方法。选购时除了先确定购置的对象外，对所要购置的产品进行表面检查。看其电镀是否光亮、光滑，焊接处有无漏焊现象，静电喷漆产品的漆膜是否饱满均匀，有没有起泡现象；对固定式产品，看其焊口是否有锈痕，金属架是否垂直方正；拆装式金属家具，要注意连接件是否松动、失灵，有没有扭动现象；选择折叠式家具，则应着重注意折叠部位是否灵活，各折叠点是不是有损伤，铆钉是不是弯曲或没铆住，尤其应注意受力部分的折叠点必须安装牢固。如果挑选的家具，以上各部位均无明显问题，就可放心购买。

三、厨卫用具

选择厨具的窍门

（1）卫生：厨具要求表层材质有很好的抗油渍、抗油烟的能力。

（2）方便：厨具设计时需要按照正确的流程排列，以方便日后使用。

（3）防火：厨具材料要求有较高的防火阻燃能力。

（4）环保：厨房的地板以选用防潮、防滑，坚固耐用为宜。厨房的墙壁应选购方便清洁，不易沾油污，耐火，抗热变形的材质。厨房宜选用防火，耐高温不易变形的材质。

使用不锈钢餐具小常识

（1）洗涤：不锈钢餐具忌用强碱和强氧化制剂洗涤，容易使其溶解出有害物质，使用后影响健康。

（2）使用：忌与铝餐具搭配使用；忌煮煎中草药；忌大火烧煮食物，不宜空烧；忌储存过酸、过碱的食物。

安装电炊具小常识

使用前必须请专业人员安装电表；若使用的是功率超过 1000 瓦以上电炒锅或电烤箱，应在电源插座之前安装保险盒，并按规定使用保险丝。电热炊具的周围不能存放易燃物品，要注意防水防潮，时常保持电炊具的清洁。

使用电炊具小常识

（1）功率超过 1000 瓦以上电炒锅或电烤箱，应在电源插座之前安装保险盒，并按规定使用保险丝。

（2）使用电气炊具时，必须请电业管理人员安装合适的电表，导线的线芯截面积应和额定的功率相匹配，尽量选用三芯橡皮绝缘套管铜芯软线或聚氯乙烯铜芯导线。

（3）各种电气设备在检修之前，要首先切断电源。

（4）必须按每件家用电器使用说明接上地线，以确保安全。

使用油烟机的窍门

（1）购买：质量好的抽油烟机排烟效率高，负压大，吸烟能力强，并且各项技术指标符合国家标准。

（2）安装：吸油烟机应安装在距离炉面 60～65 厘米处，可以有效地吸收油烟，减少污染、易于清洁。

（3）洗涤：将油烟机滤网，放进洗碗机里清洗，或浸泡在洗洁精水中，即可轻松清洗。

（4）开启：在煤气或液化气点燃后，即打开抽油烟机，这样可及时使煤气和液化气燃烧后释放出有害气体抽出。

（5）关闭：在煤气和液化气关闭约 10 分钟后，再将抽油烟机关闭，这样厨房中就不会有过多的有害气体了。

选购高压锅的窍门

（1）看外观：优质高压锅外表光滑光亮，胶木手柄坚固、光亮，安装牢实，上下两个手柄要对齐，晃动时不松动；锅内外氧化、抛光好，手摸没有疙瘩和斑纹。

（2）测安全：在选购时，要仔细检查高压锅上的限压阀，阀盖内的顶针一定要盖严气孔管上的气孔，气孔必须光滑畅通，否则容易因挂住食物而堵塞，甚至发生事故。注意锅盖上的易溶阀，挑选时，可将阀上下的螺帽拧动几下看是否灵活。

注意，现在的高压锅改进了锅盖密封圈处的设计，当锅内气压上升到一定限度，蒸汽就会把密封胶圈顶出，使锅内的压力下降，防止事故发生，选购这样的锅更为安全。

选购电蒸锅的窍门

（1）看材质：电蒸锅应该选择易清洗、不易摔碎的透明材质；有两层至三层的蒸格，以便烹煮食物；定时器、水位观测窗和外注水口完整。

（2）看容量：选购电蒸锅时，应根据家庭人口和使用来选择适当的容量。

（3）看功能：购买电蒸锅，要留心所选择的锅是否有积汁盘和蒸格提手，以方便收集食物汤汁及移动食物不烫手。

（4）看标志：选择时应注意观察电蒸锅的标签是否完整，质量是否达到安全标准，产品是否合格。

维修电饭锅的窍门

（1）保险丝：电饭锅在使用时，出现插上电源插头，电源保险丝马上熔断现象：首先判断是否是电源插座中进水或米汤，造成短路，用电吹风将插座内的水分吹干后继续使用即可；若是用于电源插座长期使用而造成碳化短路，则需要用细砂纸擦磨掉表面碳化层，并用酒精擦拭。

(2) 指示灯：电饭锅指示灯泡损坏以后，很难配置修理，此时可用测电笔灯泡加以替换。测电笔灯泡只需0.2～0.3元，也容易买到。拧下开关壳体的固定螺丝，将开关壳上的铝质商标牌摘下，用电烙铁取下损坏的指示灯泡与电阻，然后装上测电笔灯泡，焊上线，并串接限流电阻，套上原套管即可。

(3) 不保温：电饭锅在使用时，若出现电饭锅不保温的情况。故障可能是由于保温开关的常闭触点脏污或烧蚀，使其触点接触电阻过大，造成触点闭合而电路不通，发热管不发热，

电饭煲不能保温，可以用细砂纸将触点清洗干净后镀上一层锡即可。

(4) 小毛病：电饭锅使用前要检查一下电源插头，插座是否出现氧化层、松动等。如有这些现象，可用小刀刮一刮，或用砂纸擦一擦均能起到保养作用。如果出现饭煮熟后不断电，这种情况是电饭锅磁控开关中的弹簧失去了弹性，导致电饭锅达到103℃时热敏磁块失磁后不能迅速切断电源，解决的办法是设法使弹簧恢复弹性或再更换新弹簧。

安装微波炉的窍门

微波炉在安装前要检查外壳是否损坏和开裂；微波炉应放置在干燥通风处，后壁需留有10厘米以上的空隙，保持通风良好，切忌靠近热源及电子设备，以免热气和水蒸气进入微波炉内引起故障；安置处应避开自来水等水源，以免微波炉溅上水发生漏电危险；微波炉要放置在牢固平稳的台子上。

使用微波炉的窍门

(1) 容器：微波炉使用容器以浅的盆为优；使用玻璃容器时，切忌使用刻花玻璃；使用塑料容器，最好使用聚乙烯、聚丙烯容器；微波炉内切忌使用金属器皿和搪瓷容器。

(2) 加热常识：食品初温高低决定加热时间，食物本身温度越高，烹调时间越短；夏天加热时间较冬天短；微波炉加热是先热外围再向中央扩散的，摆放时应注意，以免生熟不一；配料中品种较多，要根据易熟程度分次入炉。

(3) 烹调时间：烹调时间要自主掌握，依照实际调整。

微波炉烹饪的窍门

(1) 解冻：使用微波炉解冻时，可以先将食物放在小碟上，然后将小碟翻转放在大而深的碟上，放进微波炉解冻，每隔5分钟将食物拿出来，加以翻转及搅动1～2次，

即可均匀解冻。

（2）烹调：烹调有外皮的食物时，需要在食物上扎几个小孔，或用刀划几下，以免爆裂。

（3）保鲜：用保鲜纸保持食物水分，需要包上微波炉保鲜纸或用盖盖上。

（4）巧用油：使用微波炉烹饪时，加油应适量，并且油加热要严格控制时间，时间过长容易引起着火。烹饪时，最好使用熟油，但注意油温加热时间应比说明书上所提供的时间少1～2分钟。

（5）巧用水：烹饪时加水应适量，水分较多的蔬菜等食物，在烹饪时不可加水以保存其原有的色泽和营养成分；而用微波炉蒸鱼时，可以加入少许水，以便使烧好的鱼能保持其原有的水分。

（6）巧放盐：在用微波炉烹饪时，应尽量减少盐的使用量，可以避免食物发生外熟而内生的现象，食盐可在烹饪即将结束前或取出后再添加。

使用电磁炉的窍门

使用前电源线要符合要求；炉面有损伤时应停用；安放电磁炉时，应保证炉体的进、排气孔处无任何物体阻挡；炉具保护功能要完好。使用时使用电磁炉时要放置平整；按按钮时，要轻而干脆，以免损伤簧片和导电接触片；电磁炉承载重量有限，切忌将超大超重的锅具直接放置到炉上。使用后电磁炉要注意防水防潮，避免接触有害液体，切忌用金属刷、砂布等较硬的工具来擦拭炉面上的油迹污垢。

选购茶具的窍门

茶具选择以陶瓷为最好，白瓷板次之，玻璃杯再次，搪瓷杯较差，保温杯塑料杯最差。用陶瓷茶具冲泡茶叶以品尝为主；若欣赏茶叶，或茶汁色泽则以玻璃杯最佳；搪瓷杯泡茶效果差，不适宜招待客人；保温杯泡茶易使香气沉闷，茶叶泛黄；而用塑料杯泡茶，则会产生异味。

选购餐桌椅的窍门

餐桌椅的选择不必拘泥于餐桌的样式，选择同餐桌款式不同或款式相同而颜色不同的餐桌椅，更显现出独特的审美观念。如果餐厅面积较大，可以选用固定的餐桌；若房间面积较小，则可以选用胶合板或塑料贴面的折叠餐桌，这样既方便清洁，又美观大方。

选购餐具的窍门

在选购时，可以用食指在瓷器中轻轻拍弹，优质的瓷器餐具会发出清脆的声响，瓷器的胚胎细致，烧制好。劣质瓷器用食指轻轻拍弹，会发出沙哑沉闷的声响，外表多刺多斑，釉质不匀，表面有裂纹不宜做餐具。

快磨菜刀的窍门

（1）碗底：用碗底做磨刀石，使刀面和碗底角度小于45°，反复打磨菜刀的两面即可。

（2）纸：将3～5张纸紧紧地卷成一个纸卷，并用胶带固定好，然后在纸卷的一端蘸取适量的清洁精，在刀头至刀尾处反复摩擦数次，刀口即可变得锋利。

（3）锡箔纸：将锡箔纸揉成一团，然后用纸团突出的部分反复摩擦菜刀刀口，即可保持菜刀锋利。注意，此法最好在每次使用完菜刀后进行保养，可以延长菜刀使用寿命。

（4）食盐：将买回的钝刀浸泡在食盐水中30～40分钟后取出，然后在磨刀石上一边浇盐水一边磨，即可使得钝刀磨快后变得经久耐用。

砧板防裂的窍门

买回新砧板后，在砧板上下两面及周边涂上食用油，待油吸干后再涂，涂三四遍，油干后即可使用，这样砧板便会经久耐用。许多人喜欢用刀刮砧板，这是一个不好的习惯，对砧板有很大损害。

选购砂锅、铁锅的窍门

（1）砂锅：优质砂锅，外表锅体圆整，选用优质陶制烧成，多呈白色，表面釉质光亮均匀，内壁光滑，锅体厚度匀称，摆放结构合理平整，盖合严密，没有突出的沙砾，具有很好的导热性。在选购砂锅时，可以将充足的水注入砂锅中，查看是否有渗漏；或者用手指敲击锅体，听声响是否生硬清脆，若发现声音沙哑沉闷，则说明锅体已经破损有裂缝，不宜购买。

（2）铁锅：选购铁锅时，应选择表面光滑，无砂眼气眼等瑕疵的优质品。注意，铁锅上若有不规则浅纹属于正常，但纹路不可太深。

选购搪瓷烧锅的窍门

选择一套称心如意的搪瓷烧锅，应先从外观上检查，盖上盖后，看能否自转动，盖与锅身之间不得出现空隙。

盖与锅身的颜色要一致，锅的边缘不得有高低不平的现象，胶木配件必须安装牢固，不得有松动，表面必须光滑，不得有破损，外观上胶木柄必须无气泡、裂纹。锅身和盖子的边上不锈钢圈不得转动，表面光滑、无毛刺。不锈钢包边与身、盖接口处瓷面不能有擦毛，没有碎瓷。再看一下内外表面的瓷层是否有脱瓷、爆点、小气泡及网状花纹，特别是不得有鱼鳞状的小块掉瓷。

选筷子的窍门

（1）木筷：轻便，容易弯曲，吸水性强，不耐用，细菌容易随着菜汤汁水或清洗液吸入筷子中。

（2）竹筷：轻便无异味，不宜弯曲，吸水能力差。

（3）骨筷：以鹿骨制作的骨筷为佳品，市面上一般为牛骨制成，中医认为骨筷有保健作用。

（4）油漆筷：筷子表面镀层油漆，油漆中含有大量的铬、铅等有毒物质，对人体健康影响较大，不宜选用。

浴室巧防安全隐患的窍门

（1）浴缸：在浴缸外铺上防滑垫，避免脚底潮湿被滑倒。

（2）插座：墙壁上不用的插座应套上安全盖，保险丝的负荷必须与额定电流指数相符。

注意，家长要特别留心，防止小孩玩耍时不慎将手指插入插座中。

巧除浴缸裂痕的窍门

（1）指甲油：先将搪瓷浴缸上有划痕处用清洁剂清洗干净，然后用吹风机吹干，将透明指甲油均匀地涂抹在划痕上，然后用吹风机吹干即可。注意，若是浴缸划痕较深，需要请专业人员用烤漆进行修补，以保证漆膜坚固耐用。

（2）牙膏：先将陶瓷浴缸有划痕处用清洁剂清洗干净，然后用废旧的牙刷蘸取适量牙膏对划痕处进行充分的研磨，再用清水清洗干净，最后用吹风机吹干即可。采用此法可以有效避免划痕部位出现裂痕。

使用马桶的窍门

（1）马桶垫：马桶垫容易沾染细菌，使用时一定要勤换勤洗，保持清洁干燥。

（2）马桶管道：马桶管道要经常保持通畅，若出现排水不畅或者泄漏，需要及时找相关部门维修，以免病菌污水流入家中。

选购牙刷的窍门

（1）儿童牙刷：刷头的长度不宜超过 25 毫米，毛束排数不应超过 4 排，毛高应为 10～12 毫米，孔距应大于 1. 4 毫米，2 排 19 束或 3 排 19 束最为适宜。

（2）成人牙刷：刷头的长度不宜超过 35 毫米，选购时应尽量选择三排牙刷，3 排 22 束牙刷最为适宜。

（3）其他牙刷：牙齿整齐的人，可以选用平毛型牙刷，若牙齿的生长不齐，可以选用花毛型或凹型牙刷；对于牙龈经常出血者，最好选用刷毛较软的牙刷。

复原牙刷的窍门

用木梳横插在尼龙牙刷的刷毛中，将刷毛托起，然后将牙刷浸入热水中，待刷毛回软后取出，使其自然冷却，拿掉木梳，牙刷毛即复原。

巧选毛巾的窍门

（1）看外观：优质毛巾颜色柔和鲜亮，用料讲究，工艺精致。

（2）闻气味：优质毛巾无刺鼻气味。

（3）测色牢度：优质毛巾多用活性染料染色，色牢度高。

（4）摸手感：质地蓬松，手感柔软，富有弹性，贴在脸上柔软舒适而不滑腻。

（5）测吸水性：优质毛巾吸水性好，水滴在毛巾上，会很快渗透。

注意，毛巾初次洗涤出现脱色是正常现象。

四、家用电器

减少家电间互相干扰的窍门

现代家庭多数购有彩色电视机、收录机、电风扇、洗衣机、电冰箱等家用电器，这些电器相互会发生干扰，尤其是彩色电视机受的影响最大。怎样减少家电的互相干扰呢?

首先，电冰箱和电视机应尽量离得远一些，有条件的不要把它们放在同一房间里，如条件不许可，也要分别安装电冰箱和电视机插头。相邻的住户，冰箱和彩电不要靠近同一面墙。电冰箱和电视机应分别安装上各自的保护器或稳压器，并要将两者的电源线分开，不要在同一面墙上。

其次，电视机与收录机、音箱要保持一定的距离，不要靠得太近。因为收录机及音箱中带有磁性很强的扬声器，并在周围形成较强的磁场，而彩电的荧光屏后面装有一个钢性的栅网，如果长期处在较强的磁场中，就会被磁化，使电视机的色彩不均匀。

电视机摆放的窍门

电视机的摆放，要远离厨房，以防蒸汽和高温损害。电视机与对面沙发的放置距离要在 2～3 米，并严禁与开启的电风扇放在一起，另外电视机放置应该与自己的视线在一个水平面上。电视机不看的时候，会反射床的影子，变相也成为镜子。因此睡房内不适合摆放电视机，原理和镜子一样。

延长电视机寿命的窍门

（1）避免电视机连续、长时间工作：不用的时候，一定要关闭显示器，或者降低其显示亮度，否则时间长了，就会导致内部烧坏或者老化。另外长时间地显示一个固定的画面，有可能导致某些元件过热，进而造成内部烧坏。

（2）注意保持干燥度：对于长时间不用的液晶电视，可以定期通电一段时间，让显示器工作时产生的热量将机内的潮气驱赶出去。如果湿气已经进入了，就必须将其放到较温暖的地方，以便让其中的水分和有机化合物蒸发掉。

（3）正确清洁屏幕：可用蘸有少许水的软布轻轻将污迹擦去，但是不要水量过大，水进入后会导致屏幕短路。如果发现屏幕上有雾气，应先用软布将其轻轻擦去，然后才能打开电源。

（4）在日常使用中要避免冲击屏幕：屏幕十分脆弱，要避免强烈的冲击和振动，不要对显示器表面施加压力。

（5）遥控器上的关闭按钮，只是令电视机的显像管停止工作，电源仍向电视机供电，电视机与电源仍处于接通状态。长期这样会对电视机的电子开关系统，甚至其他元器件造成一定损害。因此用遥控器控制彩电关机后，应按下电视机面板上的电源开关，彻底切断电源。

处理电视异常的窍门

（1）无线电视：收看无线电视节目，画面或声音突然出现异常时，先不要随意调整，耐心等待或更换一个频道信号较强的节目，几分钟后若自动恢复正常，则说明是外界因素所致；若不同频道节目出现相同的异常现象，而没有动过调谐，则为电视机出现了问题，应及时修理。

（2）有线电视：收看有线电视节目，突然出现的异常现象，多数是信号源的问题。先更换收看其他节目或改为收看无线信号节目，若并未出现异常，可以确定电视机运行正常，属闭路信号源问题，打电话向有线电视网服务台反映即可；若判断出是电视机出现了异常，则需要及时修理。

电视机防火的窍门

1. 火灾危险性

（1）电视机若在超电压下长时间工作会使其功耗猛增，温升过高烧坏电压调整管，使变压器失去电压保护，在高压下发生剧烈升温而起火。

(2) 电视机内部电极间电压极高，若机内积灰、受潮等容易引起高压包放电打火，引燃周围的可燃零件而起火。这一问题一般在老式电视机中出现的可能性较大。

(3) 电视机长期工作在通风条件不良的环境中，机内热量的积聚加速零件老化，进而引起故障而起火。

(4) 电视机遭受雷击而起火。

2. 防火措施

(1) 不宜长时间连续收看，以免机内热量积聚，高温季节尤应如此。

(2) 关闭电视时，关闭机身开关的同时应关闭电源开关，切断电源。

(3) 保证电视机周围通风良好，以利散热。

(4) 防止电视机受潮，防止因潮湿损坏内部零件或造成短路。

(5) 雷雨天尽量不用室外天线以免遭受雷击。

选择空调的窍门

选择家用空调时，注意以下事项，可使您买到满意实用的产品。

(1) 选用能效比高的空调。能效比是空调制冷量与制冷功率的比值。能效比愈高说明该空调的能效水平愈高，制热时亦相同。

(2) 选用变频空调。变频空调压缩机电机转速可变，避免了压缩机的频繁启动，与定速空调相比节电 30%，温度波动小，舒适性强。

(3) 尽量采用直流变速空调，它比交流变频空调节电约 10%。

(4) 挑选交流变频或直流变速空调时，应注意其制冷制热范围，范围越大节电能力越强。

(5) 结合使用环境和使用条件选择高效节能空调。一般来说，每年使用期超过 4 个月，每天开机时间超过 3 小时以上时，变频空调高出常规空调的购买费用可在 1～2 年内收回。

布置空调的窍门

空调器耗电多一直是让大家头疼的问题，这固然与空调器的内部结构有关，同时也与合理的布置有很大关系。

窗式空调与分体式空调的具体布置有所不同。只有合理布置，才能充分发挥其效率。

1. 窗式空调器的布置

窗式空调器的安装既要考虑室外条件，又要考虑室内要求。综合各种因素后，来确定最优位置，使空气能良好地循环，能耗降低。选择时可以从以下几方面考虑：

（1）避免安装在阳光直射的地方。

（2）根据房间不同的朝向，选择最合理的安装方位。北面是最佳位置，因为夏季北面的温度比南面要低，对散热有利，可减少电耗。

（3）空调器两侧及顶部的百叶窗不要遮盖，并且百叶窗旁边应留出足够大的空间。

（4）距空调冷凝气的出风口1米内不允许有障碍物，否则会引起冷凝气排出气体倒流。

（5）室内位置的选择应尽量使空调器所送出的冷风或暖风能遍及室内各个方位。

（6）空调器安装要求距地面高度大于0.6米，离天花板的距离应大于0.2米。

（7）不要安装在有油污等污浊空气排放的地方。

2. 分体式空调室内机的布置

在安装分体式空调室内机时应考虑以下几方面的问题：

（1）应安装在室内机所送出的冷风或热风可以到达房间内大部分地方的位置，以使房间内温度分布均匀。室内机不应安装在墙上过低的位置，因为室内机出风口在下部，进风口在正面，如果安装过低，冷风直吹人体或送在地面上，造成室内温度均匀性极差，使人感到不舒适。

（2）对于窄长形的房间，必须把室内机安装在房间内较窄的那面墙上，并且保证室内机所送出的风无物阻挡。否则会造成室内温度分布不均，使制冷时室内温度下降缓慢，或制热时温度上升缓慢。

（3）室内机应安装在避免阳光直照的地方，否则制冷操作时，增加空调器的制冷负载。

（4）室内机必须安装在容易排水，容易进行室内外的地方。室内、室外机连接管必须向室外有一定的倾斜度，以利于排除冷凝水。

3. 分体式空调室外机的布置

在安装分体式空调室外机时应考虑以下几个问题：

（1）室外机应安装在通风良好的地方。其前后应无阻挡，有利于风机工作时抽风，增加换热效果。

（2）室外机不应安装在有油污、污浊气体排出的地方，否则会污染空调器，降低传热效果，并破坏电气部件的性能。

（3）室外机的四周应留有足够的空间，其左端、后端、上端空间应大于10厘米，右端空间应大于25厘米，前端空间应大于40厘米。

使用空调的窍门

夜晚睡觉时，最好不要使用空调；大汗淋漓的时候，最好不要直接吹冷风；开冷风的时候，空调口不能直接吹向人体。空调的适宜温度，夏季应在24～28℃，室内外温差在5℃为宜。空调在使用时，每小时开窗或开门1次，每2周要清扫空调机1次；夏季使用前或秋季使用后，最好请专业技工用空调专用清洗液清洗一次，进行清洗保养。

排除空调故障的窍门

空调器一旦发生故障，用户可先进行初步诊断，以尽快恢复使用。

1. 当空调无法运行时

（1）检查电源是否有电，电压的范围是否在220伏±10%之内（可用万用表或电笔测试）。

（2）检查遥控器内电池是否有电（可观察液晶显示是否清晰）。

（3）设定参数是否正确，如运行状态、设定温度等。

（4）检查内机附近有无电磁干扰，如日光灯等，它有可能会干扰遥控器发射的信号。

2. 当用户感到空调冷量不足时

（1）检查门窗是否关紧，室内是否有新增热源，如人员、电器等。

（2）过滤网是否清洁，室内外进风口出风口是否通畅，进出风有没有形成短循环。

（3）设定参数是否正确，如风速是否处于高速挡。

（4）室外机换热状况是否良好，有无受阳光直射，有无受其他空调室外机吹出风的影响等。

选购冰箱的窍门

在购买冰箱时，首先检查冰箱表皮是否光洁平整，漆膜有无剥落现象；插上电源后，将温度调至第二挡，让自动控制器作自动停开几次，可以检查温控装置是否可靠有效，压缩机的运转是否正常和噪声是否正常；将调节旋钮旋至“不停”位置，半小时后蒸发器内出现霜水，来检查蒸发器四壁是否均匀，散热情况是否良好；最后检查冰箱门能否关闭紧实灵活即可。

电冰箱摆放的窍门

冰箱不宜放在角落，摆放要尽量远离暖气、火炉等热源，角落处空气不流通，冰箱一旦受热或散热不畅，压缩机会频繁启动，冰箱容易受到损坏，缩短其使用寿命，并使冰箱耗电量增加。冰箱不能靠近或正对炉灶，因为炉灶油烟太多，容易污染冰箱内的食物，不利于身体健康。

调节冰箱温度的窍门

（1）直冷式电冰箱只有一个温控器，调控温度时一般要从小数字开始调温，当温度稳定后再进行第二次调温，一般调整到中间位置即可。注意，冷藏室温度随冷冻室温度改变，强冷使用时间不宜超过 5 小时，避免冷藏室食物冻结。

(2) 无霜式冰箱内有两个温控器，在使用时可以将按钮相互配合，可以保证冷藏室和冷冻室温度都可以达到协调。在启用速冻时，将按钮调制强冷处即可，速冻后，拧回原处即可，方便省电。

延长冰箱寿命的窍门

(1) 摆放：冰箱要摆放在距离墙壁 10 厘米以上的干燥通风处，避免阳光直射，防止震动。

(2) 使用时：电冰箱切忌即开即停或长期闲置；如果发生非正常停电，必须切断电源，并且到再来电时，不可立即接通电源，需要在 5～10 分钟后再接通，以免强行启动损坏机件；使用冰箱不可超压或欠压使用，以免烧毁压缩机；在冰箱内温度尚未稳定时，不可一次放入大量食物，并且尽量缩短开门时间，热空气进入，增加压缩机工作量。

(3) 清洁：冰箱需要定期除霜，切忌用金属器具刮铲，损坏蒸发器。

冰箱除霜的窍门

先将冰箱电源拔掉，然后在冰箱的冷冻室内铺上一层毛巾，并在毛巾上放上一碗开水，关上冰箱门 40～60 分钟后即可轻松除霜。或者在干净的冰箱冷冻室内铺上一层保鲜膜，在除霜时直接将保鲜膜撕掉即可。

修复冰箱壳裂痕的窍门

用干净的软布蘸少许牙膏反复擦拭冰箱外壳，冰箱即可恢复光洁。牙膏内含有研磨剂，去污力非常强。若发现冰箱漆面出现又细又浅的裂痕，可以在裂痕处涂擦一层透明指甲油，反复长期涂抹，即可避免冰箱上裂痕继续龟裂；但如果裂痕较大，则需要亮光漆或者真漆来涂抹掩盖。

睡前巧除冰箱噪声的窍门

电冰箱在正常工作时也会伴有一定噪声，尤其是在夜深人静时，噪声会影响人们的睡眠。此时可采用以下办法加以消除：临睡前 30 分钟打开箱门将温度控制器旋钮转到接近强冷点的附近位置，如 2℃左右，然后关好冰箱门，入睡前，再将电冰箱门打开，将温度控制旋钮由原来的强冷点重新转到弱冷点的位置，如 8℃左右，然后关好箱门，这时制冷压缩机应停止运转。经过两次的温度调整，电冰箱内温度的控制器则由温度较低（冷藏部位 2℃左右）状态提高到温高较高（冷藏部位 8℃左右）状态，间隔 1 小时左右，又由停止运转状态重新开动为运转状态，在这1小时的安静环境下，一般人便可以进入熟睡状态，即使制冷压缩机再启动，其影响也相对减小了。

冰箱防火的窍门

1. 火灾危险性

（1）压缩机、冷凝器与易燃物质或电源线接触。电冰箱工作时，压缩机和冷凝器表面温度很高，易使与之接触的物品受热融化而起火。

（2）冰箱内存放的易燃易挥发性液体，当易燃气体浓度达到爆炸极限时，控制触点的电火花可能引燃。

（3）温控电气开关受潮，产生漏电打火引燃内胆等塑料材料。

（4）短时间内持续地开、停会使压缩机温升过大被烧毁而起火。

2. 防火措施

（1）保证电冰箱后部干燥通风，新买的冰箱的可燃性包装材料应及时拆走。

（2）防止压缩机、冷凝器与电源线等接触。

（3）勿在电冰箱中储存乙醚等低沸点易燃液体，若需存放时，应先将温控器改装至机外。

（4）勿用水冲洗电冰箱，防止温控电气开关受潮失灵。

（5）勿频繁开、启电冰箱，每次停机5分钟后方可再开机启动。

（6）电源接地线勿与煤气管道相连，否则发生火灾时，损失惨重。

选购洗衣机的窍门

选购洗衣机，首先要了解洗衣机的种类。目前市场上的洗衣机主要有滚筒型、波轮型和搅拌型三大类。它们都是通过化学作用、机械作用、时间和温度来洗净衣物的。其中搅拌型洗衣机目前在市场上所占份额极小。就滚筒洗衣机和波轮洗衣机而言，二者在衣物的洗净度、用电量及洗衣所花费的时间等方面区别很大。

（1）洗净度与损衣率：滚筒洗衣机是由滚筒作正反向转动，衣物利用凸筋举起，依靠引力自由落下，模拟手搓，洗净度均匀，损衣率低，衣服不易缠绕，连真丝及羊毛等高档衣服都能洗。滚筒洗衣机还可以加热，能激活洗衣粉中的生物酶，进一步提高洗涤效果。波轮洗衣机则是依靠波轮的高速运转。所产生的涡流冲击衣物，借助洗涤剂的作用洗涤衣物，其洗净度虽然比滚筒式高一些，但是因机械力作用大，易使衣物缠绕打结，磨损度较大。

（2）水电的使用量：滚筒洗衣机洗涤功率一般在200瓦左右，而脱水与转速成正比，如果水温加到60度，一般洗一次都要在100分钟以上，耗电在1.5度左右。烘干的时间与衣物的质地有关，最少需40分钟。这就要求用户只有在配备10安培的电表后才能在使用烘干功能时不致使电表跳闸。相比之下，波轮洗衣机的功率一般在 400 瓦左右，洗一次衣服最多只要 40 分钟，因此耗电量就小得多。在用水量上，滚筒洗衣机约为波轮洗衣机的 40%左右。

洗衣机摆放的窍门

洗衣机长期放置在潮湿环境下，铁皮会锈蚀，同时内部电动机和电器控制部分也将受到潮气侵袭，易使功能出现障碍。所以一般摆放洗衣机的时候宜在洗衣机下面添加一块木板或者几块砖头。洗衣房的位置多选择挨着阳台、卫生间或厨房的地方，因为距卫生间和厨房间近，做排水口更方便，另一方面洗衣服时还有一些噪声，如果靠近卧室会影响休闲和休息。

增强洗衣机洗涤效果的窍门

（1）在使用洗衣机前，先将衣物充分浸泡并将较脏处用肥皂搓洗，然后再用机洗。

（2）洗衣粉使用量要适当，以能够洗涤干净和容易漂洗为依据。

（3）根据衣物面料来选择洗衣粉。洗涤丝绸、毛类织物，用中性或弱碱性为宜；洗涤油污较多的棉麻织物，使用强碱性最佳；洗涤血迹等斑迹衣物，可选用加酶洗衣粉；而洗涤有铁锈的织物时，则宜选用含硼酸钠的洗衣粉。

（4）用 30～40℃的温水将洗衣粉全部溶解后，再注入洗衣机内，有助于洗衣粉充分利用。

延长洗衣机寿命的窍门

（1）使用：应将衣物进行一次分类和检查，取出衣袋内的物件；每次洗衣应尽量减少洗衣数，切勿让洗衣机负荷过重，一般洗衣机每次可洗 4. 5～5 千克衣物即可。

（2）清洁：洗衣机的外壳、控制板、过滤器及排水孔都应定期清洁。外壳及控制板可用海绵或温布抹洗，但切忌使用化学物品清洗，否则外壳及控制板可能受损；过滤器及排水孔在清洗时，应检查孔和孔通道是否被废物阻塞；洗衣机上的计时器，尽量不要淋湿。

（3）放置：洗衣机应该摆放在远离热源、通风阴凉处，最好能够安放在有独立水龙头、电源插头及排水渠道的固定位置，并须将其四脚调校至绝对平衡，以免工作时发出强烈噪声及磨损转轴。

挑选电熨斗的窍门

目前市场上供应的电熨斗品类繁多，有普通型、调温型、喷气型、喷雾蒸汽型四种；功率在 100～1200 瓦之间。购买电熨斗，要注意外形美观，操作方便，底板直平，电镀光亮，摇动时应无松动感、无声响。再查看手柄是否破裂，外壳和底层有无脱落现象。做通电测试检查。看电源线安装是否牢固，发热元件有无短路或漏电现象。调温型电熨斗，要检查调温旋钮转动是否灵活，指示灯显示器是否正常。在高温挡指示灯亮的情况下，向低温挡转，指示灯应熄灭，并有断电的清脆响声。电源线应为三芯编织线，其中有一根黑线是接地专用线，其他两根为电源线，切勿接错。

使用蒸汽熨斗的窍门

使用前在蒸汽熨斗中灌注冷开水，可以避免产生水垢。使用时蒸汽熨斗的温度需要根据各种不同的衣料选择，从低温逐渐开始上调；当水温达到所调的温度后，再开始熨烫，温度不够，水无法变成蒸汽，影响熨烫效果；利用蒸汽熏喷，使衣物纤维恢复弹力，如果一边喷蒸汽，一边用毛刷往相反方向刷，则可使磨压反光的布料恢复原样。蒸汽熨斗用完后，务必将余水倒清，并且拔下插头，直立收藏，可延长使用寿命。

注意：在干净的毛巾上滴上数滴食用油或白蜡，用这样的熨斗烫几下，然后再用熨斗熨衣服会使得衣服平整。

使用加湿器的窍门

加湿器使用时，水温要在40℃以下，在相对湿度小于80%时使用，水中不可添加其他种类化学药品；放置在0.5～1.5米高的稳定的平面上，并远离热源、腐蚀物和家具等，避免阳光的直射，根据自己对于湿度的要求，合理调节喷雾量和恒湿值即可。注意，加湿器在搬动时要将水箱中的水放掉，不可倒置；使用时不要用手摸水面，且不可在水结冰和空箱情况下使用，发生故障时应该立即停机。

挑选组合音响的窍门

购买混合音响，需要重视音响的音色，优质音响听广播节目，语音自然柔和；听打击音乐，声音清脆悠扬，并且能够听出不同音色的区别。检查音箱效果时，可以用高频纯音信号播放，优质音响距音箱四周较大范围内都能听到优美的音色，并且两对音响音色效果一致。

注意：在购买时，可以选用自己熟悉的音乐进行试音，这样容易辨别音色是否优美及保真度如何。

家用摄像机使用的窍门

使用时要将长镜头对准光源，特别是景物明暗对比度较高时；摄像机在与其他电视设备连接时，必须首先切断设备电源；注意电池临界放电提示，及时更换电池。使用后应关闭光圈，将镜头盖盖上，同时将电源开关关闭，拔掉电源插头或取出电池。

选购电热壶的窍门

（1）购买时，要检查电水壶的发热器与壶身连接是否牢固，电源接头与壶身连接是否松紧适度，是否漏电。

（2）选择自动控温型，应注意其开水是否灵活，控温器是否灵敏可靠，密封性能是否良好；选择带有气压供水的电热壶，应注意其供水装置是否灵活，外盖、内盖、内胆的拆卸是否方便，密封性如何。

（3）购买时，要考虑水壶的容量是否适宜，水壶的容量和功率成正比，和耗电量成正比，应选用其效益和能耗量都比较相宜的型号，避免或造成浪费。例如，家庭购买时应选用小型的，办公室或公共场所应选容量大些的。

使用电热壶的窍门

使用时，应按照使用说明，按照程序要先装水，注意装水量要适宜，水至少应将电热圈覆盖，然后再接通电源，否则容易烧坏发热器。注意，金属材料的电水壶，不宜用来煮酸性或碱性食物；壶内壁、发热器表面若附有水垢或污物，应及时清洗；在清洗时，不能浸入水中，以免电器部位受潮，使用时发生短路。

选购浴霸的窍门

（1）看外观：高质量的价格会相对较高，且产品制作精细，使用材料优质，表面光洁。

（2）看标志：购买时应选购印有注册商标的正规厂家、商家及印有中国电工委员会长城认证标志的正宗产品。

（3）看耗电量：浴霸中每个取暖灯泡的功率约为 275 瓦，在选购时，应自己考虑其耗电量。

（4）看功能范围：选购时要依照浴室的面积大小来选择，一般 2 个灯泡适合于 4 平方米的浴室，4 个灯泡的适合 6～8 平方米浴室。

选购电热水器的窍门

电热水器分为水箱式、出口敞开式和出口封闭式三种。质量好的电热水器表面烤漆均匀、色泽光亮，无凹痕、无脱落或严重划伤、挤压；各种开关、旋钮造型美观，加工精细；刻度盘等字迹应清晰；电源插头接线牢固、完好，附件齐全；进行通电试验时，可先观察指示灯是否点亮，出水断电指示是否可靠；恒温检查时，将温度设定一定数值，达到设定值时，电热水器能自动断电或转换功率。

注意：电热水器与人身安全密切相关，所以选择电热水器一定要注重安全性能。购买时必须考察电热水器的品牌和售后服务水平，以及家庭人口和热水用量等因素，方能购得一款优质、实用的电热水器。

选购家用电热毯的窍门

电热毯也称电热褥，选购时要注意以下几点：

（1）外观色泽鲜艳，缝制精良，美观、平整，无破损痕迹。

（2）正规电热毯都有注册商标，凡无商标、厂名、厂址的，即未取得国家电热毯产品统一合格证书的，这种产品不能购买，否则将会带来不堪设想的后果。

（3）电源控制器外壳光滑美观，无安装方面的缺陷。要注意是否有开、关标记，以便明确地显示工作或非工作状态。推钮、旋钮推动灵活，旋转平滑，无破损裂纹。

（4）电热毯性能的优劣直接取决于电热元件质量的好坏。因为电热毯元件缝制在棉布套中间，眼睛看不见，也不能拆开检查，挑选时应首先询问电热毯用的电热元件是什么材料制作的。若自己检查，可用手顺着电热丝走线触摸，当触及电热元件时，若手感较细，一般是直线型挂塑电热线。这种电热元件虽然能满足安全性能要求，但抗拉性差，若在沙发床上使用，时间长了，就有可能拉断；若手感较粗，所用材料则为螺旋挂塑镍铬合金电热线。这是目前国内较先进的电热元件，用该电热元件制成的电热毯，绝缘、耐水性能更好，安全性能更为可靠。

（5）应当场接通电源试验。把电热毯铺平，接通电源后指示灯发亮，通电 2 分钟即有温热感，平面温热均匀，有条件的单位和地点，可将整个电热毯浸入 0. 20%盐水中浸泡 48 小时，用 500 伏高压电试通秒钟，如不击穿电热线，用手在水中摸而不触电、不麻手，则是符合部颁标准的产品，即使无意遭水浸湿或小孩尿床，也不会发生事故。另外，电热元件和电源线的连接处，也要仔细观察。目前较先进的工艺是：对接头的防潮、防水绝缘密封，采取了塑料热压、注塑成型、树脂灌注等措施。采取以上措施的电热毯，其电源线和电热元件的连接处有一硬质塑料板，并将塑料板铆在电热毯的边缘。

五、居室养花与宠物

能净化环境的花卉

家庭养花不仅可美化环境，增加生活乐趣，还能起到净化空气、保护环境的作用。美国国家航空及太空专署的专家们用吊兰和空气过滤器做了对比试验，发现吊兰有很强的吸收空气有害化学物质的能力，一盆吊兰放在屋内 24 小时，可将室内的一氧化碳、过氧化氮和其他挥发性有害气体吸收干净。除了吊兰，仙人掌亦有空气净化能力，它的特点是白天将气孔关闭，防止水分蒸发，夜间才打开气孔，吸收二氧化碳，可增加空气中的负离子，有利于睡眠和健康。

紫藤、月季对氯气的吸收、净化能力也很强，香石竹、马蹄莲、文竹等花卉，接触百万分之一浓度以下的二氧化硫 6 小时并不受害。夹竹桃、美人蕉、九里香等对二氧化硫也表现出良好的抗性。水仙花有吸收汞的能力。紫茉莉、金鱼草、半支莲、蜀葵对氟化氢的抵抗性最强。万寿菊、矮牵牛也能吸收大气中的氟化物。花卉分泌的物质，有的可防治虫害。在窗台上放置一盆天竺葵，其特殊香气可驱除许多虫子。石竹花能克制蝼蛄危害别的花卉。花卉还有许多相生相克的现象，如在葡萄架旁种些紫罗兰，它们不仅互相促进，对净化环境有利，而且结出的葡萄还带有紫罗兰香味。

室内花卉摆放的窍门

适合室内摆放的花卉如下：

（1）芦荟、景天等，晚上不但能吸收二氧化碳，放出氧气，还能使室内空中的负离子浓度增加。

（2）丁香、茉莉的芳香能调节神经系统，可使人放松，有利于睡眠。

不宜摆放在室内的花卉如下：

（1）夜来香等花卉，在不进行光合作用的情况下排放废气，会使高血压和心脏病患者感到郁闷。

（2）松柏类植物放出的松香油味会影响人的食欲，使孕妇感到恶心。洋绣球会使一些人引起过敏反应。

（3）郁金香的花朵含有有毒生物碱、含羞草含有草碱，过多接触会使人毛发脱落。

盆栽花卉越冬要诀

花卉植物入冬后，一般都处于休眠状态，对水肥的需求降低，应尽量保持盆土干燥些。宁干勿湿涝，并要做到浇水适时、适量。适时是指浇花时间一般以上午 11 时至下午 14 时为宜。冬天气温低，花卉生长缓慢或休眠，需肥量小，吸收能力也低，给有些花施肥的话，最好施一些分解慢的菜籽油饼等有机肥。桂花、茶花、米兰忌碱性肥。幼苗期的花卉可施氮肥。

巧为花卉灭虫的窍门

1. 自制杀虫剂

取大葱 200 克，切碎后放入 10 升水中浸泡一夜，滤清后用来喷洒受害植株，每天数次，连续喷洒 5 天。

取大蒜20克～300克，捣烂取汁，加10升水稀释，立即用来喷洒植株。

烟草末400克，用10升水浸泡两昼夜后滤出烟末，使用时再加水10升，加肥皂粉20克～30克，搅匀后喷洒受害花木。

2. 鲜橘皮杀除花盆飞虫

天冷后，人们把盆花移到屋时，由于室内暖和，花盆内易生长小飞虫。可将鲜橘皮放到花盆里，橘皮内有一种物质能抑制和杀死小飞虫。过不多久，花盆内的小飞虫就会被除掉。

3. 巧灭盆花蚜虫

春暖花开时，蚜虫是家庭养花的大敌。将一个电蚊香器放在花盆内，器具上放半颗樟脑丸，再找一个无破损的透明大塑料袋，连花苗将整个花盆罩起来。然后将电蚊香插上电源，2小时后，揭开塑料袋，即可将蚜虫完全杀灭。

吊兰可防"空调病"

用吊兰装饰空调房间，既可美化居室，又可消除室内异味，可有效地预防"空调病"的发生。

使用空调时，由于门窗紧闭，室内外的空气流通被隔绝，时间一长，不仅室内产生异味，而且使人出现头痛、恶心、四肢乏力等"空调病"症状。而吊兰除装饰作用之外，能为人们解除这一后顾之忧。

吊兰又名折鹤草、紫吊兰、鸭跖草等，是常绿宿根草本花卉，呈叶条形或披针形，长20厘米～45厘米，茎部包茎，根叶似兰花，最宜悬空摆放，故名吊兰。常见的品种有：叶子边缘呈多黄色的金边吊兰，叶子边缘呈银白色的银边吊兰，叶子中间呈黄白玉色的玉心吊兰等。

吊兰虽称不上是名贵花卉，但它吸收空气中有毒化学物质的能力在花卉中却首屈一指，其效果甚至超过空气过滤器。在空调房间里只要放一盆吊兰，24小时内它便会神奇地将室内环境中有异味的一氧化碳，二氧化氮和其他挥发性气体吸收得精光，并将它们输送到根部，经土壤里的微生物分解成无害物质后变为养料吸收。因此，空调房间用吊兰装饰，既能增添一份情趣，又能增加一份安全，真可谓一举两得。

吊兰性喜温暖湿润，容易培植，一般用分株法繁殖，从春至秋，随时都可以进行。只要剪取匍匐枝上根的枝蔓栽入另一花盆中，保持一定的水分，给予一定的阳光，一两个月后即可成为美观的盆景。

适合阳台选种的花

高楼阳台大多位于阳面，具有日照长、风大、空气干燥等特点，应尽量选择喜晒耐旱的品种。多肉植物，仙人掌类花卉、月季等应占优先地位。特别是白色、黄色或很香的品种，如紫雾、月光、雪海香踪等，还可选择木本花中的盆松、盆竹、茉莉、海棠等；草花中的晚香玉，水仙花、倒挂金钟，康乃馨、仙客来等。

西晒阳台养花的窍门

可在阳台的四个转角处竖立四根支柱，上下固定，然后在立柱之间用铅丝尼龙绳结成网，在网下种植几盆攀缘植物，形成一幅绿荫的帐幕。可供绿化的攀缘植物很多，如牵牛、茑萝、紫藤、木香、瓜蒌、金银花、丝瓜、苦瓜等。

在绿色屏障保护下的西晒阳台上，大多数花卉都能安然无恙地生长，如凤仙花、百日草、大丽菊、唐菖蒲、美人蕉、仙人球、晚香玉、天竺葵、金橘、茉莉、夜丁香、迎春、石榴、龙柏等花草及盆景。

在西晒阳台上养花注意浇水应早晚进行。若气温过高，中午前后将阳台的地面充分淋湿，以改善阳台干燥炎热的小气候。

自制花肥的窍门

日常生活中到处可收集到适合作花肥的废弃物，只要稍加调制即可用作花肥，比购买的花肥的肥分还全面，肥效更长久，而且经济实惠。

（1）不能食用的烂豆子、坏花生、霉瓜子、臭鸡蛋等都含有较丰富的氮素，碎骨头、鱼刺、禽粪、鸡毛、蹄角、人发等含有丰富的磷素，这些日常生活中废弃的有机物经堆积发酵后可作基肥。

（2）发酵后的淘米水或洗鱼洗肉水、养鱼的废水、洗奶瓶水、洗蛋壳水、洗锅碗水、草木灰等都含有氮、磷、钾成分，是家庭养花的好肥料。

（3）猪骨、牛羊骨、鱼骨等，用高压锅蒸煮 1 小时左右，取出烘干，粉碎后发酵，是最好的磷肥。也可将兽骨、鱼骨等直接在火中焙烧，锤碎，作磷肥。

自制肥料在发酵过程中会散发出难闻的味道，既影响阳台和居室的环境卫生，又使人深感不适。可将几片橘子皮放入肥液中，由于橘子皮里含有大量芳香成分，可除去液肥中的臭味，干湿橘子皮均可，如时间长了，可再放一些。橘子皮发酵后，也是一种很好的肥料。所以，加了橘子皮泡制出来的液肥无臭味，而且不会降低肥效。

盆栽花卉巧换土的窍门

（1）给盆栽花卉换土之前，应严格控制浇水量，使盆土稍微干一些，有利于盆土分离，不至于伤根。

（2）如果盆内泥土硬结难以脱离，切不可硬拔，可先用手拍敲盆壁，再沿着盆壁捣戳盆土，使土壤松动，然后用手指或小棍棒将泥团从盆底的漏水孔顶出。

（3）换土时，不要换掉过多的老盆土，一般以换掉一半左右为宜。另外，旧的根须也不要剔除过多，以剪掉总根量的1/4为宜。如果根系刚触及盆壁，可不剪。添加的新土一定要实，以免根部受风腐烂。

（4）刚换过盆土的花木不宜置于强光下照射，而应放在半阴凉处，以免水分蒸发过快，导致花卉营养供给不足而枯死。

（5）不要在晴暖、大风、高温天气时换盆土，以免水分供求失调，造成花草枯萎。

浇花用水的窍门

（1）残茶浇花：用残茶浇花既能保持土质水分，又能给植物增添氮等养料，但应视花盆湿度情况定期地有分寸地浇。

（2）变质奶浇花：牛奶变质后加水用来浇花，有益于花儿的生长。但兑水要多些，使之稀释才好。未发酵的牛奶不宜浇花。因其发酵时产生热量，会烧根（烂根）。

（3）凉开水浇花：用凉开水浇花，能使花木叶茂花艳，并促其早开花。若用来浇文竹，可使其枝叶横向发展，矮生密生。

（4）温水浇花：冬季，天冷水凉，用温水浇花为宜。最好将水放置室内，使其同室温相近时再浇。

（5）淘米水浇花：经常用淘米水浇米兰等花卉，可使其枝叶茂盛，花色鲜艳。

家中无人时的浇花方法：十天半月不在家，临出门时可将一个塑料袋装满水，用针在袋底刺一个小孔，放在花盆里，小孔贴着泥土，水就会慢慢地渗漏出来润湿土壤。孔的大小需掌握好，以免水渗漏太快。

夏季盆花浇水的窍门

夏季盆花浇水每天2～3次。浇水时间应在早上与傍晚，烈日当空的中午不可浇水。傍晚时要浇透，因为盆花经1天的日光照晒与蒸发，盆土很干，土温也高，傍晚浇透水，既可补充水分起降温调节的作用，对盆花生长有利。早上的浇水量则可根据具体情况适当补水。而阴天或雨天须少浇或不浇。

选择宠物鸟的窍门

适合家庭饲养的宠物鸟种类很多，仅我国所产就有100多种。宠物鸟的选择要因其特性和个人偏好而定。

（1）偏好鸣声，可选择画眉、金丝雀、百灵等鸟类。

（2）偏好羽色，可选择黄鹂、红嘴相思鸟、蓝翡翠，以及一些从国外引进的鸟类。

（3）偏好机灵、活泼，可选择百灵、云雀、绣眼鸟等鸟类。

（4）偏好技艺与善解人意，可选择金丝雀、黄雀、朱顶雀、蜡嘴雀等鸟类。

（5）偏好善斗，可选择鹦鹉、鹌鹑、鹩哥等鸟类。

（6）偏好放飞，可选择鸽子（信鸽和观赏鸽）。

饲养宠物鸟的窍门

鸟需要比较稳定的温度、新鲜而又有一定湿度的空气。直接的太阳光照也是必要的。鸟笼中应有树枝、食罐、水瓶，且保持鸟笼内卫生、清洁，每天更换一次笼底垫料。要把鸟笼放在屋内比较安全、安静的地方，让鸟有安全、保障之感。每天还要让鸟有一定的运动时间，鸟是聪明而又爱活动的动物。主人还要关心它们的心理健康情况，每天与它们说说话，不要冷落它们。平时多给鸟喷散一些纯净的清水（注意不用任何药液），许多鸟喜欢洗澡。平时主人还应注意它们的喙、趾、爪子和羽毛日常变化情况。要记住，决不能在鸟的羽毛上喷洒油性物质。

养鸟还应尽量避免以下情况：

（1）不用砂纸或塑料做的假栖息枝，其对鸟的趾爪不利，可导致鸟的趾爪底部皮肤脱落，最好选用自然的树枝。

（2）尽量避免空气污染对鸟的刺激，如屋内最好不要吸烟、喷洒杀虫剂、塑料等物质烧焦后产生的气体等；吸烟的人不适宜于饲养鸟，因为烟雾对鸟的呼吸道危害极大。

（3）不给鸟易碎或细小的玩具，如软木塞、小铁链或细小铁丝或螺丝等。

驯鸟回笼的窍门

宠物鸟不宜老是饲养在笼子里，应该训练它养成出笼而不外逃、能自动回笼的好习惯。

（1）选鸟。如果要训练鸟的回笼能力，最好选择刚刚会飞、羽毛未丰的雏鸟进行训练。不宜选用成鸟，因为成鸟“秉性”已定，难以驯服。

（2）训练时，应让鸟处于半饥饿状态，这样可使鸟每一次回笼有得到食物的满足感。

（3）要训练鸟与人的亲密感，让鸟感到人对它没有恶意，可经常帮鸟整理羽毛，用手给它喂食，让鸟站在人手上玩耍，这些都会增加鸟对于人的信任程度。

（4）起初放飞训练时，应先在屋里放飞，等鸟能够自动回笼后再到室外放飞。在室外放飞时，注意不宜让鸟吃饱。

（5）许多鸟有忠于爱情的本性，在进行放飞训练时，可将一只鸟留在笼中，把另一只鸟放飞出去，这样会让鸟儿因眷恋笼中之鸟而顺利飞回。

春季养鸟的窍门

（1）喂鸟食：春天是鸟活跃的季节，这一时段鸟的进食应根据不同的鸟种有所选择。硬食鸟用粟黍稗、苏子等；软食鸟应用包米粉、豆面、熟鸡蛋混合喂养，同时配喂昆虫、水果等饲料。春季气温回升，易发传染疾病，因此，要按时给鸟添食、换水，保证食充、水清、笼洁、鸟净。

（2）注意清火：春季宠物鸟极易上火和诱发感冒。这一时期最好适量减少给鸟喂高热量的饲料，加喂些清热解毒的食物。硬食鸟可喂嫩马齿苋、柳树嫩芽、嫩苦菜等；软食鸟可喂给适量的蜘蛛。另外，还应增加笼鸟在室外的活动时间，帮助鸟儿消耗体内多余的热量。

（3）调理感冒：宠物鸟在春季容易感冒，为预防和治疗感冒，应将鸟笼放在室内无风、向阳处，尽量不要给鸟洗澡。饮食上要注意为其添加营养，滋补身体的食物，增强抵抗力，饲料应少而精，同时注意让鸟流涕，再将油纸棍慢慢送入鸟鼻孔轻轻抽拉，可润滑通畅鸟的呼吸道。

夏季养鸟的窍门

（1）防蚊虫叮咬：夏季笼鸟的爪部极易受蚊虫叮咬，此时可根据鸟笼的大小，用蚊帐布制作口袋状的防蚊罩，在临近傍晚时把整个鸟笼罩起来。鸟被蚊虫叮咬后，应立即用温水为其清洗患处，并涂抹少许碘酒消毒。如果已发炎，可涂抹一些消炎膏，并用纱布将伤趾包扎，以防其啄咬。

（2）防治脱水：夏季天气炎热，笼鸟易脱水。为此，应及时为鸟添加新鲜的凉水。如果笼鸟出现了脱水现象，可在水中加入食盐、碳酸氢钠、氯化钾、葡萄糖各少量，配成补液盐给鸟服用，效果很理想。另外，天气闷热时，洗澡对鸟儿来说是一个消暑降温的好方法。

（3）注意防暑：夏季气温高，尽量避免鸟笼受阳光直射，尤其是蒙布摆放时，要尽量放在空气流通的地方，避免积闷的空气导致鸟儿中暑。

（4）调整饲料：夏季喂鸟时，应暂停或减少肉类、油脂类等高热量食物的饲喂，以清淡、通肠食料为主。可在食料中加大绿豆粉、青豆粉等凉性食料的比例，以免因营养过高造成鸟儿性情暴躁。

调制鸟食的窍门

调配好的主饲料要注意保质，最好将其放在通风干燥的地方，防止受潮、发霉。大多数宠物鸟为食粟鸟，主要食用尖粟、红粟、白粟、菜籽、玉米等。为使鸟儿获得均衡的营养，每周还应适量喂些煮熟的蛋黄或鱼骨粉、青菜叶等。

如果给鸟喂食昆虫类食物，一定要保持饲料的新鲜，如蝗虫、油葫芦等死后很容易腐烂、发臭。如果用变质的饲料喂鸟会引起鸟腹泻，甚至死亡。食蜢类鸟应以鲮鱼粉粒为主食，新鲜的蚱蜢只可做辅食。喂面包虫、水蚊等切不可过量，鸟儿吃多了，肌肉会松弛，抵抗力下降。

喂食青饲料时一定要清洗干净，然后晾干后喂鸟，这样可去除素菜叶子上残留的农药和寄生虫卵。另外，一些鸟儿，如鹦鹉、桂林相思等需要吃水果，所喂水果一定要新鲜，去皮、去核。

喂给鸟的食物一定要去除杂物，如果发现食物中有带刺的草芥、果壳和铁屑等应彻底清除。

挑选宠物狗的窍门

（1）体态及神态优良健康的犬活泼好动；病犬往往精神不振，或兴奋不已，惊恐不安。

（2）看眼睛，眼结膜呈粉红色，不流泪，无分泌物。

（3）看鼻子，正常情况下，犬鼻端湿凉、无黏液或无浓稠分泌物，若鼻端燥裂或黏稠分泌物积累，则健康状况不佳。

（4）看口腔，健康犬口内呈粉红色，舌鲜红无舌苔，牙齿洁白无缺；闭合时犬牙交错，没有闭合不全或流涎现象。

（5）摸被毛，被毛温而不热，蓬松整洁，毛色新鲜，皮肤柔韧不松弛，无脱毛。

（6）看肛门，健康犬肛门紧缩，周围清洁无异物。

日常护理宠物狗的窍门

（1）天生长毛狗要适时为其剪毛，因为毛发太长会影响其日常生活，还易得病。

（2）在给宠物狗剪脚指甲时要轻握其爪，不要剪太短，把指甲头剪掉即可，因为它的指甲根部有血管存在，剪得太短易把血管剪破。

（3）要把狗屁股上的毛剪短，这对它日常方便有好处。

（4）给狗刷牙时要用专用的狗牙膏，选用适合它们嘴巴大小的牙刷，循序渐进地为其刷牙可预防狗得牙病。

（5）经常为狗洗澡可预防其生跳蚤或其他疾病。通常一周左右洗一次，洗前用棉花堵上耳朵，以防进水，为其洗澡时用专门的浴液，水温以40℃为宜，将其洗净即可。

给狗喂食的窍门

给狗喂食应定时、定点、定量，避免狗吃不完或吃得过饱。每天准备一些干净的水，让狗随时可以饮用。

喂食时，应培养规矩，吃得欢是胃口好的表现，但不能允许它吃食时狼吞虎咽，“呱唧呱唧”乱响，要训练它慢慢进食。此外，狗一旦吃完必须把食盆端走，别让它有空又过来吃。

不论主人多忙，喂食时间绝不能随意改变，而且喂食量也不要时多时少，不严格管理对狗的健康很不利，还可能因此使其出现精神上的负面影响。

和人一样，狗也会随着年龄的变化改变对食物的需求。狗在迅速发育的幼犬期、成熟的成犬期和运动量减少的老年犬期所消耗的热量有很大差别。为了让狗健康地度过一生，要根据它各个阶段的身体状况适当改变喂食的种类和数量，为爱犬制定科学的食谱。

选购观赏鱼的窍门

选购观赏鱼时，应注意以下几点。

（1）健康的鱼外观有光泽，花纹鲜明，无发白或白膜现象。

（2）体表、外形没有任何异常，游动轻松平稳，鱼鳍舒展，轮廓清晰，线条流畅。

（3）健康、灵活的鱼还可以纹丝不动地停在水中。如果鱼沉到箱底或者浮头，游动时鱼鳍平贴身体，体态膨胀、鳞片突起，排泄物无色，皮肤充血、脱鳞，有红斑、白点、脓血，有伤口或者鳍破损、鱼背脊突起的鱼不要选购；不要选购离群、独处一角的鱼，或者与死鱼处于同一水族箱内的鱼。

（4）如果想购买新品种鱼，应等鱼适应当地水质后再购买。

（5）不要单买喜群集鱼种。

喂养观赏鱼的窍门

如果喂养热带鱼，则要购置能调节水温和供氧的水族箱，并要配备水草和假山、沙等物，模拟鱼生活的自然水域。

选择饲料时，应知金鱼喜欢的饲料一般是鱼虫，也可用水蚯蚓、熟肉、熟蛋白、面条、饭粒、面包屑、馒头屑等作金鱼的饲料。热带鱼则必须到花鸟市场购买专门配制的颗粒饵料来喂养。

鱼缸里的水要勤换，一般情况下，每月至少换两次，如果鱼食量大，更要增加换水的次数。养过鱼的水日久浑浊，氧气不足，会出现“浮头”（即鱼的头浮出水面吸氧的现象），尤其在梅雨季节易出现“闷缸”，危及观赏鱼的生命。所以，勤换鱼缸水是非常必要的。

选购宠物猫的窍门

选购猫时，可从猫的面孔、脚爪、眼神、叫声、坐姿、毛色等方面来选择。

目光明亮有神，看人时嘴撅须长，不愿意让生人抚摸；脚底的软肉油润，行走姿势娉婷而有力；坐时尾巴围在周边，趴下时前腿首节内屈或像虎状卧状，这样的猫多是好猫。一般良种猫的毛色纯正且光亮，背部的毛色图案多为左右对称，或者没有花纹。

日常护理猫咪的窍门

1. 春天，发情和换毛对策

春季是猫咪发情、换毛季节，猫咪发情多在早春 1～3 月，发情中的母猫活动增加，兴奋不安，食欲下降，在夜间发出低沉的呜呜声，以此来招引公猫。公猫受到发情母猫气味的吸引，喜欢外出游荡，并常为争夺配偶而打架，造成外伤。因此，春季应特别注意对猫的管理，不要让猫外出冒险。为了避免对发情猫的身体和心理造成伤害，建议主人选择可靠的动物医生，在适宜的时候为爱猫绝育。

天气转暖后，应常给爱猫梳理被毛，可保持其被毛清洁，预防皮肤病。另外，主人还可根据爱猫的生活状态，到动物医院选购可靠的药物，为爱猫驱除体内外的寄生虫。

2. 夏季，防止中暑和食物中毒

猫缺乏汗腺，调节能力比较差，是怕热的动物。炎热的夏天一定要预防猫咪中暑，将猫窝设置在背阴、通风、凉爽的地方。

夏季，炎热的天气影响猫的食欲，大多数猫消瘦，喜卧懒动。同时，高温、潮湿的环境易使细菌、真菌等微生物繁殖，所以，要注意猫咪食具的卫生、清洁，其食剩下的食物要及时清理，防止食物中毒。一旦爱猫发生呕吐、腹泻等症状，一定要及时就医。最好的办法是选购优质的猫咪专用食品，方便卫生，营养全面。

3. 秋季，预防感冒，增加营养

秋季，秋高气爽，猫咪为了积蓄过冬的热量，适应早晚气温的变化，被毛开始逐渐增厚，食欲也旺盛起来。秋季应提高猫咪食物的质量和数量，增强它们的体力。深秋昼夜温差变化大，要注意保温，在家中安排一些有趣的游戏，让猫咪增加运动量。

此外，秋季猫又进入发情和繁殖的季节，此时的养护要点和春季一样，根本的解决办法还是为它们实施绝育。

4. 冬季，注意保暖，适当运动

冬季，天气寒冷，光照时间短，更应让爱猫多晒太阳，特别是正在生长发育中的幼猫。阳光中的紫外线不仅有消毒杀菌功效，而且还能促进猫咪钙的吸收和骨骼的生长发育。

冬季应注意室内保温，把猫窝安在温暖舒适，阳光充足的地方，远离风口。冬季，猫活动减少，如果养护不当易造成肥胖，过度肥胖又会导致猫患糖尿病等多种疾病。所以，应多安排一些让猫咪兴奋的玩具，这样不仅能让猫保持健康的身体，还可促进和家人的感情交流。

第二章 家庭保洁——让污垢没有藏身的地方

许多疾病的产生，都与卫生的好坏有直接关系。一个干净卫生的家庭，是健康的有活力的家庭。生活于其中的人，他们的心情时刻保持愉悦状态。要想把自己的家庭变得卫生干净、整洁，我们必须从细节入手，并从一些窍门中获得宝贵经验。

一、居室保洁

室内污染与自测标准

在家庭生活中，污染无处不在，它们可能来自我们生活中的多个方面。

（1）来自装修、装饰。越鲜艳的涂料重金属含量越高，越容易造成铅污染。

（2）来自家具。弹性地板、沙发和床垫的复合面料以及皮革涂饰剂等物品中含有大量重金属，在儿童房间应避免使用。

（3）来自儿童玩具。毛绒玩具中的尘螨污染、木质玩具上油漆的铅污染、塑料玩具的挥发性物质等都不容忽视。

（4）来自特殊的居住环境，如居住在加油站和汽车修理厂附近，或居住在公路沿线和街道附近。

在世界卫生组织公布的一项报告中，室内环境污染与高血压、胆固醇过高及肥胖症等被共同列为人类健康的十大杀手。同时，这项报告还列举了室内污染的 10 条自测标准。

（1）每天清晨起床时，感到憋闷、恶心，甚至头晕目眩。

（2）家庭成员经常患感冒。

（3）不吸烟，也很少接触吸烟环境，但常感到嗓子有异物感、呼吸不畅。

（4）孩子免疫力下降，常咳嗽、打喷嚏，新装修的房屋不愿住。

（5）家人常有皮肤过敏等毛病，而且是群发性的。

（6）家人共有一种疾病，离开这个环境后，症状就有明显好转。

（7）新婚夫妇长时间不孕，查不出原因。

（8）孕妇在正常情况下，发现胎儿畸形。

（9）室内植物的叶子容易发黄、枯萎，就连一些生命力强的植物也难以正常生长。家养的宠物猫、狗，甚至热带鱼莫名其妙地死掉。

（10）新装修的居室或者新买的家具有刺激性异味，而且超过一年气味仍然不散。

消除室内异味的窍门

在日常生活中，我们常常会被室内散发的隐隐异味所困扰。烟味、宠物身上的气味、卫生间下水道的气味，都会影响到生活质量。有时候，连开窗通风也不见太大成效。其实，在我们身边就有一些可以信手拈来的除味用品，可以对付室内异味。

（1）去除室内烟味：把泡过的废茶叶渣晒干，放在房间的角落里，利用茶叶的物理吸附原理去除烟味；还可以用毛巾蘸上稀释了的醋，在室内挥舞数下，对去除烟味也有一定效果；如果用喷雾器喷洒稀醋，效果会更好。

（2）防止卫生间下水道返味：首先，检查下水道是否通畅，有无异物影响排水。如果有堵塞，可以往下水道里倒适量的碱，这对去除管道内的油脂和铁锈比较有效。其次，如果下水道没有堵塞，但是却返异味，可以利用水密封原理，用薄塑料袋装上清水，封紧袋口，放在下水道的口上盖严，起到封闭气味的作用。此外，最好同时保持下水道口的碗状存水结构中存有清水，这样，更能有效阻止异味冒出。

（3）去除宠物的气味：尽量不要让猫狗在家中上厕所，在通风处，准备专用的猫砂、狗砂让其排便。猫狗肛门下方和爪子之间各有一条气味分泌腺，因此它们所到之处，常会留下气味，除了按时洗澡外，切记不要给它们穿鞋，让猫狗经常能舔舔自己的脚趾，这个过程中，腺体气味会变淡。如果沙发、地板上仍有味道，可在室内点燃几支蜡烛，保持20～30分钟，利用烟雾消除异味；或在地上放一浅盘牛奶；还可以在宠物身上喷些专用的除味护理剂，它能将异味分子分解为二氧化碳和水，从而快速、安全除味。

（4）去除壁橱、抽屉内的霉味：可在里面放一块肥皂；也可以将晒干的茶叶渣装入纱布袋，分放各处，不仅能去除霉味，还能散发出丝丝清香。

（5）花盆内的臭味：如果用发酵的溶液作肥料，花盆中常会散发臭味，可以将鲜橘皮切碎，掺入液肥中一起浇灌，臭味就能消除。

（6）去除厨房里的饭菜味：在炒菜锅中放少许食醋，加热蒸发，厨房异味即可消除。

让家中洋溢着淡淡的香味

家里飘着淡淡的香气，能够让人心旷神怡，备感家的温馨。我们可以通过以下几种方法让家中洋溢着香味：

（1）将香水喷洒在台灯、吊灯、壁灯上，利用灯泡的热量将香味扩散到整个房间。

（2）把有香气的干树叶用布袋盛起来，挂在床边。

（3）将各种花瓣晒干后混合放在一个小瓶中，放在起居室或餐厅，就能使满室飘香，或将其置于袋中，放在衣柜里，能使柜内的衣物有一股淡淡的幽香。

（4）用吸墨纸在香水里浸泡后取出，塞进抽屉、柜子、床褥等角落，香味可保留较长时间。

（5）在放衣物的箱子里适当放些咖喱粉、桂皮、丁香之类的香料包，也能起到香气袭人的效果。

（6）把荷兰芹或薄荷放在篮子里，放置在适当的地方，就能获得置身乡野般的清新感觉。

春天净化室内空气的窍门

春季干燥，空气中常有许多肉眼看不见的粉尘。若吸入体内，会让人患上各种疾病。春季净化室内空气主要有5种方法：

（1）大风天要关紧门窗：春季多风，风中不但携带大量粉尘，还有很多导致过敏的花粉。人们在开窗之前最好先听听天气预报，有风的日子还是少开窗为好。

（2）绒毛装饰品能不摆就不摆：客厅、儿童房尽量少铺地毯，少放绒毛玩具。这些装饰品很容易藏污纳垢，而且不容易清洗。

（3）使用吸尘器时要开窗：吸尘器是利用涡轮的高速旋转，使机器内形成真空环境，然后将滤过粉尘的空气再从机器后面排回室内。万一粉尘过滤不净，再排出来的空气就会形成扬尘。因此，在用吸尘器的时候要开窗，并把孩子领到不受影响的屋子里去。

（4）常用抹布擦拭家具：经常用抹布擦拭家具，特别是电脑、电视这些容易“吸尘”的家用电器，这样降尘效果很好。但抹布要经常清洗。

（5）在家多养些花草：可以在家种植一些像垂叶榕、橡皮树、幸运草等具有防尘去毒功能的植物。在除尘的同时，还能保持室内适宜的空气湿度。

冬季防止尘土入室的窍门

北方的隆冬和初春季节多风沙，风沙从窗户的缝隙进入室内，给日常的起居生活造成许多麻烦。

（1）可以用报纸叠成与窗户厚度接近的纸条，然后在晚秋时节在关紧窗户的同时将纸条塞满窗扇与窗框之间的空隙。这样，被叠成多层的报纸条借助弹性会在空隙中自然弹开，充满整个窗缝，于是风沙再大也吹不进来了。

（2）如果报纸不易塞严，可将报纸在清水中蘸湿后塞入缝隙，待报纸自然风干蓬松后即可充满整个窗缝。此法与传统的糊窗缝相比，可避免春天清理、撕扯糊窗纸的麻烦。

清洗推拉门的窍门

（1）边框：日常清洁时用干的纯棉抹布擦拭；若用水清洁，要拧干抹布，以免表面损坏。

（2）玻璃门板：日常清洁用干抹布擦拭即可；隔一段时间用中性洗涤剂冲洗，然后用干燥的棉布擦干。

（3）高密度板：日常清洁用干的纯棉抹布擦拭；如果用水清洁，一定要用干的纯棉抹布擦干。

（4）底轨：日常清洁时要注意经常使用吸尘器清除底轨浮尘，边角处用抹布蘸水清洁并擦干。

清洁百叶窗的窍门

（1）塑料：体积较小的百叶窗可以直接取下放置在浴缸中，加入少量中性清洁剂，然后用清水冲洗干净，挂起来后自然晾干即可。

（2）木质：先将木质的百叶窗挂在架子上，然后用干净的软布蘸取少量的中性洗涤剂仔细擦拭叶面，最后用清水擦洗干净后用干布擦干即可。

清洗纱门窗的窍门

（1）先用柔软的毛刷轻轻地由上而下，再自左至右地刷去两面的浮尘；然后再用两块海绵或塑料泡沫，蘸一些洗衣粉溶液或用肥皂头浸泡的肥皂水，一只手握住一块，从两面夹住纱门窗的同一部位，先由上而下，再自左至右地擦拭；最后再蘸清水仍按上法循序轻轻揩拭，这样纱门、纱窗上的灰尘、污垢就可以全部清除掉，纱缝中也洁净无尘了。

（2）先取些面粉放入容器里，加水搅拌成稀面糊，用毛刷子刷在纱门窗的两面并把它抹匀。过 15 分钟后，面糊已经被吸入了纱门窗上的尘垢，这时用刷子反复刷几次，尘垢就会随面糊一起脱落下来。再用清水冲刷一遍，尘垢就不见了。

（3）在洗衣粉溶液中加入少量洗过的烟头，充分溶解后用海绵蘸取洗洁剂，反复擦拭纱窗，去污效果极佳，特别是陈年污垢。

清理地板的窍门

不论是何种材质的地板，清扫前都要先把玩具、纽扣等异物捡拾起来，再用扫把/吸尘器/除尘纸拖把，将地板表面、家具下方、角落的灰尘、毛发、蜘蛛网除去，特别是通向屋外的玄关和大门口，因大部分的脏污灰尘都是从此处而来。

保养木地板的窍门

木质地板的清洁需要先用专用的清洁剂，可以预防木板干裂，使地板保持原有的润质感和自然原色。注意，木质地板的清洁切忌用湿拖把直接擦拭，会使得水分渗透在底部，导致发霉、腐烂。清洗过后的地板，可以涂上一层木质地板蜡保养剂，可以使地板常保光泽亮丽。

保养塑料与复合地板的窍门

（1）塑料地板：用干净的棉布蘸取适量的肥皂水，轻轻擦洗地板，即可轻松去除地板上的油垢。

（2）复合地板：如果是木工用的那种胶，如钢化胶、大力胶等可以用松香水擦；如果是白乳胶，可以用水擦；如果是粘复合木地板的胶，等干后用刀片就可以铲掉。

清洁地毯的窍门

（1）巧用苏打粉：先在地毯上均匀地铺洒一层小苏打粉，10～15 分钟后，用吸尘器清洗干净，即可有效除去地毯上的污垢。

（2）巧用食醋：在液体清洁剂中加入少量白醋，然后用刷子蘸取适量混合液在地毯上擦洗，并用一块潮湿的抹布清洗干净，最后用吸尘器吸去灰尘即可。

（3）巧用清洁剂：先将地毯表层的灰尘拂去，然后在地垫上喷洒适量的中性清洁剂，用温水冲洗干净，悬挂后晾晒干净即可。

巧洗窗帘的窍门

（1）软百叶窗帘：先在窗帘上喷洒少量的清水，然后用干净的软布擦洗干净即可；较脏的窗帘可用抹布蘸些氨水溶液擦洗，效果好。其中拉绳用柔软的鬃毛刷轻轻擦拭，即可轻松清洁。

（2）滚轴窗帘：将滚轴窗帘拉下，然后用软布擦拭即可。清洁滚轴的中间，可以将一根系着软布的细棍深入不停转动。

（3）天鹅绒窗帘：将窗帘浸泡在中性清洗剂中，然后用手轻轻按压揉搓，再将窗帘挂在架子上使其自然晾干，即可使窗帘光洁如新。

（4）绒布窗帘：将绒布窗帘取下后先将窗帘抖一抖，除去表面尘土，再放入含有洗涤剂的水中，15 分钟后取出用手轻压滤水，然后挂在架子上自然风干即可。

（5）麻布窗帘：已经做过缩水处理的麻布窗帘，可以直接放入洗衣机中，加入少许衣物柔顺剂清洗，即可使麻布窗帘洗后更加柔顺、平整。注意，没有经过缩水处理的麻布窗帘，需要干洗。

（6）花边窗帘：先用吸尘器吸除窗帘表面上的灰尘，然后用软毛刷轻轻扫除灰尘即可。注意，用软毛刷时注意保护好窗帘表层的装饰。

巧除装修后异味的窍门

（1）通风：装修完毕后一定要打开门窗通风半个月到一个月，最好形成过堂风，打开所有的柜门、抽屉。南方潮湿地区还可借助风扇加强空气流通带走有害气体。但切记北方干燥地区不可过快风干，以免造成木制品、墙面、壁纸等开裂。

（2）茶叶：茶叶是很好的吸味物质，称十几斤廉价的茶叶，铺开放在房间各个角落和木制家具里，能吸收怪味和苯。

（3）盐水：每个房间放置两盆浓盐水，能吸收并中和有害气体。

（4）菠萝：买十几个菠萝分散放置在房间及家具里，能吸收怪味。

（5）红茶：将适量的红茶放入热水中，放在居室内，1～2 日后室内的刺激性气味也可消除一些。

（6）活性炭：将少量的活性炭放入小盘中，摆放在屋子的角落里，2～3 日即可清除室内的一些异味。

（7）食醋：用纱布蘸取食醋放置在房间角落中，或点燃根蜡烛，即可消除烟味。

巧妙驱虫的窍门

（1）驱鼻涕虫：将蛋壳晾干碾碎后，撒在厨房墙根四周及下水道周围，可驱走鼻涕虫。

（2）除螨：防治螨虫，应尽量不要使用地毯，不要封闭窗帘和安装有色玻璃，要经常打开窗户，保持室内通风、透光、干燥，清洁除尘，经常晾晒被褥、枕芯、床垫，要定期喷洒杀虫剂，清洁室内空气。

清洁墙面的窍门

（1）木板墙面：木板墙清洁时，用湿布蘸上稀释的肥皂水轻轻擦拭即可，然后用水清洗干净后擦干。

（2）浅色墙面：清洁时，用鸡毛帚由上至下地掸去尘埃即可。注意，墙壁沾上污垢时，切忌用力猛擦，容易损坏墙壁。

（3）硬质墙面：硬质墙面保养时应要每日擦去表面浮灰，定期用喷雾蜡水清洁，可以在墙壁表层形成保护膜，不仅保护墙壁免受划伤，而且能够方便日后清洁。

住室消毒的窍门

（1）居室：居室面积过大，消毒时可以用浓度为 1%～3% 的漂白粉澄清液，3%～5% 的煤酚皂溶液喷洒消毒。

（2）家具：用干净的软布蘸取少量的热碱水或肥皂水喷洒或擦洗，反复几次即可轻松消毒。

二、厨房保洁

清洁厨房的窍门

（1）厨房内的灶台、地面应当清洁整齐。

（2）洗刷碗筷、蔬菜、痰盂、拖把时需要分开清洁。

（3）厨房中各式物品的摆放需要整洁，最好按类归放。

（4）厨房中的菜板与菜刀，使用后必须清洁干净；切过生鱼、肉、禽的刀最好用开水烫一下，以避免寄生虫的污染。

巧除厨房湿气的窍门

（1）空调功能巧利用：虽然进入了桑拿天，但普通家庭没有必要购买专业的除湿机，最简单的方法是利用家用空调的除湿功能让房间变得清凉干爽。首先打开空调除湿模式（遥控器上显示小水滴图标），再把空调温度调至最低温度（18℃），这样就能使空调发挥到最佳除湿功能。

（2）苏打粉：厨房里唾手可得的苏打粉可以吸收湿气，结块后可用来当清洁剂，刷洗浴缸、洗手台、脸盆等，去油去污兼防霉，效果颇佳。

（3）咖啡渣：兼具吸湿除臭双重效果，放进纱布袋、丝袜或棉袜中，就是方便好用的小型除湿包。

（4）洗衣粉：洗衣粉也是好用的除湿剂。打开新的盒装洗衣粉（或将旧的倒入用完的吸湿盒中），在塑料膜上戳几个小洞，放在任何需要除湿的角落。洗衣粉吸饱水分结块后可拿去清洗衣服，不会浪费。

巧刷厨房纱窗的窍门

取少量面粉放入盆中，加入热水混合成稀面糊状，然后趁热涂抹在厨房的纱窗两边，待8～10分钟后面粉糊微干，用刷子反复冲刷几次，然后用清水冲洗干净即可。用食醋与苏打水也能起到同样的效果。

清洗玻璃窗的窍门

将烟头和少量的洗衣粉一起放入清水中，然后用抹布蘸取混合液擦拭玻璃窗、纱窗，轻松干净，效果很好。其实就是利用酸性溶液去除污渍的原理，所以任何带有酸性的溶液都会有同样的效果，尤其是苏打水，对玻璃的清洗效果特别明显。

巧擦玻璃杯的窍门

（1）食醋：在适量的清水中加入少量的食醋、氨水（食醋和氨水的用量比例约为2∶1）充分混合，用干净的软布蘸取氨水食醋混合液来擦拭玻璃杯，即可使其恢复光亮。

（2）蛋壳：在玻璃瓶中放入少许碎蛋壳，注入清水后放置1～2日，油垢即可自行脱落，然后用清水冲洗干净，可使瓶子恢复洁净。

巧除铝锅污垢的窍门

（1）将适量烧碱放入清水中混合，然后将一些碎蛋壳放置在铝锅中，用软布盖好反复擦拭，即可使铝锅表面恢复光亮。

（2）将新鲜的苹果皮放在变黑的铝锅中，加水煮沸 1 刻钟，再用清水冲洗即可。

（3）铝制锅烧焦后，可在锅中放个洋葱和少许水加以煮沸，不久后锅中的烧焦物都会浮起来了。

巧除水垢的窍门

（1）山芋：在刚购回的水壶中，放入适量的山芋（山芋约占壶容量的 1/2），在壶中注满水后将山芋加热煮熟后，将水倒出即可。采用此法之后再烧水也不会积水垢，并且水壶更容易清洁。注意，水壶煮完山芋后，内壁不可擦洗，否则会失去山芋除垢的效果。

（2）小苏打：将少量的小苏打放入有水垢的水壶中，加入清水加热煮沸，3～4 分钟后水垢自会消除。

（3）土豆：将土豆皮放在有水垢的铝锅或铝壶中，加入适量清水加热煮沸，8～10 分钟后顽固水垢即可清除。

（4）热胀冷缩法：先将有水垢的空水壶放在炉子上烧干，待铝壶烧至壶底出现裂缝或有“嘭”响之时取下，然后用于抹布包住壶手，将烧干的水壶立即放入冷水中，如此反复 2～3 次后，壶底的水垢即会脱落。注意，水壶浸入在冷水中时，应避免冷水注入壶中以及注意防止烧伤。

（5）蛋壳：将蛋壳清洗干净捣碎，然后放入热水瓶中，加入适量清水后左右摇晃，即可轻松除垢。

巧去铁锅霉味的窍门

铁锅使用时间长了，就比较容易产生霉味，可以将用剩的茶叶包拿来除霉。首先，在炉灶上加温烘干铁锅，接着在铁锅的内外都均匀地涂上一些色拉油，之后再在锅里放进几个干燥的茶叶包，这样就能够预防并除去发霉的现象。

巧去铁锅锈迹与鱼腥味的窍门

（1）在铁锅里加水后再放进一些新鲜的韭菜，并逐渐加温，同时用菜铲将韭菜压在铁锅里擦刷锅底，不久即可除去铁锈。

（2）用泡过的残茶反复擦拭铁锅，然后用清水冲洗干净，即可有效去除铁锅由于烹煮鱼、肉而带的腥味。

巧洗不锈钢制品的窍门

(1) 用橘子皮蘸取适量去污粉擦拭不锈钢器皿，不仅可以将容器轻松清洗干净，而且可以有效地防止出现擦伤痕迹。

(2) 将切下的胡萝卜头放在火上烤几分钟，然后取下擦拭不锈钢制品，不仅可以使不锈钢制品恢复光亮，而且不会损害餐具表面。

(3) 若家用的不锈钢锅外皮粘上了黑垢，先将适量的菠萝皮放入锅中，加入清水熬煮，20～30分钟后用软布蘸菠萝水反复擦洗锅底，即可轻松去除锅底黑垢，使得锅底光亮如新。

巧洗砂锅的窍门

可在锅里倒入一些米汤并浸泡烧热，再用刷子把锅里的污垢刷净，最后用清水冲洗便可。如果砂锅上沾染了油污，可以用喝剩的茶渣在砂锅的表面多擦拭几遍，就能将油垢洗去；万一碰巧没有新鲜的茶渣，可以用干茶渣加一些开水浸泡片刻，也能够擦去油垢。

巧洗高压锅的窍门

如果发现高压锅上留有污垢，可以把用完的牙膏皮沿着一边剪开，用锤子敲打平整，并保留上面残留的牙膏，然后用润湿的牙膏皮直接擦拭锅子的表面，最后用清水把牙膏和污垢一起冲净便可以了。也可用少许食醋涂抹在污渍上，等过一段时间以后，再用清水擦洗干净。

清洗微波炉的窍门

先在微波炉中放入一个装有清洁精的小容器，然后高温加热1分钟后取出；在一个较大的容器中加入适量清水，放入微波炉中高温加热3分钟后取出，再用软抹布擦拭微波炉内壁，即可将污垢和异味都清除干净。注意，清洗微波炉内壁切忌使用清洁钢丝或其他坚硬的物品。

微波炉除腥味的窍门

将半杯水中加入柠檬皮或柠檬汁，不盖盖烧5分钟，用湿布蘸汁擦拭微波炉内部，即可将烹调带来的腥味去除。因烧炒鱼、肉等造成微波炉腥味，可将半杯醋烧开，待凉温后用以擦拭微波炉的里面，腥味即可消除。或者将一个橘皮放入微波炉内加热15～30秒，即可除去微波炉因为烤鱼或肉串而留下的腥味。

清洁电饭锅的窍门

（1）外壳：用干净的软布蘸取适量的清洁剂或洗衣粉的水溶液擦拭即可。

（2）内部：铝制内锅在清洗前，需要先用热水浸泡，然后再刷洗；内锅受到酸碱的腐蚀产生黑斑，可以将内锅用食醋浸泡，即可清除干净；若电饭锅内部有污物掉进去，需要用螺丝刀取下底部的螺钉，揭开底盖，用小刀清除干净后，再用无水酒精擦洗干净即可。

保养电饭锅的窍门

电饭锅洗涤后，表壳的水渍必须擦拭干净才能放入电饭锅中；电饭锅的外壳及发热盘切忌浸水，清洗时需要将电源拔掉，用干净湿润的抹布擦拭干净即可；热盘与内锅之间必须保持清洁，锅底部应避免碰撞变形；内锅不宜煮酸、碱类食物，也不可放置在有腐蚀性气体或潮湿的地方。

巧洗锡锅的窍门

将适量的荷叶加水熬煮，然后用干净的软布蘸取荷叶水擦拭锡器，可洁净如新，也可将新鲜西红柿切片后擦拭锡器表面的锈处，然后用清水冲洗干净锈斑即可。

巧洗锅底烟垢的窍门

（1）在锅底上涂抹一层肥皂，待用完锅后再加以清洗，即可轻松去除锅底煤烟的顽垢。

（2）用乌贼鱼骨（即墨鱼骨）轻轻刷洗铝制锅、盆等器皿，即可轻松使锅、盆恢复洁白如新，且不会磨损器皿质料。

巧洗菜刀的窍门

（1）除异味：取少量食盐涂抹在菜刀上，用干净的软布反复擦拭，然后放在火上烘烤，1～2 分钟后，即可清除菜刀上切葱蒜或鱼肉的腥味道。

（2）除锈垢：将生了锈的菜刀浸泡在淘米水中，40～60 分钟后取出用干净的软布擦拭干净即可。或者用萝卜片蘸取少量的细沙末反复擦洗生了锈的菜刀，即可轻松清除刀锈。在平时，在用过的菜刀上涂抹生油，即可防锈。

巧除饭盒、橱柜异味的窍门

（1）将小杯食醋放入饭盒中，放置 20～24 小时后，食醋可以中和饭盒霉味，效果佳。若将食醋换做小苏打溶液亦可。

（2）用干净的软布蘸取适量的食醋反复擦拭碗柜，晾干后，碗柜异味即可消除。

巧除瓶子异味的窍门

将芥末面加入少量清水稀释后倒入瓶中，然后用长柄的毛刷插入瓶中蘸取芥末水反复上下刷洗，最后用清水冲洗干净，即除去瓶子的异味，还能使瓶子变得光洁如新。还可以用一些淡盐水清洗瓶子，也可以取得同样的效果。或者用瓶子泡一杯浓茶，过一天以后，再用牙膏清洗，也能够完全清除异味。

巧除灶具油污的窍门

灶具油污或者液化气灶具沾上油污后，可用黏稠的米汤涂在灶具上，待米汤结痂干燥后，用木筷或塑料片轻刮，油污就会随米汤结痂一起除去。此法简单省事，对于清除灶具上面的顽固油污效果显著。在平时，用煮面条、饺子剩下的面汤来清洗碗筷，简单方便，还可以减少洗洁精对水质和人体的污染。

巧除油瓶油污的窍门

将少量细黄沙倒入油瓶中，然后再倒入适量的碱水溶液，将油瓶盖盖密封，上下使劲摇晃，即可将瓶中的油腻轻松清洗干净。

巧洗水龙头的窍门

（1）食醋：将适量的食盐和白醋（食盐和白醋的比例为 1：2）充分混合，用干净的软布蘸取盐醋混合剂擦拭厨房中的水龙头、不锈钢水池等，然后再用清水冲洗干净，即可恢复光洁。

（2）橘皮：用橙子皮的表层在水龙头上的水渍处反复揉搓几次，水龙头上的顽渍即可清除。

巧洗菜板的窍门

（1）食盐：先用菜刀将菜板面上的残汁刮干净，然后在菜板上撒上一层细盐，即可有效地将菜板清洗干净又可除菌，防止菜板干裂，从而避免食物残存在裂缝中，导致细菌滋生。

（2）将菜板、刀具煮沸消毒处理，不仅不会造成对需加工的蔬菜及水果的污染，对于健康亦有好处。

（3）将菜板、刀具浸没于用含氯消毒剂配制好的消毒液中，浸泡 30 分钟后，取出用清水冲洗干净即可。

巧除灶台污渍的窍门

（1）小苏打粉：将少量小苏打粉末涂抹在灶台上，然后在灶台上撒少许水，5～7分钟后用干净抹布擦干即可。

（2）食用油：取洁净棉布蘸取少量食用油在云石案台上反复擦拭，白印即可去除，效果好。注意，案台在使用时，尽量避免接触高温。

巧除煤气管污渍的窍门

（1）先用小刀将煤气炉架上的油污刮除，然后在盆中放入适量小苏打粉末，加入清水混合均匀，把炉架浸入小苏打溶液中，待炉架上的油污充分溶剂后，用清水冲洗干净擦干即可。

（2）先将一些锡箔包装袋子用剪刀剪成条状物，缠绕在煤气管上，然后用透明胶带固定好即可有效地封住煤气管的臭味。注意，在缠绕的时候，要上面一圈压住下面一圈的1/3处左右，封闭效果最好。

巧除陈年油垢的窍门

先将污垢专用清洁剂喷在陈年油垢上，然后铺上一层保鲜膜，用吹风机在距离保鲜膜10厘米处用热风吹2～3分钟，最后用干净抹布擦拭干净即可。注意，此法不适宜在预热会变形变色的物体上使用。

巧洗碗的窍门

（1）洗碗时，需要先用洗涤剂将碗内的油污清洗干净，然后再用清水冲洗干净；清洗干净后，用滚水将清洗后的碗筷冲烫一下，便可将碗彻底清洗干净，也可起到消毒灭菌作用。

（2）将平时买菜时装菜的小塑料袋当作抹布来擦洗锅盆，可以将油垢轻松擦除，不仅使用方便，而且可以避免洗洁精的污染。用泡沫塑料网罩代替百洁布，擦拭家具、锅灶等，不会擦伤物品，效果佳。

巧洗瓷砖的窍门

（1）蜡烛：用白蜡轻轻地涂抹在瓷砖的接缝处，可以先纵向涂然后再横向涂，尽量使接缝处都能均匀地涂抹上蜡烛，这样再使用灶台时即使粘上了油污，用洗涤剂轻轻擦洗即可，简单方便。

（2）卫生纸：先将卫生纸覆盖在瓷砖上，喷上适量的清洁剂，5～7分钟后将卫生纸撕掉，然后用干净的软布蘸清水擦拭后冲洗干净，即可恢复光洁。

巧洗油烟机的窍门

（1）先在炉子上铺上一层报纸，并喷少量的中性清洁剂在风扇上，然后打开抽油烟机的开关，3分钟后再将温水喷洒入风扇内，即可使风扇上的油污溶剂流到储油盒中，最后取下储油盒清洗干净即可。注意，油烟机风扇最好5～7日清洗一次。

（2）将刷洗干净的油烟机扇叶晾干，然后在扇叶上均匀涂抹一层胶水，待使用数日后将风扇叶上的油污成片取下即可，方便干净。

（3）将肥皂头用热水泡成糊状，然后将肥皂糊均匀地涂抹在已经刷洗干净的油烟机外壳上，待其晾干后安装使用，下次清洗时会变得简单方便，省时省力，而且不会破坏油烟机外表的油漆光洁度。

（4）先在高压锅内加入适量清水加热煮沸，待蒸汽排出时取下限压阀，然后打开抽油烟机，将蒸汽对准油烟机上旋转的扇叶，随着高温蒸汽不断地冲入扇叶，油污水就会流入废油杯中，然后取下油杯清洗干净即可。

（5）清洗时卸装叶轮要注意，切忌使其变形；清洗时切忌使用酒精、香蕉水、汽油等易燃易挥发的溶剂，不仅容易腐蚀机体，而且这些物质易挥发引起火灾。

巧洗排气扇的窍门

（1）食醋：在洗洁精溶液中加入少量的食醋，然后将排气扇的扇叶浸泡在溶液中，几分钟后取出，扇叶即可光亮如新。

（2）锯末：将扇叶中间的圆盘逆时针旋转卸下，然后用手握住扇叶用拇指顶住中间的轴，将扇叶轻轻外拉，即可将扇叶轻松卸下。用锯末来擦拭排气扇扇叶即可直接将油污擦掉，然后用水清洗干净即可。

清洗烤面包机的窍门

（1）拔掉烤面包机的电源，把烤面包机拿到水池旁边，以方便清洁。

（2）用牙刷或软毛刷从上往下清洁烤面包机内部。

（3）抽出底部的面包屑盘，把面包屑倒入垃圾桶或水池里。

（4）用洗碗布或海绵加上洗洁精清洗面包屑盘，清洗好后擦干它。

（5）将烤面包机倒过来，在水池上面抖一抖，把里面的面包屑抖出来。

（6）用海绵或洗碗布蘸一点兑了水的醋擦拭烤面包机外部。现在，你的烤面包机已经光洁如新了。

清洗饮水机的窍门

将臭氧从饮水机上部的入水口注入，大约经过20分钟的熏蒸可以杀灭大部分的有害细菌，此方法消毒效果很好，且成本较低，但没有清洗水垢等杂质的作用。也可以采用加压过滤方法的专业饮水机清洗机械。在清洗时，将清洗机的一端接到饮水机的入水口，另一端接入饮水机下部的排水口，形成一个封闭循环，同时采用专用消毒清洗剂。该方法利用清洗机械自身的循环压力，可以充分达到清洗的目的，然后通过机械压力可以将杂质和水垢完全排出。

去除蚂蚁的窍门

厨卫及阳台的水泥缝中，瓷砖背后，花盆附近都是蚂蚁生存的温床。下面有几个除蚁的高招：

（1）将鸡蛋壳用火烧焦研成粉末后，撒在墙角或蚁穴附近。

（2）壁橱上有蚂蚁，可放一些香菜、芹菜等有味的蔬菜来驱赶蚂蚁。

（3）在蚂蚁经常出没的地方放一些烟丝、花椒等，能驱逐蚂蚁。

（4）在蚂蚁经常出没的地方，喷些杀虫剂；或拿吃的把它们引到一个地方去，再集中解决。

（5）在蚂蚁经过的路途中放一颗切开的蒜头；或者切两颗蒜头，放在水里泡一段时间，然后拿水去擦地板，蚂蚁从此搬家。

（6）将小朋友用的爽身粉撒在需要隔绝蚂蚁的地方，蚂蚁就不敢来了。

（7）找一个窄口瓶，装入一定量的水，在瓶口涂上糖汁，平放在蚂蚁经常出没的地方，可以把蚂蚁吸引过来并且淹死。

消灭蟑螂的窍门

（1）物理方法与化学药剂灭杀方法相结合：物理方法有蟑螂粘板、蟑螂别墅等。防治蟑螂的化学药剂，如毒饵、熏蒸剂、触杀剂等，但不能长期使用单一一种药剂。在使用化学药剂时要谨慎，以防止造成污染和人员中毒。

（2）杀灭成虫、幼虫和虫卵：不要仅仅杀灭成虫，忽视了幼虫和虫卵。蟑螂的卵块外面有卵鞘包裹，并且蟑螂一般将卵产在隐蔽的角落，如地板缝隙、家具后面、上下水管道与墙连接处等处，要仔细耐心地进行排查和清除才行。

（3）消灭死角：处理死角的垃圾，断绝它们的食物来源。

（4）蟑螂的防治要群防群治：局部和单独的防治效果是无法彻底消灭蟑螂的。最好能与邻居、整个楼道、整栋楼、小区物业、居委会等及时沟通，并取得协助和帮助，整体全面地开展消灭和防治工作。

（5）要及时将已经杀死的蟑螂尸体清理干净，并且将其集中起来销毁。因为已经死亡的蟑螂成虫身体上很可能还携带有卵鞘，若不能及时清理销毁，还有可能诞生出数量极多的小蟑螂。

夏秋季是蟑螂猖獗的季节，此时很难彻底消灭它们。到了寒冷的冬季，蟑螂大多躲在排水管中产卵。因为排水管中有许多残留脂肪和饭渣，不但有好吃的东西，还不时有温水流入“保暖”。所以，冬季的排水管便成了蟑螂的天国，一旦春暖花开，气温升高，大大小小的蟑螂就会从排水管再次进入厨房，对人体健康造成威胁。所以，气候还很寒冷的早春时节，正是消灭蟑螂的最佳时期。抓住有利时机消灭它们，可以收到事半功倍的效果。

彻底消灭蟑螂的办法首先就应从排水管着手，将水排空，可以灌入滚烫的开水把它们烫死。当然，最好的办法还是堵住排水管的两头，灌入灭蟑螂的杀虫剂，让它们彻底完蛋。

三、卫浴保洁

卫生间消毒的窍门

卫生间可使用含次氯酸钠消毒液，这类消毒液可以有效杀死化脓性球菌、肠道致病菌等。首先，将消毒液按说明稀释，用抹布擦拭各种卫生洁具即可。比如 84 消毒液，相对其他消毒液在具有杀菌功能的同时还具有芬芳的香气。对于下水道等容易滋生细菌的地方，则可以使用洁厕精来强力杀毒，在细菌容易滋长、温度较高的夏季，应该提高杀毒频率，每 3 天进行一次全面消毒。

巧洗马桶的窍门

（1）小苏打粉：先将小苏打粉喷涂在水池上，用毛刷蘸取适量的肥皂液反复地擦洗干净，然后将一杯食醋放入微波炉加热后倒入便池里，待到第二日用清水冲洗干净即可恢复光洁。

（2）食醋：将醋水混合液倒入便盆中，待浸泡 3～5 小时后再用刷子清洗，污垢即可轻松去除。

（3）漂白粉：在清水中加入适量的漂白粉搅拌均匀，然后将混合液倒入马桶中即可。将高锰酸钾溶液倒入马桶中，亦可起到消毒除臭的作用。

（4）尼龙袜：在长柄的笤帚顶端绑上一条尼龙袜，然后蘸少许发泡性强的清洁剂刷洗马桶，即可使马桶上的黄色污垢全部清除干净。

（5）可乐：将喝剩下没有汽儿的可乐倒入马桶中，盖上马桶盖子，10～15 分钟后，即可有效清除马桶污垢。

保养马桶的窍门

（1）清洁：多清洁马桶圈；及时清洗马桶内沾染的尿渍、粪便等污物，以防滋生霉菌和细菌。

（2）保养：马桶边尽量不设废纸篓；马桶刷要保持清洁干燥。

（3）疏通：用长而坚韧的竹条伸进马桶中疏通。或者在适量烧碱中注入开水将其融化，然后倒入马桶中，几分钟之后马桶即可疏通。

注意：清洗时请将适量的洁厕灵倒入马桶中，盖上马桶盖静置一会儿，然后再用清水冲洗干净，即可使马桶清洁，每隔3～5日按此法清洁一次最为适宜。

清洁按摩浴缸的窍门

（1）按摩浴缸最好采用粒状清洁剂。

（2）清洁时，切忌指甲油、去甲油水、干性液体清洁剂、丙酮、去漆剂或其他溶剂接触到亚克力表面。

（3）清洁后，要彻底清洁亚克力表面，勿让清洁剂进入循环系统。

清除浴缸皂垢的窍门

用浴缸专用的去污液反复擦洗，即可有效清除皂垢。注意，将一个集发器放置在浴缸的排水孔处，可以避免水管堵塞。浴缸使用后需要及时清理，以免滋生细菌。用淡盐水清洗可以取得同样的效果。

保养浴盆的窍门

在洗澡时，可以先在浴盆中放入适量冷水，然后再注入热水，可以延长浴盆使用寿命，既不会产生大量水汽，又可避免霉菌滋生，一举数得。想要清除浴盆、墙壁上的水垢，可将抹布浸泡在醋中，然后覆盖在顽垢上静置一晚。隔天早上将醋与苏打粉调成糊状，再用牙刷蘸上糊状物刷洗该处，即可清洁干净。

清洁塑料盆的窍门

用一块干净的纱布包裹残茶，然后蘸取少量的食用油反复擦拭塑料盆，最后用少许清洁剂清洗干净即可。采用此法不仅可以有效地去除塑料盆上的油垢，而且能够避免塑料制品表面被划伤。

清洁浴帘的窍门

用醋可以擦去浴帘上的油脂、霉菌与肥皂泡，让浴帘看起来像新的一样。浴帘的底部最难擦洗，你可以用刷子沾盐水用力刷洗，因为盐的细小颗粒可以对脏污产生如磨砂般的效果，之后再用醋擦拭，就可除掉顽劣的污渍。

若是你懒得动手刷洗浴帘，也可以将浴帘加水泡在里面，加入 4 杯醋静置一夜后再交给洗衣机清洗。这个方法不但可以杀菌，而且可以中和所有的污垢，更能省去动手刷洗浴帘的麻烦。

巧洗毛巾的窍门

（1）护发素：在清洗干净的毛巾时加入少量的护发素，然后反复地揉搓冲洗，晾干之后即会发现毛巾变得又软又香，焕然一新。

（2）盐：在清水中加入少量的食盐混合均匀，然后将毛巾浸泡在浓盐水中反复揉搓，取出后用热水冲烫一下，然后用清水冲洗干净即可，这样毛巾不仅不会有怪味而且也不发黏。

（3）淘米水：先将毛巾浸泡在淘米水中，然后加入少量的洗衣粉放在火上煮 20～30 分钟，取出后漂洗干净，即会使毛巾变得柔软、白净。

注意：毛巾消毒需要先将毛巾浸入水中加热煮沸，取出 8～10 分钟后用肥皂揉搓，然后用清水充分漂洗干净后放入微波炉中加热 5 分钟，晾干即可。注意，毛巾应该常清洗，并且每隔一段时间就需要用肥皂、洗衣粉或碱液煮沸消毒，以防其变硬。

巧擦水池的窍门

（1）用干净的抹布蘸取少量的啤酒，擦拭水池内壁效果很好。

（2）将食品保鲜膜握成团，蘸取少量的洗洁精擦拭水池内壁，效果佳。

（3）将平时洗头或梳头时掉下的头发搓成小团，蘸些水反复擦拭，即可清除掉脸盆边上的污垢。

巧洗防滑垫的窍门

（1）肥皂：用毛刷蘸取适量的液体肥皂反复擦洗，即可清除防滑垫上的霉菌和黏液。

（2）食醋：将少量的食醋喷洒在防滑垫上，然后用毛刷反复擦洗并用清水清洗干净即可。

巧洗浴室镜子的窍门

（1）用抹布蘸取少量的洗洁精，在浴室的镜子上轻轻地涂抹一层，即可避免镜子受蒸汽影响，保持清晰。

（2）用干净柔软的棉布蘸取少量稀释后的酒精擦拭浴室的镜子，即可轻松去除镜子上的发胶。

(3) 用干燥的软布蘸取少量的煤油反复地擦拭小镜子或大橱镜，即可使镜子光亮，用石蜡代替煤油亦可。

(4) 用干净的抹布蘸取适量过期的牛奶，擦拭镜子可使镜子光亮如新。

巧除厕臭的窍门

(1) 食醋：将一杯食醋放置在浴室的角落，几日后臭味即可清除。

(2) 风油精：将一盒风油精放在卫生间的角落，即可轻松除臭，在夏季的时候又可驱蚊，一举多得。

(3) 磷酸钙：取少量的过磷酸钙放入卫生间中，即可轻松去除厕所的臭味。

(4) 酒精：在清水中加入适量酒精（酒精和清水的比例为 1∶5）充分混合，然后将酒精溶液倒入喷雾器中，对着卫生间喷洒，即可起到很好地去臭除味效果。

巧洗卫生间瓷砖的窍门

(1) 用浸过白醋的抹布擦拭卫生间中的瓷砖，能够去除白色钙化水垢，简单方便，效果很好。

(2) 用干净湿润的软布蘸取适量的去污液，反复擦拭卫生间的瓷砖即可清洗干净。如果瓷砖间的填缝剂发霉变黑，用毛刷蘸取适量牙膏反复擦拭，即可除去。

清洗智能卫浴的窍门

用清洁剂擦洗智能卫浴，然后用干净的软布迅速将表面擦洗干净即可。注意，对于卫浴上的电子眼的清洗最好避免用水，以防止感应线路板受潮或电路短路等问题出现。在产品使用过程中，出现异常情况，要及时联系专业维修人员。

清除下水道异味的窍门

首先，检查下水道是否通畅，有无异物影响排水。如果有堵塞，可以往下水道里倒适量的碱，这对去除管道内的油脂和铁锈比较有效。其次，如果下水道没有堵塞，但是却返异味，可以利用水密封原理，用薄塑料袋装上清水，封紧袋口，放在下水道的口上盖严，起到封闭气味的作用。此外，最好同时保持下水道口的碗状存水结构中存有清水，这样，更能有效阻止异味冒出。

清洁浴室柜的窍门

先在清水中滴入几滴清洁剂将其稀释，然后用干净的软布蘸取洗涤剂溶液，顺着浴室柜的纹理反复擦拭，即可有效地清除木纹中隐藏的污垢。同时这样可以有效地清除长期储藏在浴室柜中的细菌。若是浴室柜上出现水渍痕，应该用湿布盖在痕印中，然后用熨斗小心地按压湿布数次，痕印即可消失。

擦亮不锈钢水池的窍门

（1）使用废弃的保鲜膜擦拭：将用完的保鲜膜卷成团，用来擦拭水池内壁，水池会变得光亮而干净。

（2）利用塑料袋擦拭：将塑料袋卷成圆团，在有污迹的地方再放入一些洗涤剂，效果会更好。

四、家庭用具保洁

防止空调污染的窍门

很多人都已经开始注意到空调对室内环境的污染问题，其实，只要多加注意，这一问题并非不能解决。

（1）空调污染室内空气的途径有很多，其中最主要的一条是，大多居民为了达到更好的降温、节能效果，使用空调时大多门窗紧闭，造成新鲜空气量不足，导致室内一氧化碳、二氧化碳、可吸入颗粒物、挥发性有机化合物浓度增加，并使空气负离子浓度减少。

（2）空调过滤器失效也是造成室内空气污染的原因之一。过滤器长时间使用后，细菌聚集、螨虫滋生、灰尘积聚，使之失去过滤能力，不仅无法起到清洁作用，过滤器本身还会成为污染源。

（3）对于中央空调来说，造成空气污染的途径还有新风采集口设置不当，受到室外环境的污染；气流组织不合理，导致气溶胶类污染物（微粒、细菌、病毒）在局部死角积聚，滋生细菌、霉菌、病毒等病原体；空调系统中的冷却水被微生物污染，其中最有代表性的就是军团菌。

保养空调的窍门

首先要注意空调器的保养，包括使用期的保养和停用期的保养。使用期的保养主要有以下几点：

（1）定期清洁过滤网，一般两星期一次，在多尘地区应更频繁。如空调器配有除臭、除尘过滤网，那么应按说明书提示定期清洗、更换。

（2）如本地区电压长期不稳定（表现为日光灯启动困难，风扇转速变慢等），会影响到空调器的正常使用和寿命，用户最好能自配稳压器。

（3）空调器内机附近不可有热源，否则既可能影响空调的性能，又会使内机塑料件发生变形，影响美观的同时也增大了噪音。

（4）空调器表面的除尘应在切断电源的情况下，用干布抹，切不可用水冲洗。

停用期的保养主要有以下几点：

（1）长期停用之前，应开通风挡，把室内机内的水分吹干。

（2）拔掉电源的插头，取出遥控器内的电池。

（3）有条件的话，用罩子把内、外机罩起来，以保持室内外热交换器的清洁。在使用季节到来之前，要对空调做一番检查。首先拿掉盖在内、外机上的罩子，把室内外的进风口、出风口上的障碍物移走，再装上遥控器电池，接通空调器电源，开机后观察空调运行是否正常。

清洗空调的窍门

先使空调在送风状态下运转 3 小时左右，使得空调内部湿气散发，然后关闭空调，拔掉电源插头，用柔软干净的棉布擦拭空调外壳的污垢即可。注意，清洗外壳时切忌用热水或可燃性油等化学物质擦洗。清洗过滤器的话先将清洁空气的过滤网取出，然后用清水冲洗或用吸尘器清洁过滤网，待晾干后重新装入空调内即可。

清洁电视机的窍门

（1）线路板：先切断电视机电源，待电视机变凉后打开后盖，用吹风机将灰尘吹净，然后用棉团蘸取无水酒精擦拭内部电路板，并用干净软布擦拭内部线路，最后用电吹风吹干即可。

（2）外壳：先将电源插头拔下切断电源，然后用干净柔软的布擦拭机箱外壳。如果外壳污垢较重，可用软布蘸取少量的洗涤剂配入 40℃的热水混合溶剂清洗。注意，切忌用汽油或任何化学试剂清洁电视机的机壳。

（3）屏幕：使用专用的液晶屏擦拭布（超市有卖），蘸取适量水轻轻擦拭，采用喷水的方法更好。布面保持轻微湿润感即可，切不可过于潮湿。专用擦拭布采用特制纤维，比一般的擦拭布柔软细腻，不易损伤液晶屏幕，还能同时起到消除静电的作用。

除冰箱异味的窍门

（1）咖啡除异味：将干燥咖啡渣装入干净的纱布袋中，放入冰箱内，几日之后即可除去冰箱食物酸腐的味道。

（2）食醋擦洗：在清水中加入适量白醋（白醋和清水的比例为 1∶3）充分混合，然后用干净软布蘸取醋水混合液擦拭冰箱外壳即可；将一杯食醋放入冰箱内，也可去除冰箱异味。

(3) 蜂窝煤除异味：将使用过的蜂窝煤放入一个容器内，然后将容器放入冰箱里1～2日，冰箱内的异味即可清除。

(4) 生面除异味：将和面时剩下的一小块生面放入碗中，置于冰箱冷藏室上层，可以保证冰箱2～3个月内没有异味，简单方便。

(5) 毛巾除臭味：将几条干净的纯棉毛巾，折叠整齐后放入冰箱网架上，毛巾上的微细孔可吸附冰箱中的气味，过段时间当毛巾沾上污垢之后将毛巾取出用温水洗涤晒干，再铺到冰箱内即可，可以长期保持冰箱内清洁。

(6) 茶叶除臭味：将少量茶叶用干净纱布包好后放入冰箱中，20～30日后冰箱内异味即除。将用过的茶叶取出放置在阳光下暴晒，然后再重新装入纱布包中并放入冰箱里，可以反复使用。

清理电熨斗的窍门

(1) 白蜡：先把去污粉、白蜡和植物油（三者比例为8：1：1）配置成抛光磨料，然后将此磨料涂抹在电熨斗底板上，用化纤布用力擦拭痕迹处即可。

(2) 牙膏：先将电熨斗断电冷却，然后在熨斗底部涂抹少量的牙膏，用绸布反复擦拭，即可将熨斗底部糊锈除去，熨斗即可变得光洁。

(3) 食醋：将电熨斗通电预热至100℃后切断电源，将干净软布蘸适量食醋反复擦洗，然后再用清水清洗干净即可。

(4) 苏打粉：将电熨斗通电预热至100℃后切断电源，在污垢处涂抹适量苏打粉，然后用干净软布擦拭，污垢即除。对于污垢严重的底板，可以用布蘸少量抛光膏抛光，保护电镀层，延长熨斗使用寿命。

清洁洗衣机的窍门

在干净的洗衣桶中放入足量的水，然后加入一杯小苏打粉，按动启动键使洗衣机搅动3～5分钟，然后静止30～60分钟再将水放掉，然后放满清水，按照一般清洗过程清洗一次，即可有效去除洗衣槽里的肥皂垢，清洁除臭。氨水也同样可以取得类似的效果。

清理电脑的窍门

(1) 显示器：先用干净湿润的软布将显示器表面污垢擦拭干净，再用干布将其擦干即可。注意，在清洗显示器时，切忌用乙醇等有机溶剂来擦洗，很容易溶解掉屏幕上的保护膜，缩短显示器使用寿命。

(2) 线路板：先切断电源，然后打开机箱或后盖，用毛刷并配合电吹风轻轻去除元件上的灰尘，然后用镊子夹一块蘸有少量酒精的棉团将灰尘擦洗干净即可。注意，电脑线路板每隔1～2年需清理一次，清洁时间最好选择在干燥季节，并请教专业人员，避免造成故障。

（3）边框：用干净软布蘸取少量牙膏轻轻擦拭显示器边缘，然后用干净的软布擦干即可，显示器边缘会变得光亮如初。

（4）键盘：先将键盘插头拔下，然后将键盘翻转，拧下后盖上的螺丝，取下后盖；然后将键盘内的电路胶片取下，拆掉按键，按键是用塑料的卡扣固定，拆卸时需要稍加用力；先用刷子将细小杂物清除，再用布蘸少许表面清洗剂擦洗干净，然后将原件依次安放回去即可。

（5）风扇：电源风扇与CPU风扇噪声是主要的噪声源。电源风扇的噪声可以选择静音电源；CPU风扇在选择时，可以尽量选择具有静音功能的风扇，或经常给风扇轴承涂抹润滑油；对于那些必须安装多个机箱风扇的电脑，可以选择一些大直径低转速的机箱风扇。先取下鼠标的感应线，将底部的螺丝拧下来后，彻底清理鼠标内沾染的污垢，即可使鼠标恢复灵敏。在使用时，每隔3～5周清理一下鼠标，可以使鼠标保持平滑流畅，灵敏如初。

保养吸尘器的窍门

（1）将贮灰箱（或贮尘袋）内的脏物清扫干净，将吸尘器及附件擦拭干净。

（2）检查各紧固部分，若发生松动应拧紧。

（3）及时更换各个磨损严重部分，例如，除尘刷上的刷毛、吸尘器电机的炭刷；吸尘器内的密封胶垫若老化，应更换新胶垫；吸尘器的电机轴承，应定期加润滑油。

（4）不用时，应将吸尘器存放在干燥通风的地方。

清洗饮水机的窍门

在少量水中加入适量的食用柠檬酸配成一定浓度的清洁液，然后将配置好的清洁液放入水桶中，扣置在饮水机上4小时，再打开防水阀门，放出水垢粉尘液，然后冲灌几次清水即可轻松清除水垢。

清洗电话机的窍门

将干燥柔软的棉布蘸专用的电话清洁剂或电话消毒除臭剂擦拭送话器，再用过氧乙酸代替清洁消毒剂擦拭送话器即可；或者用卫生电话膜或抗菌电话膜消毒也可。注意，不能用湿布或清水清洗话机。

清洗灯泡的窍门

（1）布制灯罩：用软毛刷蘸少量去污粉，轻轻擦拭即可，清洗干净并且不损伤灯罩。

（2）丙烯灯罩：将洗涤剂涂抹在灯罩上，然后用水冲洗灯罩，并且擦拭干净即可。

（3）普通灯泡：用盐水擦拭灯泡，简单方便，效果好。

清洗空气净化器的窍门

（1）准备：在清水中加入少量的洗涤剂搅拌均匀，制成浓度为5%的清洗液。

（2）清洗：先从吸尘部件中取出集尘极板，浸入清洗液中，用软刷或软布逐孔清洗，取出后用净水冲洗2～3次，滤干水分，干燥后重新安装使用即可。

注意：清洗时要小心仔细；极板应充分干燥，以免造成危险。

清洁加湿器的窍门

清洗前请务必拔下电源插头，切断电源。

（1）加湿器外部清洗：将软布在低于40度以下的温水漂洗后，拭去机器表面污迹，喷雾嘴可取出后直接用水冲洗。

（2）水箱的清洗（二周至三周一次）：旋下水箱盖，用软布拭去箱内水垢，用清水清洗。

（3）水槽内的清洗（一周一次）：若水槽内或换能器有水垢，可用少量除垢剂放入水槽的水中，约30分钟后清洗干净。

保养家庭摄像机的窍门

摄像机避免在湿度大、粉尘较多或充斥有腐蚀性气体的场所使用；使用时，不要用手触摸镜头表面，若表面有灰尘，可以用软毛刷轻轻刷去或用干净的软面团蘸镜头清洁剂清洗。当电池电压下降到某一临界值时，依据摄像机录像器的警告指示，及时更换电池，忌不更换电池继续使用，导致因放电过度而损坏电池；电池从摄像机取出后，应立即充电，否则会造成电池损坏。

保养相机的窍门

（1）注意清洁：外出时相机最好能装在皮套内，拍摄后立即将相机收入皮套；镜头若有少许灰尘，回家后可先将灰尘吹去，然后用拭镜纸蘸少许镜头水清除；也可购买一只UV镜或天光镜加在镜头前面，可以滤除紫外线，保护镜头。

（2）注意电池：使用前应注意电池的接点是否干净，电力是否充足；使用后若短期内不再拍摄，应将电池取出单独存放。

（3）存放方式：可以将相机放在荫凉通风的地方，平时准备一个吹气球和一些拭镜纸以便平常保养相机；最好能够将相机放入置有干燥剂的防潮盒中并每隔数月更换干燥剂，这样可以延长相机使用寿命。

（4）注意温度：照相机不可以放在高温的地方。外出时尽量避免相机长时间暴露在阳光下，相机的测光系统若受到阳光暴晒，灵敏度会大大降低，甚至产生无法挽回的损坏；镜头不可长时间对着强光源，以免镜片脱胶。

（5）注意湿度：在潮湿的天气拍照，完毕后要将相机放在通风处数小时再收好。风沙、雨雪的天气里使用相机应尽量缩短相机在外暴露的时间，每拍好一张，应随手盖好镜头盖，还要用雨具保护好相机；当从室外进入室内镜头蒙上水气时，应放置使其自然干燥，再进行拍摄。注意，切忌用吹风机的热风吹或高温烘烤相机。

清洁木质家具的窍门

（1）牛奶：用一块干净柔软的棉布蘸适量的变质牛奶，然后擦拭木质家具，再用清水擦洗一遍，即可清除掉家具上的污垢，简单又节能环保。

（2）食盐：在适量的清水中加入少量食盐混合成盐水，然后用干净的棉布蘸少量的盐水擦拭木质家具，即可轻松去除家具表层上的黑斑，效果明显。

（3）啤酒：将啤酒放入锅中加热煮沸，加入少量的糖和蜂蜡（啤酒、白糖以及蜂蜡的比例约为100：1：2）搅拌均匀，然后关火凉至冷却后，用干净的软布蘸取少量混合液擦拭木器，再用清水把残留物擦干净，最后用软的干抹布擦干，即可使家具光洁如初。

清洗布艺沙发的窍门

（1）首先，应该替布艺沙发定期吸尘，若能每周进行一次最好，扶手、靠背和缝隙都不能放过。也可用毛巾擦拭，但在用吸尘器时，不要用吸刷，以防其破坏纺织布上的织线而使布变得蓬松，同时还要注意不要用特大吸力来吸，因为这样会导致织线被扯断，不妨用小型号的吸尘器进行清洁。

（2）其次，一年至少要用清洁剂将沙发清洗一次，但用后必须要把清洁剂彻底冲洗干净，否则会适得其反，留下更严重的污垢。至于清洁剂的选择，可选用含防污剂的专门清洁剂。

（3）带护套的布艺沙发一般都可以清洗。其中弹性套可用家中的洗衣机进行清洗，较大型的棉布或亚麻布护套则可拿到洗衣店花钱请别人代劳，免去了家中清洗的劳累。

（4）如果要熨平护套，应注意有些弹性护套是易干免熨的，即使要熨也要考虑布料的外观，因而熨护套内侧较为适宜；如果护套是棉质的，则不宜熨烫。

清洗毛绒沙发的窍门

（1）用软毛刷蘸取少量浓度较低的酒精，轻轻地刷洗毛绒布料的沙发，然后再用电吹风吹干，即可有效地将沙发表层的污垢清洗干净。

（2）取少量苏打粉用清水调和均匀，然后用软布蘸取苏打水溶液涂抹在沙发上，反复擦拭即可将污渍减退。此法对于毛绒沙发上的果汁渍效果明显。

清洗皮沙发的窍门

（1）牙膏：用干净的软布蘸取少量的牙膏或牙粉敷在漆皮家具上，待停置一会儿后，轻轻擦拭即可使白色的漆皮家具重新变得洁白光亮。注意，擦拭时切忌用力，牙膏中的摩擦剂会将油漆磨掉，损伤家具表面。

（2）蛋清：用干净的棉布蘸取少量的蛋清，在皮革沙发的表面污垢处反复擦拭，可以有效地清洁皮革制品表面。蛋清具有抛光作用，擦拭后，皮革表面还会呈现出原来的光泽。

清洁不锈钢家具的窍门

（1）除锈：锈如果不重可用软布直接擦拭即可，但不能用硬物或砂纸摩擦，更不要用刀刮。如果用软布擦不掉，可用醋涂抹，再用温水。

（2）防潮：钢制家具避免直接用水冲洗，可以用干软或潮湿的布擦去表面尘污，若是上面有水迹，应该及时擦干。

（3）防碰：使用时最好不要发生碰撞，避免漆皮脱落。

保养镀铝家具的窍门

镀铝家具不可放在潮湿处，否则容易生锈，甚至镀层脱落。清洁时用软布蘸取中性机油经常擦拭，可以防止镀铬膜上的黄褐色网斑延展扩大；生锈处，可用棉丝或毛刷蘸机油涂在锈处，然后擦拭，即可清除锈迹。不经常使用的镀格家具可在镀铬层上涂一层防锈剂，存放于干燥处。

保养镀钛、喷漆家具的窍门

（1）镀钛家具，应避免过多地同水接触，并经常用干棉丝或细布擦拭，以保持其光亮和美观。

（2）喷漆家具：喷塑家具如果出现污垢，可先用湿棉布擦净，然后再用干棉布揩干即可。注意，切忌留存水分。

清洁藤制家具的窍门

在适量清水中加入少量食盐，用干净的软布蘸取少量食盐水擦拭藤器或竹器制品表面，不仅可以去污而且能使其柔松有韧性。像躺椅、摇椅、圈椅等有编织弧度的家具，涂擦清洗剂时要让家具倾斜着，使纺织得紧密的部分在上方，这样清洗剂就会自动流向编织得较松的部分，不会堆积在编织得较紧的区域上。

清洁原木家具的窍门

原木家具，可用水质蜡水直接喷在家具表面，再用柔软干布抹干，木质家具便会光洁明亮。如果发现表面有刮痕，可先涂上鱼肝油，待一天后用湿布擦拭。此外，用浓的盐水擦拭，可防止木质朽坏，延长家具的寿命。

清洁人造皮革家具的窍门

用干净的软布蘸取少量食醋轻轻擦拭，即可轻松去除皮革家具表面上的灰尘和油脂，并且使得皮革上的聚酯纤维保持柔软。

处理家具碱水污渍的窍门

用干净的软布蘸取少量的肥皂水，将家具表面漆层的碱水污渍擦去后，立即用清水清洗干净，待充分晾干后用光蜡打磨一次即可。或者用食醋，中和碱水中的物质，这样对家具的损害较小。

处理家具烫痕的窍门

先将干净毛巾用温水浸透，拧干后在毛巾上滴入数滴氨水，然后用手掌摩擦毛巾，使得手掌沾满水，再用手掌轻轻而迅速地拍打烫痕，再涂上一层蜡，便可消除烫痕。或者在有烫痕的地方涂上凡士林膏，过1～2天后再用抹布轻轻摩擦，烫痕即可消除。也可以用酒精、花露水、煤油擦拭。泡一杯浓茶，用软布蘸后揩擦也有效果。

巧除新家具异味的窍门

（1）通风法：最好的办法就是通风。

（2）植物吸收法：植物有极强的吸收甲醛的能力，如仙人掌、吊兰、芦荟、常春藤、铁树、菊花等。一般来说，大叶面和香草类的植物吸收甲醛的效果较好，如吊兰、虎尾兰等。

（3）民间流传土方法：把茶叶渣、柚子皮、洋葱片、菠萝块等放在新家具内或者用白醋熏蒸家具的内部。

（4）活性炭吸附法：固体活性炭具有孔隙多的特点，对甲醛等有害物质具有很强的吸附和分解作用，活性炭的颗粒越小吸附效果越好，将活性炭放到新家具里。

（5）光触媒分解法：光触媒中的催化剂在光的刺激下，与空气中的氧气与水分生成负离子和氢氧自由基，能氧化并分解各种有机污染物和无机污染物，并最终降解为二氧化碳、水和相应的酸等无害物质，从而达到分解污染物、净化空气的作用。

（6）化学制剂净化法：目前，市场上的甲醛捕捉剂分为两种，一种是通过中和甲醛，生成无害物质的方式来净化空气；另外一种是通过封闭甲醛，阻止甲醛的挥发来净化空气。

旧家具恢复光泽的窍门

有的家具如写字台、书架、衣柜、门窗等表面是涂漆的，经过多年使用后，漆面的光泽会变得暗淡。在这里向您介绍一种既简单又方便的办法，泡一壶浓茶，待稍凉后，用软布浸湿，擦洗漆面一两次，即可恢复原来的色泽。如木制家具被油沾污后，用精盐水浸泡过的稻草灰擦拭，油污即可除掉。

拖把消毒的窍门

如果房子比较通风，气候又比较干燥的时候，用过的拖把，只要把它用清水洗干净，然后放在阳光下暴晒一段时间，保持干燥。其次，用普通的消毒水消毒，如来苏水，高锰酸钾液和漂白粉等。使用1%～5%来苏水溶液，浸泡消毒30分钟左右，也可以使用5%～10%漂白粉澄清液，浸泡30～60分钟，就可以达到消毒的效果。另外，在拖地时，可以用低浓度的高锰酸钾和漂白粉撒在地上，这样可以杀死大部分细菌。家庭消毒一定不能贪多，一些人生怕消毒效果不好，就特意把消毒水的分量加大，其气味在家中很不容易散去，会造成另一种污染。

塑料花清理的窍门

用柔软的棉布，涂抹少许牙膏轻轻拭擦。但不宜用碱性肥皂和溶剂，以防止塑料剂被破坏掉，致使塑料变硬变脆；或对某些塑料发生溶胀，使制品损坏。不宜用开水烫洗，以免变形。塑料制品要避免与酸、碱、酒精、汽油等物质接触，避免发生化学变化。

第三章

美丽橱柜——时尚生活穿出来

古语："人靠衣装，马靠鞍。"道出了穿的重要性。如何穿，是一门艺术，需要有才情的眼光在眼花缭乱的服饰中发现属于自己的美。不会穿的人，即便从头到脚用金银包裹，照样不美；会穿的人，即便几件简单的服饰，稍加搭配，便能楚楚动人。

一、衣物选购

选购服装要注意的事项

（1）看造型设计，应美观大方，轮廓清晰，线条流畅，挺括平服。

（2）看色彩运用，配色新颖、明快、协调、富有节奏感，面料和衬里颜色要协调一致。

（3）类色或近似色为宜。如有点缀色或线条，应简明不繁琐，符合着装个性的体现。

（4）看缝制质量，行线顺直、平整，线色与面料一致，缝接处对合整齐、平顺、无跳针、漏缝现象；垫肩不可太高或太厚，拉链位置适当，拉合时利索、服帖。

（5）看整体结构，应符合体型规律，各部分比例恰当，对称部分应对称，口袋位置适当，整体感、舒适感和匀称感强。

挑选羽绒服的窍门

（1）嗅：即用鼻子嗅一嗅羽绒制品是否有鸭腥味。经过严格消毒的羽绒制品是嗅不出鸭腥味的，如能嗅出腥味，说明羽绒消毒不合格，日后容易出现虫蛀霉变。

（2）摸：用手摸一摸羽绒制品内填充的羽绒，了解一下其含绒量的多少。含绒量高的羽绒制品摸上去手感柔软、舒适，很难摸出硬梗。

（3）拍：用手拍一拍羽绒制品，看看其有无灰尘杂质。如果用手拍打羽绒制品，灰尘飞扬说明羽绒没有洗干净或混有杂质在内。

（4）压：用手压一压羽绒制品，看其能否自然弹起。如能自然弹起说明质量不错，反之则质量较差。

经过上述方法鉴别羽绒制品的内在质量后，还需从外观上对其进行鉴别。首先要认准厂家商标。其次要检查外观质量。要仔细看缝制是否精细，针距是否均匀，面料有无色差，羽毛是否钻绒等。

细辨真伪皮衣的窍门

天然皮革的结构非常特殊而复杂，要想人工将其天衣无缝地仿造是极其困难甚至是不可能的。通过以下方法可以将真假皮革分辨开来。

天然皮革的形状是不规则的，厚薄也不十分均匀，表面多少或轻或重存在一些伤残；皮革表面光滑，细致程度不一，腹部松弛；皮革表面有明显的毛孔和花纹，皮革里面一般有绒头。而合成革（指无纺织布基，因有纺织布基的合成革容易区分）从形状上看很规则，厚度也很均一，其表面无伤残，质地均匀，而毛孔和花纹也很均匀，革里无绒头。

对皮衣来讲，辨别的方法，一般应先从外表看，质地很均匀、无伤残、无粗纹、无任何缺陷的可能是假皮革。真皮革质地应有一定差异，特别是皮衣的主要部位和次要部位之间应有一些差别。然后再仔细观察毛孔分布及其形状，天然皮革毛孔多为深且不易见底，略为倾斜。毛孔浅而显垂直的可能是合成革或修饰面革（天然革的一种）。另外，从断面上看，天然皮革的横断纤维有自身特点，各层纤维粗细有变化，表面的一层为涂饰剂，而合成皮革的纤维各层基本均一，但表面一层呈塑料薄膜状。可用水滴分辨，易吸水的为天然皮革，不吸水为人造皮革。

巧选男装西服的窍门

（1）体形：男士需要根据自己的体形选择服饰。瘦高型，最好选择浅色系、大宽格、对排扣的西服；高胖型，最好选择以黑色、藏青色为主，款式以单排扣、宽松式，别太醒目的西服；矮瘦型，选择西服要以浅灰色等亮色为好，短款收腰最为合适；矮胖型，西服不宜过长，如果穿套装，最好色彩不要太鲜艳。

（2）版型：好的西装布料素材天然，耐穿；西服口袋开线条一致，上袖处有褶皱，特别是条纹或格子西服。一定要注意查看，西服的版型有日版和欧版两种，日版西服不收腰，而欧版西服一般收腰，后衣身长度较日版西服长一厘米左右。

（3）试穿：试穿时，做一个伸展运动，可以看出西服是否太松或者太紧，选择上衣有1～2寸的修改余地。

巧选领带的窍门

（1）优质领带无染色杂质，无织造残疵；用双手拉直领带两端，大头起33厘米内，没有扭曲状，缝制质量好；手捏领带中间，松手后领带能够马上复原的，说明弹性较好。

（2）选购时，可以轻拉领带，如果发现变形，则说明领带裁剪不当。

（3）选用领带，需要注意搭配，巧妙地选择领带的花色、纹理以及样式。

识别优质牛仔裤的窍门

正宗牛仔裤采用靛蓝染料，面料无色化或条化。石磨后有鲜艳明亮感，略有红光，袋布无显著沾色。

经石磨后，织物手感柔软，布面丰满有绒感。缝纫褶边处被磨白，平面处无磨花痕迹，色泽均匀一致。缝制时双缝、腰部采用链条式缝制，并使用纯涤纶的215/3股线，缝制坚牢，不易脱缝。

金属钩、钮、牌处无缺口，涂层无磨损，反面垫衬布块，以防崩裂损坏。

巧选羊绒制品的窍门

山羊绒手感轻、滑、暖、薄、防潮性能好。据国家有关规定，挂纯山羊绒标志的产品其羊绒含量必须在95%以上。消费者在购买羊绒制品时应注意以下两点：

（1）应购买国家认定质量稳定的厂家品牌，而且还要认真查看是否标有羊绒含量，是否有合格证标贴及条形码。最好到大型商场或专业商店购买。

（2）羊绒正品应外观造型流畅，做工精细，手感柔滑，纹路清晰，条干均匀，绒面丰满，色泽柔和，富有弹性，用手握紧后放开能自然弹回原状。

鉴别真假羊毛衫的窍门

纤维的鉴别方法很多，归纳起来可为两大类。一类是较直观的感官鉴别法；另一类是利用各种纤维具有不同的物理、化学特性进行某些试验以达到鉴别的目的，较常用的有燃烧法、显微镜鉴别法。

（1）感官鉴别法：此法不需要用任何物品或仪器设备，依靠自己的直观，长期工作的经验，根据织物的手感和绒面来鉴别。兔毛的纤维长一般在30～50毫米。兔毛纤维多，说明兔毛成分比例高，产品高档。羊毛衫和腈纶衫（俗称假羊毛衫），由于腈纶纤维具有独特的似羊毛的优良特征，可以使人很难区别。但只要仔细观察，区别比较，也还是存在差异的。从直观上讲，羊毛产品比较柔软，而且富有弹性，比重大，色泽柔和。

（2）燃烧法：羊毛产品，燃烧时，一边冒烟起泡一边燃烧，伴有烧毛发的臭味，灰烬多，有光泽的黑色块状。腈纶产品，燃烧时，一边熔化一边缓慢燃烧，火焰呈白色，明亮有力，略有黑烟，有鱼腥臭味，灰为白色圆球状，脆而易碎。锦纶产品，一边熔化一边缓慢燃烧，烧时略有白烟，火焰小呈蓝色，有芹菜香味，灰为浅褐色硬块，不易捻碎。

识别优劣裘皮服装的窍门

优质裘皮服装毛绒细长、紧密，毛针光亮，质地轻盈，用手顺毛抚摸，感觉柔和顺服，用手逆毛抹一下，无掉毛现象，周身皮毛花色淡雅，花型自然和谐，各块毛皮光泽一致，拼接合理，用嘴吹一下，可看见细绒，不见皮底板。劣质裘皮服装毛绒粗且稀疏，用嘴吹一下，隐约看见底板，光泽暗淡晦涩，质地较重，毛丛高低不一，用手顺毛抚摸，手感粗硬发涩，逆毛抹一下，有成撮的掉毛现象，周身皮毛花型拼接欠妥，各块皮毛光泽也不一致。

鉴别进口旧服装的窍门

进口的旧服装是一些利欲熏心的人从国外私自廉价购进的已经被别人穿过的淘汰的旧服装，服装上沾满大量细菌，并有汗渍、血渍以及其他污迹，穿着以后，可以使人感染各种皮肤病或者其他的疾病，我国有关部门下令禁止出售进口旧服装，并在一些地方当众销毁了查收的进口旧服装，但在个别地区的私摊上，仍可见到进口旧服装的踪迹，这些服装虽然经过洗涤，但仍是传染疾病的污染源，鉴别它们可用以下的方法：

(1) 看服装的纽扣、拉链：旧服装经过多次洗涤，其纽扣、拉链大多数失去光泽。

(2) 看服装腋下、袖口、领口：旧服装经过长期穿着，袖口、领口、腋下的面料已磨毛，或失去本来的花色，或者有汗渍。

(3) 看服装商标：旧服装经长期使用后，商标卷曲、无光、发黄发旧，上面字迹模糊。

(4) 看服装锁边线头：旧服装经多次洗涤，缝线有脱落，锁边有开线的现象。

(5) 看服装里面、衣兜等处：旧服装主要是从日本进口的，故从服装，尤其是西装的里面、衣兜等处可以发现外国人的姓名或其他属于个人物品的标记。

(6) 看整件服装：虽然旧服装经干洗处理，但从服装上仍可查找到难以消退的血渍、汗渍以及其他污渍。

识别兔毛衫的窍门

一般兔毛衫外露一层雾罩似的茸毛，茸毛比较直、长、硬且有光泽，毛头外伸。而伪品的兔毛衫是用一种未染色的白纤维代替兔毛，这样的毛衫外露的茸毛弯、短、软、毛头不外伸，没有光泽，而且看上去没有雾罩的感觉。此外，可用燃烧法来识别：抽几根纤维点燃，若闻到有烧毛臭味，则表明是兔毛衫；如果纤维点燃后卷曲为焦点，则表明是化纤混纺。

识别仿羊皮服装的窍门

辨别仿羊皮服装的质量有两种方法：

(1) 观感：好的仿羊皮服装多采用聚氨酯塑料为原料，其表面不大光亮，涂层具有高级羊皮那种小颗粒花纹，酷似真羊皮，严寒天气表面无霜迹。

(2) 触感：料质厚薄均匀，柔软具有弹性，用力拉伸不明显变形，即使是北方严寒天气（零下 30℃），用手触摸仍无发硬、发凉、潮湿感。这样的仿羊皮服装透气性好，防风、耐寒力强。

质量不好的仿羊皮服装，质地发硬，涂料厚薄不匀，布基质不完全符合标准，做工粗劣，而且大多无正规生产厂家名称，无明确商标。只要认真观察，就会辨出真伪。

鉴别牦牛皮鞋的窍门

青海的牦牛，其毛细而密，皮革上的毛孔相应较细密，革面细腻平整，透气性好，同时强力大，弹性足。用牦牛皮革做成的皮鞋，具有穿着舒适耐用的优点。牦牛皮鞋，有硬面和软面两大类。现以硬面牦牛皮鞋为例，谈谈选购中应注意的问题。

（1）皮鞋的前围和后帮要硬些，这样的皮鞋比较坚固稳定，不变形；前板面要软些，以便在穿着走路时，既舒适又耐折，不易裂口折断；皮鞋面不能有松面现象，用手指按压几下后，不能有明显折痕，有细微折痕则是正常现象；皮鞋面不能掉浆，否则就会出现“花皮”，不仅难看，而且不耐穿。

（2）做工要精致。皮鞋粘合处不能开胶；缝线针码要适度均匀，不能太大或太小，外线针脚应为1厘米的5针，内线针脚根据鞋号码大小而定。

（3）皮鞋的造型要新颖美观，端正丰满。

具备上述条件者则为好鞋。

中年女性着装的窍门

中年发胖的女士在挑选衣物时，应该选择直条或者带有小碎花的服装，裙子长度适中，裤子悬垂性较高，上衣的下摆应该露在裙子或裤子外边。身材较胖的女性宜选择单襟、单行纽扣，颜色宜偏重、偏暗，切忌穿荷叶领、灯笼袖、喇叭袖和大翻领等花样的服装，使人显得更加衰老。

老年女性着装的窍门

（1）老年腹部微挺女性：腹部凸起的女性，选择上衣时要选择宽松、面料挺括的半长外套，适当地在上衣上加些点缀，转移视线；腹部较凸的男性，需要选择宽松的上衣和裤子，颜色深暗的衬衫。

（2）驼背的女性：应选择有垫肩的衣服，可以将垫肩在前后多垫一些，把后片也加大，使得衣服塑造得身体丰满挺括些。注意，老年女性肤色变深，皮肤变糙，应避免穿娇嫩色调的衣服，而适宜选色调柔和的衣服。

不同身材女性选装的窍门

（1）丰满型：胸部、臀部丰满圆滑，腰部纤细，曲线玲珑的女性，可以选择穿低领、紧腰的裙子或八字裙的西服，服装最好选择较为柔软贴身的布料，可以使女性看起来性感妩媚。注意，丰满型身材切忌穿宽大蓬松的洋装，会让整个人看着臃肿，减损魅力。

（2）苗条型：这种体型适合穿长裙，宽松的西服，宽松打褶的长裤，遮盖胸部较小、臀部瘦扁的缺陷。注意，苗条型身材的女性不宜穿紧身或低腰衣裤。

（3）娇小型：娇小型身材的女性，可以选择整洁、简明的服装，垂直线条的褶裙，有质感的直筒长裤，或者上下身穿戴同色系的服装，紧身的小夹克，都是很好的选择。注意，娇小型身体的女性不宜选择穿大型印花布料、厚布料、色彩过多的衣服，会看起来更加矮小。

（4）粗腿型：这种体型的女性要避免穿紧身裤、过膝靴、过紧的衬衫、大花格子以及粗条纹的服装，在购买时应尽量修饰上身，穿样式简单的裙装或长裤，颜色选择较暗的色系，佩戴色泽鲜亮的饰物，都是可以遮盖赘肉的好方法。

（5）梨子型：梨子型身材的女性，购买衣服时应注意分散对腰部的注意力，尽量选择宽松的上衣，长度以遮住臀部为宜，避免选择紧身，宽皮带和褶裙的服装，否则会显得身体腹部肥大，过于臃肿。

识别真丝绸和化纤丝绸的窍门

（1）观察光泽：真丝绸的光泽柔和而均匀，虽明亮但不刺目。人造丝织品光泽虽也明亮，但不柔和。涤纶丝的光泽虽均匀，但有闪光或亮丝。锦纶丝织品光泽较差，如同涂上了一层蜡质的感觉。

（2）手摸感觉：手摸真丝织品时有拉手感觉，而其他化纤品则没有这种感觉。人造丝织品滑爽柔软，但不挺括。棉丝织品手摸较硬而不柔和。

（3）细察折痕：当手捏紧丝织品后再放开时，因其弹性好无折痕。人造丝织品松手后有明显折痕，且折痕难于恢复原状。锦纶丝绸则虽有折痕，但也能缓缓地恢复原状，故切莫被其假象所迷惑。

（4）试纤拉力：在织品边缘处抽出几根纤维，用舌头将其润湿，若在润湿处容易拉断，说明是人造丝；如果不在润湿处被拉断，则是真丝；如纤维在干湿状态下强度都很好，不容易拉断则是锦纶丝或涤纶丝。

（5）听摩擦声：由于蚕丝外表有丝胶保护而耐摩擦，故干燥的真丝织品在相互摩擦时会发出一种声响，俗称："丝鸣"或"绢鸣"；而其他化纤品则无声响出现。

巧妙选购针织品的窍门

（1）时令：夏季时，挑选针织品的短袖衫、裙子时，要注意毛圈是否均匀、弹性是否好；冬季时，要注意绒毛是否均匀。在购买时，可以将针织品放在光照下看，观察是否有毛圈条干不均匀而产生的云斑。

（2）用途：若是选择T恤，棉涤混纺的针织品挺括、耐磨，是很好的选择；棉腈混纺的针织品柔软、耐磨、弹性好，手感滑糯，宜做运动衫；内衣裤最好选用全棉质料；腈纶针织品，易产生静电，易脏；氯纶针织品，轻松柔软、保暖性最佳，对支气管炎和风湿性关节炎患者也有一定医用功能。

巧选毛料服装的窍门

优质毛料表面平整，光泽自然柔和，纹路清晰，用手摸感觉细腻、顺滑，挺而不觉得硬，用手抓后放下，料子不失原形，富有弹性。较为劣质的毛料表面纹理不清晰，外表有结头、毛粒和粗节纱等疵点，颜色过亮，没有绒毛感，摸起来较为粗糙。

巧购保暖内衣的窍门

挑选保暖内衣，应注意选择摸起来手感柔软有弹性，轻轻抖动或用手轻搓不出现"沙沙"声，内外表层均使用40支以上全棉制成的产品，这样的保暖内衣柔软性、透气性均较好，并且长期穿用不起毛起球或出现抽丝现象。注意，选择保暖内衣最好选择信誉较好的企业的产品。

巧选汗衫、背心的窍门

（1）纯棉汗衫背心：有单股线与双股线之分，一般根数越多质量越好，双线更加结实耐穿。

（2）维棉混纺汗衫背心：维纶与棉花绵混纺纱织成，外观有些像纯棉，能吸汗耐磨度高，强力高更为实用。

（3）人造丝汗衫背心：手感柔软，轻薄光洁，吸汗能力强，穿起来感觉凉快轻便。注意，人造丝汗衫背心沾水后强力降低，所以洗涤时要轻搓轻拧。

（4）锦纶长丝汗衫背心：结实耐磨，容易变形，不易吸汗，并不适宜夏天穿用。

巧选泳装的窍门

选择泳装有三点可供参考：一个是体型，一个是肤色，还有一个是素材的贴身程度。泳装因为布料少，容易暴露身材的缺陷，选择合适的泳装以取长补短的重要性可想而知。合适的泳装可以雕塑腰身，掩盖突出小腹，展现出优美曲线。很多女性顾客倾向选择深色，包得多的款式来遮掩本身的身材缺陷，其实这不一定可以达到视觉修饰的效果，尤其是复古保守风格的连身裤款型，对身材的要求更高：虽然露得少，却更明显勾勒出身材曲线。浅色泳装虽然易将身材放大，但有些鲜艳花色的设计，却能巧妙地将身材缺陷掩盖住；深色泳装也并非件件都能看起来更窈窕。因此，光凭直觉或看目录上的模特儿展示，无法得知自己的穿着效果。

选购冬季裙子布料的窍门

冬季裙子的布料尽量选择有厚实感的料子，纯毛、羊毛呢、花呢、粗混纺织物、纤维织物、皮革等面料，都是不错的选择。购买时最好选择羊绒，羊绒保暖性和舒适性较好，而且穿上之后感觉轻便，并且面料保暖性很好。相对来说，羊毛呢和花呢的质地偏硬，不易产生死褶，保暖性很好。皮革面料的裙装，保暖性好，但是选择皮革面料的裙装时要选择好的衬裙。绸做的衬裙，不易产生静电，也不会吸腿，是做衬裙最佳的衬料；尼龙绸保暖性差，舒适感不佳，易产生静电，不适宜做衬裙。

女性挑选内裤的窍门

（1）颜色：女性选择深色或图案太花的内裤，病变的白带不能及时被发现，就可能延缓病情，不能得到很好的治疗，最好选择白色或浅色系。

（2）舒适度：女性选择过紧的内裤，易与外阴、肛门、尿道口产生频繁的摩擦，使这一区域污垢中的病菌进入阴道或尿道，引起泌尿系统或生殖系统的感染。

（3）布料：化纤内裤，价格便宜，通透性和吸湿性均较差，不利于会阴部的组织代谢。容易引起阴部或阴道的炎症，因而选择宽松的棉质内裤为宜。

选择睡衣的窍门

应选全棉睡衣，棉料睡衣柔软、透气性好，可以减少对皮肤的刺激，并且吸湿性强，可以很好地吸收皮肤上的汗液。而且，棉料不同于人造纤维，不会发生搔痒和过敏等现象。应该选择轻浅和淡雅的色彩，既适合家庭穿着又有安目宁神的作用，而艳蓝色和鲜红的睡衣会影响人们的心情的松弛，从而影响休息。

选旅游鞋的窍门

（1）看外观：优质旅游鞋外观雅致大方，多为帆布或软皮质地，手工精细；鞋底平稳坚固，耐磨性好；鞋子商标齐全。

（2）试感受：鞋子穿上后感觉柔软舒适，透气性佳。

注意，在为旅行购买旅游鞋时，要买平底或坡跟鞋，鞋帮高些，鞋脸深些，可以缓解疲劳，让你的旅行更加舒适。

选购布鞋的窍门

（1）布帮：选择布鞋要注意布帮线路是否顺直，包边线路紧密，外形美，无霉点、疵点，鞋脸长短一致，误差小。

（2）帮底：布帮鞋底黏合度高，不露出底线，线孔匀称，后跟中缝好，端正且高矮得当。

(3) 鞋底：购买时，要选择鞋底质量较好，光洁度高，不易变形，厚薄均匀的布鞋。

短腿女性选靴的窍门

对于腿短的女性来说，靴跟的长度最关键，选择5厘米以上的靴跟会有拉长身高的效果。要使腿显得修长，首先不能让视线分断，因此接近肤色的米色靴子是最稳妥的选择，配上及膝裙就更棒了。对于长筒靴来说，不显笨重是最重要的。膝盖下的靴筒如果贴身，自然令人觉得腿形修长。但如果靴筒宽松，会使重心下移，小腿就会显得更短小。

O形腿女性选靴的窍门

O形腿女人穿靴法不要选择短靴，因为脚踝处正好是罗圈腿开始的地方，长度刚到脚踝的靴子，会完全暴露你的罗圈腿形。如果选择靴口有装饰或剪口设计的靴子，或者靴长在膝盖以下5厘米，就能把别人的视线引开，罗圈腿也就不那么明显了。高出靴筒几厘米的彩袜也有转移视线的效果。V形切口是罗圈腿的大忌，其宽松的靴筒口，更强调了小腿的缺点。直线型靴子使腿形一览无遗，不适合罗圈腿。

粗腿女性选靴的窍门

小腿肥胖的女孩不适合穿设计过于复杂的靴子，因为这样会把所有的目光吸引到你的小腿上。不如选择运动休闲型或平跟靴子，它们简单轻松的设计，能让你的腿形显得苗条美丽。紧身靴对腿粗的人来说其实会导致相反效果，倒不如选择靴口略为宽松的，使膝盖上下保持一致，反能使小腿显得苗条。

选择孕妇鞋的窍门

孕妇在选购时，既要考虑脚弓需要，也要舒服保暖；刚刚怀孕的女性选择后跟2厘米左右高度的鞋子最为合适，怀孕中晚期的女性则最好选择平跟鞋。可以保持人体平衡，也可以通顺整个血液循环。鞋底最好选防滑底，以免滑倒。怀孕中后期时，孕妇脚容易浮肿，应该选择大一些的鞋子。

注意，孕妇的汗腺分泌旺盛，脚部的汗液多，容易汗脚，过敏性体质的孕妇不宜穿橡胶或塑料拖鞋，会引发皮炎，最好选择薄布拖鞋。

巧妙根据脸型选帽子的窍门

帽子要与自己的服饰风格配套，还要与自己脸型、身材、年龄和气质相协调。

一般长脸宜戴宽边或帽檐下拉的帽子，宽型脸应选择高顶帽；个儿高者不宜戴高筒帽；个儿矮者不适合戴平顶宽边帽；年长的不宜戴过分装饰的深色帽；短头发适合选择将头遮住的帽子。购买时，一定要注意帽型是否适合自己。

根据色彩手套的窍门

手套的颜色最好选择与服饰协调的色彩，或者可以选择和服饰形成对比的颜色。毛线编织的手套大多花色繁多，通过巧妙的搭配，可以显示出明快、活泼的风采；而黑衣配白手套，则可以突出干练与凝重的风格。注意，切忌花绿的手套和花花绿绿的上衣相配，很容易令人眼花缭乱。

挑选丝绸围巾的窍门

选购丝绸围巾时，先要看花色的印染质量，素色头围巾要求颜色均匀纯净，不应有深浅条档；印花头围巾要求印工精致，套版正确，不叠色，色泽纯净。其次，挑选面料是否有织疵毛病，有无油渍污点。最后看边须，要求手工卷边或手工拉须，卷边要饱满，边丝直而不扭曲，缝线针迹小；拉须要平直整齐不乱。

鉴别弹力丝袜质量的窍门

（1）看丝袜的表面是否光滑，质量好的丝袜不应有丝头外露，以免造成抽丝，既影响美观又易损坏。

（2）丝袜的花纹、袜尖、袜跟处不应有露针，否则会直接影响丝袜的牢度。

（3）丝袜上部的罗口应匀正，如果罗口歪斜不匀，穿着时会因受力不均匀而拉破丝袜。

识别真假马海毛线的窍门

真的马海毛实际是安哥拉山羊毛，其特点是绒毛纤维直径较大，为10～90微米，绒毛较长，为120～150毫米，绒毛较粗，光泽明亮，强度较高，富有弹性。用其纺织而成的绒线，条干上均匀分布着直立的一根根绒毛，光泽闪烁，经压经折，回弹性好，不易倒伏，不会互相粘连起球，给人以毛绒绒的感觉，独具特色。但是我国不出产马海毛，而且世界上马海毛产量有限，其价格较贵，高出一般的羊毛、羊绒。真马海毛属动物毛类，点燃时有烧毛发的气味。假马海毛线为目前市场多见，销量较大。其实际上是长毛腈纶线，用化学纤维采用较特殊的工艺织造而成。特点是毛线条干不均匀，表面虽然分布着较长的绒毛，但绒毛细小而弯曲，容易倒状，使用后易粘连起球，光泽较差，手感涩硬，其织物保暖度差，容易变形走样。由于是化学纤维，点燃时有腥臭气味。目前销售假马海毛线的多是个体摊商，其假马海毛的规格不统一，出售时又多是以重量为计算单位，有人便利用成团的假马海毛线，在线团中心加水，以增加毛线的重量，或者采用其他手段坑骗消费者，这种卑劣的手法希望引起广大消费者注意。

巧辨真假驼毛的窍门

优质驼毛有光泽、纤维长，毛色分棕红色、杏黄色、白色、银灰色等。比较差的驼毛毛较粗，呈黑色。假驼毛若是以羊毛下脚料冒充的，一般毛纤维很短，只有3～4厘米，而且比较粗。若是各类化纤冒充的，在太阳光下很容易鉴别，化纤在太阳光下一般会有闪闪的光亮。优质驼毛富有弹性，手感柔软。取适量的驼毛用水煮或浸泡几分钟。若是真驼毛，不会褪色；若是假驼毛，因经过染色，开水泡后会褪色，水也呈驼色。

巧妙选购毛线的窍门

选购毛线时，一般应从以下几点来鉴别毛线的质量：

(1) 看线条：要看毛线条干是否丰满、均匀、圆顺，捻度是否合适、不松不紧、手抓柔软的为质量好的毛线。

(2) 看色泽：要看毛线的色头正不正，光泽好不好，有没有色斑和色差。色头正、光泽好、颜色一致、无色斑色差的为质量好的毛线。

(3) 看接头：一般说，生产中允许有单纱接头，但不能超过规定的标准。一小绺(50g)允许有一个接头，一大把(250g)允许有三个接头。超过这个标准，毛线质量就要降等。因此，毛线接头少的应该说是质量好的毛线。同时还应注意毛线不应有粘连和挂毡。

识别纯毛与化纤混纺织物的窍门

纯毛织物品种的表面平整，色泽均匀，手感柔软，光泽柔和并富有弹性。用手攥紧放松后，织物无折痕，并能自然地恢复原状。而化纤与毛混纺品中，粘胶人造毛与毛线混纺的呢绒，一般光泽较暗，薄型织物看上去有似棉的感觉，手感较柔软但不挺括，攥紧放松后有明显的折痕；涤纶混纺品，织物纹路清晰，色泽较亮，由于含涤纶手感光滑挺爽，弹性好，用手攥紧后放松，无折痕，但有硬板的感觉；纯毛与腈纶的混纺品，组织平坦，有一定的弹性，织品毛型感较强；纯毛与锦纶的混纺品外观毛型感较差，有光泽，手感硬挺而不柔软，易出折痕。

识别纯毛粗纺呢绒的窍门

(1) 感观识别：凡纯毛产品一般绒面丰厚平整，色泽均匀微有光泽，手触有温暖感，折压后无褶皱痕，呢身松软回弹性强。

(2) 燃烧识别：抽单纱用火烧时，徐徐冒烟，嗅之有烧毛发之臭味，灰为黑色脆块状。

(3) 品号识别：凡出售的呢绒每段上都有标签，标签上的品号为五位数。若第一位数为0字就是纯毛；若第一位数为1字，就是混纺产品。例如：01001——纯毛麦尔登；11001——混纺麦尔登：71001——纯化纤麦尔登。

巧选真丝绵的窍门

真的丝绵颜色呈乳白色，偶然会发现未拣净的薄茧片，手感丝细柔软，易粘手，经过火烧后，被烧的纤维会形成一个黑色疙瘩，手捏会变成粉末，有臭味；假的丝绵色泽纯白，外表光滑粘手，烧后没有臭味，而且烧过的纤维末端结的疙瘩很硬，不易捏碎。

识别蓬松棉的窍门

蓬松棉是一种新型的冬装填絮材料，也称纤维合成定型絮片或喷胶棉。蓬松棉生产原料多、品种杂，识别时一看价格：一般腈纶和棉定型絮片较便宜，而羊毛、驼毛、丝绵定型絮片价格较高。二用火烧：取一点定型絮片，用火烧之，完全熔融，燃烧，是腈纶定型絮片；不完全熔融，有烧纸味是定型絮棉；有烧毛味，则可能是羊毛、驼毛、蚕丝。如需进一步识别，则看纤维。羊毛、驼毛长度有限，一般长度不超过10厘米，而蚕丝则又细又长（10厘米以上）。识别羊毛、驼毛可看颜色，羊毛为白色，驼毛为黄棕色，一看便知。

识别纯棉与化学纤维混纺的窍门

纯棉织品手感柔软，织物表面不够平滑，涤棉混纺织物表面光泽明亮，手感挺爽光洁，平整，手攥紧松开后不易出折纹；富纤布和人造棉布色泽鲜艳，手感平滑柔软光洁：人造棉的组织较松散，保型度差；维棉布则色泽稍暗，光泽不匀，手感不柔和，表面粗糙，它与富纤布、人造棉一样，易出折纹。

识别絮棉优劣的窍门

优质的絮棉，应该是白得发亮，光洁平滑，蓬松柔软，拎在手里觉得轻巧，纤维长且无灰尘。劣质的絮棉，颜色灰色且发暗，有绒发毛，板实厚密，拎在手里有沉重感，纤维短且拍后灰尘乱飞。

识别天然毛皮和人造毛皮的窍门

天然毛皮与人造毛皮的识别方法很简便：先在毛皮服装上揪下一根毛，用火点燃，熔化，并发出一股塑料气味的，就是人造的；要是化成灰黑色的，并产生烧头发气味的，就是天然毛。另外，人造毛皮经纬线明显，像布形状，天然毛皮则分布均匀；用手提拉毛皮，人造毛皮可从皮板上稍稍拉起，而天然毛皮绝对拉不动。

鉴别牛皮的窍门

优质牦牛皮鞋造型新颖美观，革面平整细腻，毛孔紧密，皮鞋前围后帮较硬，不易变形，板面较软，穿起来感觉舒适耐折，不宜裂口；用手指在鞋面轻按后无明显折痕，鞋面不掉浆；做工精致，强力大，弹性足，透气性好。

鉴别羊皮的窍门

（1）山羊皮皮革面纹路多为半圆形，其上排有 2～4 个粗毛孔，毛孔周围环绕大量绒毛孔。

（2）绵羊皮：毛孔细小，扁圆，排成长列状且分布均匀，手感软，不结实。

鉴别猪皮、马皮的窍门

（1）猪皮：毛孔粗大，一个毛孔三个毛，呈“品”字形，皮革面粗糙不柔软，弹性较差，毛孔大多相距较远。

（2）马皮：皮革色泽较暗，毛孔呈椭圆状，比牛皮略大但相对细致，毛孔斜入革内呈山脉形状规律排列，手感柔软。

二、衣物洗涤

洗衣不掉色的窍门

有色衣料会掉色，这和染料性质、印染技术有关。如一般染料大多容易在水里（尤其是在肥皂水、热水和碱水里）溶化。潮湿状态下染料也易受阳光作用褪色。染料和纤维纹路结合得不够坚固的，洗涤也易褪色。

为使衣料不掉颜色，一是洗得勤洗得轻；二是用肥皂水和碱水洗的话，必须在水里放些盐（一桶水一小匙）；三是洗后要马上用清水漂洗干净，不要使肥皂或碱久浸或残留衣料中；四是不要在阳光下曝晒，应放在阴凉通风处晾干。

洗涤羽绒服的窍门

在洗涤羽绒制品时，首先应将其放入清水中浸泡半个小时左右，再用手轻轻揉搓几下，让其吸足水分以便消除粘在羽绒上的灰尘。然后倒掉清水再放入适量的低泡中性洗涤剂，溶液量以浸没羽绒制品为准，过 20 分钟左右后再用软刷在羽绒制品上轻轻地刷一遍，然后用水清洗。在清洗过程中，将羽绒制品折叠后压干水分，切不可用手绞或用搓衣板搓，否则会损伤羽绒纤维，影响保暖性。晾晒时可将羽绒制品平摊在平板上，稍干后再用干净布遮住，放在阳光下曝晒，但时间不宜过长，干后用手拍松羽绒，翻转一面再晒一会，以待彻底晾干。

清洗毛衣的窍门

一件可心的毛衣，如果在清洗时不注意方法，就会变得不可心，会走形、变小，缩短毛衣的使用寿命。那么怎样的清洗方法才能收到良好的效果呢?

(1) 首先在清洗前要做一些准备工作：拍掉灰尘，并除去毛球，要量尺寸（肩背、衣长、袖长)，在较污秽处用线缝上标记。

(2) 将毛衣放入30℃左右的温水中，加入中性洗涤剂，轻轻搓揉30～40次（较污秽的可先浸在水中2～3分钟，然后用加入洗涤剂的海绵敲打)。注意，一定要用中性洗涤剂；务必要快速清洗。

(3) 清洗时用清水洗2～3次，水温应保持在30℃左右，注意不能拧。

洗纯毛裤的窍门

洗衣不一定去洗衣店，一些衣物可以在家中洗涤，但需掌握必要技巧。纯毛裤在家里洗涤最好用手洗，并采取如下步骤：

(1) 在清水中浸泡，用手轻压，即可去除裤子一部分表面的尘土。

(2) 在40℃的温水中加入适合手洗的洗衣粉，用手轻压或揉搓。局部污渍程度较重的地方，可用刷子蘸洗衣皂刷洗，切勿剧烈揉搓。

(3) 反复更换洁净的冷水，直到漂洗干净。

(4) 将洗净的裤子用手从头至尾抓挤一遍，准备一条干燥的大浴巾平摊在桌上，将裤子平放在浴巾上，从裤脚起将浴巾与裤子一块卷起，累累压挤。这样可吸去裤中50%左右的水分，而裤子却没有多少褶皱。

(5) 将吸过水的裤子用手抖几下后架起晾干。

(6) 等裤子晾至未完全干时，用蒸汽熨斗烫熨定型。

棉布漂洗的窍门

如果要使白布（包括土布或细布）增白，可用灰菜叶子挤出液汁和冷水搅匀，将布浸在里面，半小时后取出，用清水过净晾干，布色便可变得洁白。

洗背心增白的窍门

先将要洗的白色背心放在水中浸泡一会儿，然后捞出搓一搓，再打上肥皂轻轻揉搓。清洗后，再打上一道肥皂，轻轻揉，不漂洗，然后放入透明的塑料袋里扎好口，置日光下晒1小时左右，取出冲洗干净，便可洁白如初。

巧除衣物上蜡烛油的窍门

先用小刀轻轻刮去表面蜡质，然后用草纸两张分别托在污渍的上下，用熨斗熨两三次，用熨斗的热量把布纤维内的蜡质熔化，熔化的蜡油被草纸吸收掉。反复数次，蜡烛油印即可除净。

巧除衣物上口香糖的窍门

（1）对衣物上的口香糖胶迹，可先用小刀刮去，取鸡蛋清抹在遗迹上使其松散，再逐一擦净，最后在肥皂水中清洗，清水洗净。

（2）可用四氯化碳涂抹污处，搓洗后再置肥皂水中洗，清水洗漂。

巧除衣物上口红渍的窍门

（1）衣物如染上口红印，可先用小刷蘸汽油轻轻刷擦，去净油脂后，再用温洗涤剂溶液洗除。

（2）严重的污渍，可先置于汽油内浸泡揉洗，再用温洗涤剂溶液洗之。

巧除衣物上汗渍的窍门

（1）将衣物浸于10%的浓盐水中，泡1～2小时，取出用清水漂洗干净。注意切勿用热水，因会使蛋白质凝固。

（2）具有弱酸性3.5%的稀氨水或硼砂溶液也可洗去汗迹。用3%～5%的醋酸溶液揩拭，冷水漂洗亦可。

（3）毛线和毛织物不宜用氨水，可改用柠檬酸洗除。丝织物除用柠檬酸外，还可用棉团蘸无色汽油抹擦除之。

巧除衣物上血渍的窍门

（1）刚沾染上时，应立即用冷水或淡盐水洗（禁用热水，因血内含蛋白质，遇热会凝固，不易溶化），再用肥皂或10%的碘化钾溶液清洗。

（2）用白萝卜汁或捣碎的胡萝卜拌盐皆可除去衣物上的血迹。

（3）用10%的酒石酸溶液来揩拭沾污处，再用冷水洗净。

（4）用加酶洗衣粉除去血渍，效果甚佳。

（5）若沾污时间较长，可用10%的氨水或3%的双氧水揩拭污处，过一会儿，再用冷水强洗。如仍不干净，再用10%～15%的草酸溶液洗涤，最后用清水漂洗干净。

（6）无论是新迹、陈迹，均可用硫磺皂揉搓清洗。

巧除衣物上膏药的窍门

（1）用酒精加几滴水（或用高粱酒亦可），放在沾有膏药渍的地方搓揉，待膏药去净，再用清水漂洗；或用焙过的白矾末揉，再用水洗亦可。

（2）用三氯甲烷洗，再用洗涤剂液洗，最后用清水洗净。

（3）用食用碱面撒于污处，加些温水，揉搓几次，即可除去。若将碱面置铁勺内加热后撒至污处，再加温水揉洗，去污更快。

巧除衣物上碘酒渍的窍门

（1）对碘酒渍可先用淀粉浸湿揉擦（淀粉遇碘立即呈黑色），再用肥皂水轻轻洗去。

（2）淡的碘酒渍可用热水或酒精，也可用碘化钾溶液揉搓。浓渍可浸入15%～20%的大苏打温热的溶液中，约2小时左右，再用清水漂洗。

（3）用丙酮揩拭碘酒渍后，再用水洗亦可。

巧除衣物上红、紫药水渍的窍门

（1）红药水渍可先用白醋洗，然后用清水漂净。

（2）红药水渍先用温洗涤剂溶液洗，再分别用草酸、高锰酸钾处理，最后用草酸脱色，再进行水洗。

（3）先将红药水污处浸湿后用甘油刷洗，再用含氨皂液反复洗，若加入几滴稀醋酸液，再用肥皂水洗，效果更佳。

（4）处理紫药水渍，可将少量保险粉用开水稀释后，用小毛刷蘸该溶液擦拭。反复用保险粉及清水擦洗，直至除净（毛粘料、改染衣物、丝绸及直接染料色物禁用此法）。

巧除衣物上蛋白、蛋黄渍的窍门

（1）蛋液新渍，可放冷水中浸泡一会，待蛋液从凝固态变软化，再用水轻轻揉擦，即可除去。如不干净，可取几粒酵母，撒在污渍处轻轻揉搓，再用水洗，即可除净。

（2）清除蛋白污渍，可先用洗涤剂或氨水洗。开始前如放上一些新鲜的萝卜丝，效果更佳；也可用浓茶水洗，再用温洗涤液洗净。

（3）清除蛋黄污渍，可先用汽油等挥发性溶剂去除脂肪，再用上述清除蛋白的方法处理。也可用微热（35℃）的甘油进行揉搓，然后再用温水和肥皂酒精混合溶液洗刷，最后用清水漂净。

（4）丝织品上的蛋黄渍，清除时可用10%的氨水1份、甘油20份和水20份的混合液，用棉球或纱布蘸拭擦洗，再用清水漂净。

巧除衣物上茶、咖啡渍的窍门

（1）被这些饮料污染，可立即用70℃～80℃的热水洗涤，便可除去。

（2）旧茶迹，可用浓食盐水浸洗，或用氨水与甘油混合液（1∶10）揉洗。丝和毛织物禁用氨水，可用10%的甘油溶液揉搓，再用洗涤剂洗后用水冲净。

（3）旧茶及咖啡迹，可用甘油和蛋黄混合溶液擦拭，稍干后用清水漂净。或在污渍处涂上甘油，再撒上几粒硼砂，用开水浸洗。亦可用稀释的氨水、硼砂加温水擦拭。

（4）旧咖啡迹可用3%的双氧水溶液揩拭，再以清水洗净，亦可用食盐或甘油溶液清洗。

巧除衣物上印泥、印油的窍门

（1）如被印泥污染，可先用洗涤剂洗。对红色颜料，可在加苛性钾的酒精温液里洗除。但对粘胶纤维织物，只能使用酒精而禁用苛性钾。

（2）当毛料或布料沾上印油时，应先用热水或开水冲洗，然后用肥皂水搓洗，再用清水漂净，即可干净。千万不要用凉水洗，因为这会使颜色浸入纤维，很难再洗净。

巧除衣物上铁锈的窍门

（1）用15%的醋酸溶液（15%的酒石酸溶液亦可）揩拭污渍，或者将沾污部分浸泡在该溶液里，次日再用清水漂洗干净。

（2）用10%的柠檬酸溶液或10%的草酸溶液将沾污处润湿，然后泡入浓盐水中，次日洗涤漂净。

（3）白色棉及与棉混织的织品沾上铁锈，可取一小粒草酸（药房有售）放在污渍处，滴上些温水，轻轻揉擦，然后即用清水漂洗干净。注意操作要快，避免腐蚀。

（4）最简便方法：如有鲜柠檬，可榨出其汁液滴在锈渍上用手揉擦之，反复数次，直至锈渍除去，再用肥皂水洗净。

巧除衣物上油漆、沥青的窍门

（1）若沾上溶剂型漆（如永明漆、三宝漆等），应立即用布或棉团蘸上汽油、煤油或稀料擦洗，然后再用洗涤剂溶液洗净。若沾上水溶性漆（如水溶漆、乳胶漆）及家用内墙涂料，及时用水一洗即掉。

（2）污染上油漆或沥青，如时间不长，污物尚未凝固，可用松节油（或苯及汽油等）揉洗。旧渍（已凝固的），可先用乙醚和松节油（1∶1）的混合液浸泡，待污渍变软后（约10分钟），再用汽油或苯搓洗，最后用清水冲净。

（3）衣物上沾上沥青，可先用小刀将沥青刮去，用四氯化碳（药房有售）略浸一会，或放在热水中揉洗即可除去。

（4）清除油漆或沥青等污渍，尚可用10%～20%的氨水（也可另加氨水一半的松节油）或用2%的硼砂溶液浸泡，待溶解后再洗涤。另一法为浸入苯或甲苯内，浸溶再洗。

（5）若尼龙织物被油漆沾污，可先涂上猪油揉搓，然后用洗涤剂浸洗，清水漂净。

巧除衣物上圆珠笔油的窍门

（1）将污渍处浸入温水（40℃）用苯或用棉团蘸苯搓洗，然后用洗涤剂洗，清水（温水）冲净。

（2）用冷水浸湿污渍处，用四氯化碳或丙酮轻轻揩拭，再用洗涤剂洗，温水冲净。

（3）污迹较深时，可先用汽油擦拭，再用95%的酒精搓刷，若尚存遗迹，还需用漂白粉清洗。最后用牙膏加肥皂轻轻揉搓，再用清水冲净。但严禁用开水泡。

巧除衣物上油墨的窍门

油墨的成分有异，因此去除其污迹之法不同。一般的油墨渍用汽油擦洗，再用洗涤剂清洗。或将被污染的织物浸泡在四氯化碳中揉洗，再用清水漂净，若遇清水洗不净时，可用10%氨水或10%小苏打溶液揩拭，最后用水强洗除之。

巧除衣物上果汁渍的窍门

（1）新渍可用浓盐水揩拭污处，或立即把食盐撒在污处，用手轻搓，用水润湿后浸入洗涤剂溶液中洗净，也可用温水搓肥皂强力洗除。

（2）重迹及陈迹清除后，可先用5%的氨水中和果汁中的有机酸，然后再用洗涤剂清洗。对含羊毛的化纤混纺物可用酒石酸清洗。

（3）如织物为白色的，可在3%的双氧水里加入几滴氨水，用棉球或布块蘸此溶液将沾污处润湿，再用干净布揩擦、阴干。

（4）用3%～5%的次氯酸钠溶液揩拭沾污处，再用清水漂净。若是陈迹，可将其浸泡在该溶液中过1～2小时后，再刷洗、漂净。

（5）对桃汁迹，因其中含有高价铁，所以可用草酸溶液除之。对柿子渍，立即用葡萄酒加浓盐水揉搓，再用温洗涤剂溶液清洗，清水漂净。

（6）番茄酱可先刮去干迹，用温洗涤剂清洗。果酱可用水润湿后拿洗发香波刷洗，再用肥皂酒精液洗，清水冲净。

巧除衣物上啤酒、黄酒渍的窍门

（1）新染上的污迹，放清水中立即搓洗即掉。

（2）陈迹可先用清水洗涤后，再用2%氨水和硼砂混合液揉洗，最后用清水漂洗干净。

（3）黄酒的陈迹，在用清水洗后，再用5%的硼砂溶液及3%双氧水揩拭污处，最后用清水漂净。

巧除衣服上墨迹的窍门

（1）红墨水迹，可在洗涤剂中加入25%的酒精，搓洗后经清水漂洗，再用6.25%的高锰酸钾搓洗，然后清水洗净。

（2）墨迹经过水洗后，再用大米饭和洗涤剂搓洗，然后用清水漂洗干净。

三、衣物保养与收藏

保养皮衣的窍门

（1）避免沾污工业油脂和化学溶剂，以防脱色。

（2）清洁时不宜硬擦，要用皮衣清洗液轻擦去污。

（3）定期上油保养。

（4）平时不要将皮衣折叠存放，宜用衣架悬挂。

（5）防止尖利物刮碰损坏面革。

（6）不要在阳光下曝晒。

（7）存放时不要放卫生球等化学制剂，以免使皮质变质。

熨烫呢绒大衣的窍门

冬季最实用的莫过于呢绒大衣了。它美观大方且经久耐穿。为了保持呢绒大衣的平整、挺括的外形效果，就需要经常进行整理和熨烫。

呢绒大衣穿着时容易贴灰，在熨烫之前先进行简易的除尘，方法是将大衣平铺在桌上，把厚毛巾放至40℃的温水中浸透拧干，放在呢绒大衣上，然后用手或硬物进行弹性拍打，使呢绒大衣的灰尘跑到热毛巾中。再洗净毛巾，顺着呢绒面料的方向擦拭，反复几次后即可开始熨烫。

不管呢绒大衣的款式如何，熨烫的方法是大致相同的。首先取一块湿的白棉布，用低温熨烫大衣里子。先从后身开始烫至前身，再烫左右前身及袋布。穿过的大衣，烫时里料不可喷水，防止出现水渍。开高熨斗温度，盖上湿布按以下几步来熨烫呢绒大衣的正面：先左右前襟贴边—两个衣袖—左右上背—右左上胸—左前身—后身—右前身。烫领子时反面要烫得干、领底不要露出领面，立绒、长毛绒的领子烫后要用毛刷将绒毛刷立起来。男式翻领领口必须烫实，女式翻领应烫成活型。在衣袖的熨烫过程中，将小枕头塞入肩袖中，左手托起小枕头，盖上一层湿布熨烫肩袖，使肩头和袖笼达到平挺圆滑。但男式衣袖的前侧圆滑，后侧扁形。女式衣袖则烫成鼓圆形。最后熨烫呢面不平挺之处，用衣架挂在通风处吹干即可。

保养丝绸衣服的窍门

中式装的流行使丝绸面料备受青睐，而真丝服装也以其柔软滑爽的手感和吸湿透气的良好性能在夏季颇有用武之地，但为使其亮丽常新、经久耐穿，还须保养得法：

（1）洗涤时最好用软水，温度在35℃～40℃效果最佳。

（2）碱对丝纤维有破坏作用，宜用中性洗涤剂或丝毛洗涤剂。

（3）盐对丝的破坏性也较大，真丝服装要勤换勤洗，以免出现黄斑，影响穿用寿命。

（4）洗涤时不宜强力搅拌或用力搓扭，应轻轻搓揉。

（5）洗后，悬挂于阴凉通风处，晾干，不宜曝晒，以免阳光中的紫外线辐射导致纤维脆化、褪色。

（6）晾至八成干时，用白布覆盖丝绸面，用熨斗烫平（温度不宜过高，始终均一，勿用蒸汽），不要喷水，否则会造成水渍，影响美观。

（7）收藏时放置用纸包起来的樟脑丸，以免虫蛀，每件衣服间要隔一层纸或无纺布，白色丝绸用蓝色纸包起，忌用白纸或白布，以免日久泛黄。

处理服装发霉的五种方法

（1）棉质衣服出现霉斑，可用几根绿豆芽，在有霉斑的地方反复揉搓，然后用清水漂洗干净，霉点就会除掉了。

（2）呢绒衣服出现霉点，先把衣服放在阳光下晒几个小时，干燥后将霉点用刷子轻轻刷掉就可以了。如果是由于油渍、汗渍而引起的发霉，可以用软毛刷蘸些汽油在有霉点的地方反复刷洗，然后用干净的毛巾反复擦几遍，放在通风处晾干即可。

（3）丝绸衣服上有了霉点，先将丝绸泡在水中用刷子刷洗，如果霉点较多、很重，可以在有霉点的地方，涂些5%的酒精溶液，反复擦洗几遍，便能很快除去霉斑。

（4）皮革衣服上生了霉斑，可先用毛巾蘸些肥皂水反复擦拭，去掉污垢后，立即用清水漂洗，然后晾干，再涂上一些夹克油。

（5）化纤衣服上生了霉斑，可用刷子蘸一些浓肥皂水刷洗，再用温水冲洗一遍，霉斑就可除掉。

羊毛衫复原的窍门

羊毛衫穿着时间一长，便会缩短、变硬、失去弹性。这里介绍一个使羊毛衫恢复弹性的好方法：用干净的白毛巾把羊毛衫裹起来，放在电饭锅的蒸笼里，隔水蒸上 10 分钟后取出，用力抖动（但用力不能太大，否则羊毛衫纤维会拉直、变形），再将抖松的羊毛衫小心地拉成原来的样子，平放在薄板上（如有筛子更好，可放在筛背上）四周用衣夹夹住，晾在通风处即可。

保养真丝衣服的窍门

（1）不要在席子、藤椅和木板上睡觉，因为丝的纤维比较细，经不起过分摩擦。

（2）不要隔衣抓痒。由于丝织品长纤维抱合力不如其他混纺纤维织物，受外力影响易造成并丝，也叫排丝、披丝。

（3）不要洒用除臭剂或香水、樟脑丸，这些都是化学制品。尤其是白色丝绸，如果碰到这些化学品会使衣服面料发黄。

（4）不要用金属挂钩挂衣，防止铁锈污染。衣架挂于避光处，以免面料受灯光直接照射而泛黄。

（5）乔其纱、双绉面料制作的服装，不宜长期挂放。衣服的自重会使其越拉越长，导致变形：存放时应衬上布，放在箱柜上层，以免压皱。

（6）衣柜内要放防虫剂，但不要直接接触衣服，不宜长期放在塑料袋中。

保养丝绸衣物的窍门

（1）丝绸衣物在穿时，不要贴身，容易使汗液侵蚀衣物，使衣服变色或破损，在穿着时，应尽量避免在席子、藤椅、木板等粗糙物上睡觉，以免造成不必要的破损。

（2）丝绸衣服要勤换勤洗，脱下后切勿搁置。收藏丝绸服装时，应放入樟脑丸，以防虫蛀。

（3）纱质丝绸储存时不宜放置樟脑丸，以防衣物变黄。

（4）真丝衣物不可和柞蚕丝衣物一同存放，因为柞蚕丝衣物原大多经过硫黄熏蒸，容易使真丝变色。

（5）丝绸衣服存放时最好用塑料布包好，白色丝绸则可选用蓝色薄纸包裹，可以防止染色；存放时，尽量和毛呢、裘皮衣物分开放置。

保养有色衣服的窍门

（1）洗涤：用冷水或温水洗涤，不宜浸泡过久，否则会损失颜色。质料较好的有色衣服，不要用刷子刷洗，容易掉色。

（2）晾晒：有色衣物以阴干为佳，太阳暴晒容易褪色；雨天晾晒衣服时，避免火烤，否则衣服容易出现绿块。

（3）熨烫：将衣物翻过来熨烫或在衣物表面覆盖一块布烫，可以防止因为熨斗过热而使衣物掉色。

收藏夏季衣物的窍门

（1）棉麻衣物：将棉麻衣物清洗干净后，叠放整齐，按颜色分开存放即可。

（2）针棉织品或带金属物的衣物：用塑料袋或白纸包裹好后存储。

（3）丝绸衣物：将丝绸衣物放置在衣柜上层，并覆盖几块衬布。注意，棉丝绸和真丝绸不可混放，丝绸衣物存放时不可使用樟脑球。

收藏冬衣的窍门

（1）棉衣：将清洗干净的棉衣放入衣柜中即可。注意，要时常拿出来晾晒，以免发霉。

（2）毛线衣物。将毛线衣物清洗干净后存放入衣柜，适当放些樟脑球，以免虫蛀。

（3）呢料衣服：将泥料衣物晾晒拂去尘土后，将汽油均匀地喷洒在呢料衣服上，用毛巾擦拭一遍，然后铺上一层湿布，用熨斗烫平，即可收存。

（4）化纤衣服：将洗干净的化纤衣物悬挂在衣橱里，以免起球起皱。

衣服恢复白色的窍门

（1）夏天的白背心或短袖，经过一夏天汗水的浸泡和日晒，早已失去原色，变得发黄，不再亮丽。想让衣服恢复白色在盆里接入一些凉水，不要太多，只要能浸泡住衣服就可以。然后，在盆里倒一些双氧水，也就是过氧化氢。双氧水和水的比例是1∶10，搅均匀，把衣服放里面浸泡，大约5分钟。当然，可以用漂白剂来漂白。时间到了，把衣服清洗干净就可以了。

（2）还有一种方法，把衣服浸湿后，用肥皂打一遍，搓洗一下，然后，再清洗干净，接下来，再打一遍肥皂，搓揉几下，使衣服上均匀地粘上肥皂水。然后，拿一个透明的塑料袋，把粘有肥皂水的衣服放入塑料袋里。放在阳光照射的地方，晒上一个小时，中途翻一下面，使塑料袋里的衣服充分晒到。时间到了，放在盆里，清洗干净，然后，晾起来就可以了。

晾晒不同衣物的窍门

（1）毛料衣物：清洗后可以放置在阳光下晾晒。

（2）棉质衣物：晾晒后，需要马上取回。

（3）蚕丝织品衣物：切忌在阳光下晾晒。

（4）合成纤维衣物：腈纶纤维和涤纶纤维对衣物日光的耐受性较好，丙纶纤维衣物不宜在阳光下久晒。

注意：将衣服襟、领、袖、贴边处拍打、拉平，使衣服保持平整，不起皱褶。晾晒衣服时，衣服应带水，并先悬挂于通风处，待到晾半干时再放到较弱的太阳光下，可以保护衣服的颜色和寿命。

处理旧衣的窍门

（1）在缝线的两面涂上少量的蜡油，拆衣服会变得容易而不留线头。

（2）将自己不用或不穿的背心、T 恤剪掉，然后用针线将修剪处的边缘缝补好，底边穿上一层橡皮带，即可做成衬裙。

（3）将旧的纯棉裤根据自己的体型，用划粉将短裤的样子画出，然后剪下缝制好，穿上橡皮带，短裤即可完成。注意，平时不穿的裤子，也可根据需要和时尚潮流裁剪，避免衣物闲置浪费。

毛衣缩水补救的窍门

先根据着衣人的身材比例或毛衣洗涤前的尺寸，剪几块大小与之相当的厚纸板，包括上身和两个衣袖。然后将毛衣放入 30℃的温水中，洗涤后用布包上脱水。再取一只干净的蒸锅，最好不要有油，加水适量并烧开，把脱过水的毛衣折叠好放入，蒸约 10 分钟后将厚纸板放入领口和袖口，并用大头针或夹子固定，直至冷却后取下纸板，摊平毛衣阴干。需注意，纸板边缘最好贴上胶条，防止剐坏毛衣；拉伸毛衣时对各部位比例要有数，拉升的幅度不能太大，毛衣干后熨烫整理即可。

保养袜子的窍门

（1）穿：普通线袜，穿时要轻穿轻拉，如有小洞，应立即补好。在穿时宜先将袜口横向拉几次，使橡皮筋均衡舒张。

（2）洗：在洗涤时最好少擦肥皂，以免橡皮筋变形。羊毛袜和绒线袜在清洗时，可先用含碱性少的皂粉浸泡片刻，然后轻轻揉搓即可。

（3）避免拉线：将一双松紧合适的旧袜子的口前去，然后用缝纫机或手工将其缝制到松口的袜子上即可。如果买了丝袜，可以将买回来的丝袜放入冰箱冷藏室中，几分钟后取出，丝袜会变得很结实，不易被划破。若是长丝袜被划破，也可用少量透明指甲油涂抹划破处，可以避免丝袜脱线过多。

处理小物件毛绒的窍门

毛绒小物件长时间使用或洗涤过后，会出现丝毛倒伏的现象。如果因此而丢弃，实在可惜。这里提供一个可能让毛绒小物件上的丝毛恢复原状的好方法。利用开水壶的壶嘴处喷出的蒸汽熏一下，并按照丝毛的原状用毛刷反复刷几次，即可使毛绒复原。或者将小物件放进蒸笼烘烤几分钟，再用毛刷刷好，也可以使毛绒复原。

保养拉链的窍门

拉链使用时不能拉得太急、太猛，绷得太紧；防止拉链接触酸、碱物，保持干燥，以防受到腐蚀；如果拉链发涩，不容易被拉起，可以在拉链表面涂抹一层白蜡，然后轻轻来回拉几下即可。如果拉链下滑，可以在拉链端缝上一个挂钩，用挂钩勾出拉链顶端的小孔，可以使拉链活动自如，不下滑。或者将橡皮筋从拉链上的小孔中穿入一半，在小孔上系上一个死扣，然后将拉链拉好，再将皮筋的两头套在腰间的扣子上即可。

保养起球衣服的窍门

将衣服铺展平整用电动剃须刀剃过一遍，衣物上粘的小毛、尘土就会被吸去，衣服即可平整如新。注意，这种方法只适合于衣服刚刚起球时，如果时间较久，效果则会差些。

使用与保养假发的窍门

戴假发具有很多优点：一是非常逼真，装饰效果很好；二是假发易梳理，能在很短的时间内改变发型，无须用人帮忙；三是可以尝试多种不同发型设计，陪衬不同时装，因此戴假发日益受到人们的青睐。那么，买了假发又怎样使用与保养呢?

（1）梳理动作要轻：假发套在使用前应先梳理好，戴上假发套后稍稍加以梳理就可以了。梳理假发一般选用比较稀疏的梳子为好，梳理假发时要采用斜侧梳理的方法，不可进行直梳，而且动作要轻。

（2）不要使用发夹：为了防止大风把假发套刮跑，有些人喜欢用发夹夹住假发。但是，夹发不可过于用劲。否则，容易勾坏假发的网套。因此，最好不要使用发夹，可在假发上使用装饰性的发带把假发固定住。

（3）洗涤时不要用手搓拧：经常戴的发套，一般两三个月洗涤一次为宜。在洗涤前，先用梳子把假发梳理好，再用稀释的护发素溶液边洗边梳理。切不能用双手搓拧，更不能把假发泡在洗涤液里洗。而应用双手轻轻地顺发丝方向漂净上面的泡沫，然后晾干，切忌在阳光下暴晒。

保养手套鞋带的窍门

（1）手套：取破旧闲置的胶皮手套，剪下一块比破洞处大的胶皮，然后用防水的强力胶涂抹粘贴即可。

（2）鞋带：将一块牙膏皮或易拉罐皮剪下，然后将鞋带的包头处包裹结实即可。若是怕鞋带被污染，可以在鞋子的气眼周围涂上一层指甲油，就可以避免了。

擦皮鞋的窍门

(1) 香蕉皮含有单宁，用它来擦去皮鞋上的油污，可以使皮鞋的表面洁净如新。

(2) 在挤出的鞋油中加几滴食用醋，便会使皮鞋光亮而且不容易染上灰尘。

(3) 把旧丝袜或旧尼龙袜套在手上擦皮鞋，不但可以把皮鞋擦得雪亮，而且手也不会被弄脏。

(4) 如果要皮鞋光亮无比，在打完油后，洒上一些水，再用柔软的布擦拭即可。

(5) 擦皮鞋时加涂一层蜡，然后再用布或丝袜擦，鞋子就会像镜子一样光亮。

(6) 如果皮鞋上发现有小裂痕，可涂上少量鸡蛋清，小裂痕即可弥合，再涂上鞋油，皮鞋就会像原来一样好看。

(7) 如果鞋油用完了，可用冷霜来代替，这样不但能把脏的地方擦干净，皮面也会变得光滑柔软。

熨烫花边的窍门

(1) 薄花边：从反面来熨烫花边，可以有效防止花边形状被破坏。

(2) 麻及棉织品：将棉织品从反面熨烫后，翻转过来从正面熨烫，以保持衣物原有的光泽。

(3) 透花、刺绣：在衣物上覆盖一层湿布，然后从反面熨烫即可。

(4) 毛衣：在毛衣上垫上软物或布，轻轻熨烫即可。

熨烫衣裤的窍门

熨烫衣裤，首先要区别织物的品种和性质，分别对待。熨烫毛呢上衣，用具有100℃～200℃温度的熨斗先熨前襟，然后熨领子、前后肩膀，接下来熨前身、后身、袖子。熨时都要盖上一块湿布。最后用70℃左右温度烫里子，温度要降低到50℃以下，掌握的标准是手摸不感到发烫。

熨中长纤维等织物的长裤时，温度宜在80℃左右。盖上湿布，先熨裤身前后，再熨裤腰。新裤子只需把裤脚的四条踏缝对齐即可。如果是华达呢料子，则要在湿布与裤子之间再加垫一块干布，直到上面一块湿布烫干为止。

熨棉涤、涤卡、布料衣裤，方法、顺序与上面相同，但是可以不盖湿布，不过必须注意两点：一是熨斗温度要适中，最好在70℃～80℃之间；二是要熨衣裤的反面，以免使正面发亮，影响衣裤的美观。

衣物熨焦处理的窍门

(1) 绸料衣物：在少量的水中，加入适量的苏打粉搅拌均匀，然后涂抹在焦痕处，自然晾干后，苏打粉会脱离，焦痕即可消除。

（2）化纤织物：将湿毛巾垫在熨焦的化纤织物上，再用熨斗轻轻熨烫几次，即可恢复原状。

（3）棉织衣物：在熨焦处撒上少量食盐，轻轻揉搓然后放置在阳光下晾晒一会儿，取下后在清水中清洗干净，即可减轻焦痕。

（4）厚外套：在冬季的厚外套的熨焦处，用细砂纸轻轻摩擦，然后用刷子刷几下，焦痕即可消失。

防止衣蛾的窍门

（1）收藏的衣物和装衣物的箱、柜事先要晾晒好，保持衣物干燥。

（2）在衣柜中存放用纸包好的卫生球、樟脑块。

注意：卫生球对化纤织物有害，所以可以选用中的藁米代替，同样可以起到防虫、驱虫的作用，而且气味芳香，不污染衣物。

收藏与保养首饰的窍门

（1）首饰取下保存时最好放入专用的首饰盒中，摘下首饰需要轻拿轻放。

（2）避免碰撞、摩擦，防止高温和酸、碱溶液腐蚀。

（3）经常检查，最好每年都拿到珠宝店检验清洗，防止宝石脱落。

（4）首饰不佩戴时，应及时取下收藏和清洗保存。

注意：在首饰盒中放上一小节粉笔，可让首饰常保光泽。

保养钻石的窍门

（1）工作时不宜佩戴钻石，可能会使钻石受损，另外钻石若是沾上油污会影响其光泽，粘上漂白粉则会使钻石产生斑点。

（2）钻石不宜与其他珠宝一同存放，特别是铂金。钻石质地坚硬和铂金相互摩擦会使金饰品受损，而且金饰品染到钻石上，很难去除。

（3）每年最好将钻石送到珠宝店检验清洗，看是否出现松动磨损，以便及时修护。

保存珍珠的窍门

将珍珠饰品浸泡在肥皂水中，取出后用清水冲洗干净，用软布将其擦干放入首饰盒，置于避晒、防潮处即可。

注意：珍珠不宜在阳光下暴晒，并且要避免和香水、油脂、强酸强碱等化学物质接触，以免珍珠失去光泽。

养护翡翠饰品的窍门

（1）用柔软的绒布或者是羊皮，轻轻擦拭去表面的灰尘和污垢即可。经常佩戴，人体生物场与翡翠玉弱电磁场和谐共振，既可以养玉又能有玉润的效果。

（2）翡翠玉成分是硅酸盐，尽可能避免与酸、碱、油、化妆品一类物品的接触，否则会腐蚀其表面结构，或者是污染其表面，造成玉石加工工艺痕迹或玉石表面的损伤。

（3）保持正常的湿度和温度，避免强光过度照射和过度干燥，造成翡翠玉表面吸附水的损失，也避免了玉石分子之间的结晶水的损失，减少风化作用。如果有灯光照射或天气比较干燥，则用杯子装水来保持正常的湿度。

（4）翡翠玉的硬度和比重是所有玉石当中硬度最高和比重最大的一种，一般的物质刻画不了，但要防止激烈碰撞和摔打于地面。

（5）对于损坏的翡翠玉，如果是摆件、器件一类，只需粘结修复；如果是挂件类，可以通过加工断口来修复；如果是断手镯类，可以加工成小雕件。如果是古翡翠，玉的加工是一定要大面积保留原古翡翠玉表面，加工断口或加工成简单形状即可，否则变成现代翡翠玉，就失去原古翡翠玉的价值。

保养珊瑚首饰的窍门

（1）避免重击、碰撞，以免宝石脱落损坏。

（2）避免接触化学物品、酸、碱性液体及香水。

（3）每次使用后用软布擦拭妥善保管。

（4）经常浸泡清水、抹清油，使其永保“光亮生辉”。

（5）无镶嵌的红珊瑚项链、手链、坠链常年贴身佩带有活血保健的功效。

四、饰品选购

根据身材选首饰的窍门

（1）下身较长：可以选择大胸针或粗长的项链，可以给人降低腰节的视觉效果。

（2）下身较短：选择较小的胸针或者较为纤细、短小精致的项链，可以适当地掩饰腰部比例过长的缺陷。

（3）身材短粗：选用竖直、条状、小巧玲珑的首饰，以简练、明快为宜。

根据脸型选购项链的窍门

（1）长脸型：选择戴单串短项链，就不会使脸部显得太瘦，看起来更加柔美。

（2）正三角脸型：选择具有拉长效果的长项链，可以将三角脸型扩展为菱形，弥补脸部缺陷。

（3）圆脸型：选择具有竖线条的细长首饰，例如链节式或带挂件等显眼的大型吊坠的项链，可以拉长脸部线条，使脸部看起来纤细自然。

（4）椭圆脸型：选择中等长度的项链，颈部形成椭圆形状能够烘托脸部的轮廓。

注意：若颈部漂亮，选择有吊坠的短项链，可以更加凸显颈部的美丽。

根据脸型选购耳环的窍门

（1）长脸型：耳环选择大的圆形结构，这样可产生使脸型变短的视觉效果。

（2）瓜子脸：选用圆形的发饰、耳饰和颈胸饰，可以使脸部看起来圆润一些。

（3）椭圆脸型：脸型比例匀称，可选择各式耳环，圆形、三角形、月牙形等各种异形耳环，都有很好的效果。

（4）三角脸型：正三角形脸可以选择较大的耳环遮盖下腭的不足；倒三角脸型需要选择具有一定圆润感的耳环，不会给人尖刻的感觉。

（5）方脸型：方脸型不宜选择过宽的耳环，而应该选择线条圆润流畅的圆形耳环、鸡心形耳环、螺旋形耳环等，这样可以减弱面部棱角。

辨认白金的窍门

由于白金和白银的颜色相近，有些缺乏经验的消费者容易将两者混淆。那么，怎样辨认白金和白银呢？其方法主要有以下几种：

（1）比较辨识法：用肉眼来看，白金的颜色是灰白色的；而白银的颜色却呈洁白色，质地比较细腻和光润，其硬度也比白金低得多。

（2）印鉴辨识法：由于每件首饰上都刻有成分印鉴，印鉴刻印是 Pt 或 P1at 就表示是白金。如是 S 或 Silver，则表示是白银。

（3）重量辨识法：一般来说，同样体积的白银，其重量只有白金的一半左右。

（4）火烧辨识法：白金经过加温或火烧，冷却后其颜色是不变的；而白银在加温或火烧后，其颜色便呈现出润红色或黑红色，含银量越少，其黑红色倾向越重。

（5）化学辨识法：在试金石上磨几下，然后将硝酸和盐酸混合溶液滴几滴在上面观察，如果物质存在，那就说明是白金；如果物质消失，则表示是白银。

选购铂金饰品的窍门

（1）看：每件铂金首饰都会刻有一行细小的 Pt 标志，通常情况下在戒指的内圈，项链的搭扣或饰品的背面即可找到。值得一提的是，近来市场上也出现了铂含量在千分之 990 或以上的铂金首饰，它直接标志“足铂”字样以代替 Pt 标志。

（2）掂：消费者还可以通过掂重量来辨别铂金首饰。因为铂金是所有贵金属中密度最大也是最重的金属。

（3）索：购买时要索取全中文发票，并请销售商提供饰品名、珠宝玉石材料名及重量参数。

鉴别全银饰品的窍门

（1）抛掷法：将银首饰从上向下抛在台板上，声音平稳、弹跳不高的为成色高的银首饰；抛在台板上声音尖亮、跳得较高的，为成色低的或假的银首饰。

（2）辨色法：用眼观察，看上去有光泽、洁白、做工细，并在首饰上印有店号的，为成色高的银首饰；色泽差无光泽的多为假的银首饰。

（3）折弯法：用手轻折银首饰，易弯不易断的为成色较高的银饰；僵硬、勉强折动的成色较低。经折弯或用锤子敲几下就会裂开的为银首饰；经不起轻折，且易断的为假货。

鉴别黄金首饰的窍门

（1）掂试：相同体积的黄金与白银、铜、铝相比，重量要比其他的金属重，放在手掌掂试，会感到沉重坠手。

（2）色泽：黄金颜色一般为赤黄色，有耀眼光泽，成色越高，色感越美。如果颜色呈深红色则多为假品，颜色过浅则可能是混合了铝或银。

（3）戳记：旧金店所售的金饰品，均打有本店字号戳记，所以辨认戳记也有参考价值。

（4）硬度：黄金质地柔软易变，但不易断，在表面上用针轻划过后会有痕迹，成色高就柔软，而成色低含银、铜多者就较硬。

（5）音韵：真金首饰抛在台板上，会发出“吧嗒”之声，有声无韵无弹力。声音尖长弹跳高，则可能为含铜制品。

（6）火烧：黄金放在木炭上烧红，冷却后，表面仍是黄色。若变成黑色，失去光泽，就是假金。

识别珍珠的窍门

珍珠有天然珍珠和养殖珍珠之分，二者虽然外观上几乎一模一样，但其内在品质却有着天壤之别。那么，怎样辨识养殖珍珠呢？这里向消费者介绍几种简单的辨识方法：

首先看光泽。由于养殖珠的包裹层较天然珠的包裹层薄而且透明，因此其表面往往有一种蜡状光泽，当外界光线射入珍珠时，养殖珠那因层层反射而形成晕彩的珠光便不如天然珠艳美，其皮光也不像天然珠一样光洁到能看见自己眼睛的程度。

第二，可将珍珠穿绳的孔洞彻底洗净，然后用强光照射，用放大镜仔细观察孔内，凡是养殖珠在其巨大内核与外包裹层之间都有一条明显的分界线。而天然珠极细的生长线却一直是呈均匀状地排列到中心，仅仅在接近中心处时颜色较黄或较褐。

第三，可将珍珠放置在强光照射下的位置，然后慢慢转动珠子，凡是养殖珠都会有珍珠母球核心反射的闪光，一般 360 度闪烁两次，这是识别养殖珠的一个重要证据。

挑选珍珠项链的窍门

选购时要注意检查珍珠是否有斑点、麻坑等疵病。如能通过放大镜观察，则检查珍珠表面有无波纹、微小气泡及粘结的沙粒等，尤其要观察珍珠穿孔的周围，它是最易掩饰疵病的部位。

根据肤色选购珍珠项链的窍门

（1）肤色黄：选择奶油色、金黄色、淡玫瑰色和棕色最为适宜。

（2）肤色白：应该选购白色、紫色、粉红色、银白色、灰色的，来衬托皮肤，使皮肤显得不苍白。

（3）肤色深：可以选择蓝色、灰色、深紫色或棕色。

购买珍珠项链时，应仔细检查项链做工是否精致，珍珠表面是否光滑透亮，有无斑点、麻坑等瑕疵，表面自然光润无波纹、无气泡和沙砾，珍珠是越大越好。注意，在观察时应该着重观察穿孔处，珠与珠之间是否相互调和，相连性是否好。

识别真假松石饰品的窍门

松石又称绿松石，属半宝石类。质地为不透明状，光润细腻似蜡似脂，有软硬之分，并含有黑色纹状杂质。其颜色有天蓝色、淡蓝色、豆绿色、绿色、淡绿色等，我国是世界绿松石的主要生产国，澳大利亚、美国也有生产。松石的相对密度为 2.6～2.85，硬度为 5～6。假松石常常是松石粉、石膏及其他原料经加热加色制成，颜色酷似真品，但受合成条件限制，其密度较真品小，相对密度小于真品，质地也较松软。从光泽上看，假品光泽暗淡，不似真品光润油亮，内部也不含有天然形成的黑色纹状杂质。

鉴别玉石品质的窍门

（1）颜色：玉石以绿色为最佳，色泽鲜明均匀，光润柔和。如果玉石当中若含有红、紫、绿、白四种颜色，称为“福禄寿喜”；若只含红、绿、白三色，则为“福禄寿”。一般红、紫二色玉石的价值仅为绿色玉石 1/5。色泽暗淡、微黄色，或含白、绿不均的为下品。

（2）纯度：在明亮的光照下，玉石颜色透明晶莹，无脏杂斑点，不发糠、发涩；用

10倍放大镜照一照，便可发现玉当中是否有黑点、瑕疵。半透明、不透明的玉，则分别称为中级玉和普通玉。

(3) 外形：一般说，玉石愈大愈好，可加工成不同的样式，并无特殊标准。

(4) 裂纹：用金属棒轻敲玉石，或将玉石轻轻抛在台板上，可听声音辨别玉石是否有断裂、割纹，声音越清脆则表示玉石质量越好。

识别真假猫眼石首饰的窍门

猫眼石是珠宝中稀有名贵的品种之一。猫眼石最为动人且神秘之处是，宝石在阳光的照耀下，会反射出一条聚集起来的耀眼“活光”，当光线的强弱有所变化时，宝石的反光也随之发生粗细的变化，微微晃动宝石，宝石的反光随之灵活变动，宛如灵活明亮的猫眼，故得此名“猫眼石”。此特点与猫眼石的内部结构有关，在猫眼石内部，有规律平行地排列着无数的、细小的、反光的纤维，在垂直光线照射下，微小的纤维连接为一条灵活多变的光带。猫眼石呈透明、半透明或不透明等状。上好的猫眼石，不能过于透明，如透明度高，猫眼光线反而不清晰。其颜色有葵黄、酒黄、黄绿、灰黄、棕黄等色，以鲜明的葵黄色为上品。质地细腻，光泽明亮，表面带有适当的弧度，这是保证猫眼光线清晰的条件。猫眼石硬度为8.5，相对密度为3.5～3.7，主要产地是斯里兰卡。假猫眼石常见的是木变石。木变石的颜色为酒黄、葵黄、棕黄等色，也有类似猫眼石的线状反光，但其光线粗大、含糊，不如猫眼石的光线那样晶灵、明亮。木变石质地较粗糙，内部带有木纹似的丝纹，其相对密度和硬度均小于猫眼石。

识别真假祖母绿首饰的窍门

祖母绿宝石也是珠宝中的珍品，稀少而珍贵。其相对密度为2.6～2.8，硬度为6.5～8，折光率为1.56～1.6，产地主要有俄罗斯、哥伦比亚、巴西等地。祖母绿光洁透明，质硬性脆，不易磨损，其绿色浓艳、纯正、美丽，是绿宝石之王，质地中内含自然形成的绵纹似水中的棉纱，这是判别的标记之一。祖母绿宝石的仿制品偶有出现，主要有两种：一是低值的绿色半宝石——绿碧玺，其相对密度、硬度与祖母绿相近，两者较难分辨。但绿碧玺的绿色不正，常常为蓝绿、黄绿、墨绿等色，绿中显暗，不如祖母绿的绿色鲜艳明快，其质地中所含的自然绵纹似鬃毛，不同于祖母绿。另一种是绿色玻璃，其相对密度、硬度均小于祖母绿，表面易磨损，光泽亮度远不如祖母绿，色绿，发呆，色假无光，质地内含有微小气泡，这是祖母绿所没有的。此外，祖母绿可在玻璃板上刻出痕迹，绿玻璃则不行。

识别真假翡翠首饰的窍门

翡翠盛产于亚洲，其娇艳美丽的绿色，优良的质地，深受消费者的喜爱，被视为珠宝中的上品。其实翡翠也有好几种杂色，如白色、红色、黑色等，当然绿色翡翠为正品。优质翡翠呈鲜艳明亮的碧绿色，恰似一泓秋水。翡翠呈半透明或不透明状，光润明亮，绿色中有天然形成的不规则色块，称色源。内部有细小晶粒，或呈纤维状，或呈片状或呈星点状，闪光发亮，这就是翡翠的翠性，是许多仿制品所不具备的，是判断真假的标志。宝石中绿色者不少，但翠性是翡翠独具的特色，整块翡翠浓郁中显翠性，风韵别致。翡翠相对密度为3.3，硬度为6.5～7。假翡翠有两类：一是绿色的低值宝石，如澳洲玉、河南玉、绿玛瑙、东陵石等：另一类是玻璃制品。

低值宝石中，澳洲玉绿中闪黄，整块玉石颜色均匀，无色形，无翠性。河南玉绿中带灰色，颜色均匀，无明显的色源和色形，相对密度为2.65，小于翡翠。东陵石的绿色发暗，其色形是点状，绿色中有鱼鳞片似的闪光。绿玛瑙是人工染色玛瑙，绿色中闪蓝色，颜色均匀一致，无翠性，质地油光细腻，相对密度为2.65，小于翡翠。绿色玻璃绿而无光，硬度为5.5～6。不能在玻璃板上划出印痕，而翡翠则可以。

识别真假水晶饰品的窍门

水晶为六棱柱状晶体，属半宝石类。水晶质地晶莹剔透，内部有自然形成的微小的绵纹，似棉纤维飘浮于水中。水晶硬度为7，相对密度为2.6～2.9。假水晶主要是玻璃制品，其无色透明状极似水晶。玻璃仿制品白色中微微泛出青色或黄色，质地虽透明，但呆滞无光；玻璃仿制晶体内无绵纹，偶有微小的气泡。玻璃仿制品硬度为5.5左右，比水晶软，很容易被摩擦而在表面出现许多牛毛纹，变得粗糙。

识别真假玛瑙饰品的窍门

玛瑙是胶体矿物，主要成分为二氧化硅，属于半宝石类。玛瑙品种繁多，从颜色上分，有红、白、蓝、黄、黑、绿、紫等色，从色形上看，有同心状、层状、波纹状等种类。玛瑙质地细腻光润，呈透明或半透明状。硬度为7～7.5，相对密度为2.60～2.65。假玛瑙有的是用玛瑙石粉加上其他材料在高温高压下聚合而成的人工制品。人造玛瑙的内部密度小于天然玛瑙，故同等大小的玛瑙，前者轻而后者重；同时，人造玛瑙颜色纯净，无天然玛瑙的花纹。另一种假玛瑙是将原来颜色浅、不美观的玛瑙原石经特殊的染色法，染成了嫩绿色或其他颜色的玛瑙，但是这种玛瑙佩戴时间一长，便会褪色。染色玛瑙通体颜色均匀，无色形、花纹等自然标记。此外，有孔的染色玛瑙制品在充足的光线下观其孔眼，内部色淡，外部色深，而天然玛瑙内外颜色一致。

选购象牙饰品的窍门

（1）从重量上检验：同样大小的首饰，象牙比其他材质的骨刻制品的分量明显地重一些。

（2）从骨质上区分：象牙质地细腻，上边有细小的波纹。相比之下，骨头的质地较粗糙，上边的纹路也粗。象牙制品油润光亮，骨头制品则显得干涩。

（3）从做工上鉴别：象牙首饰精工细作，骨刻首饰一般做工比较粗放。

（4）从颜色上看：象牙首饰往往呈牙白本色，骨刻首饰大多要经漂白。有的象牙首饰即使漂白，也给人一种油润的洁白感，而骨刻首饰漂白后仍显干涩。

根据指型选戒指的窍门

有的人手指比较修长，所谓“十指如葱”，有的人手指较为粗短，还有的人是中等手指，你应该根据自己的手指形状来选择戒指，让你的手指在视觉上更加秀美亮丽。戒指与手型、指型呼应可以改变、美化你的指型和手型。

（1）短指型：以直线款式戒指修饰手型的缺陷。短指型宜选择直线形、橄榄形、梨形的戒指，戒指的设计最好是直线或斜线纹，因为它使短的手指看起来比较修长。

（2）长指型：以横线款式戒指增添手型魅力。修长的手指应该佩戴横线条的戒指，款式上，如长形、阔条、多层镶嵌、圆形及方形宝石都会非常好看。这时要避免梨形、橄榄形及直线形的戒指，它们会令手指看上去更细长，也可以试着在同一手指上戴多只细的指环。

（3）中等指型：根据个人风格塑造手型的娇美。如手指属于中等，那就可以根据爱好和个人风格佩戴任何形状的戒指。不过要记住，任何戒指都不应长至手指的上关节，也不可以阔过你手指的阔度。这样，你的指型才会婀娜多姿。

选购婚戒的窍门

（1）金戒指：选择纯金戒指，代表爱情的纯真，象征着高贵和富有；而选择白金镶钻石，上面刻有双方姓名及结婚年月等字样，婚戒用死圈口，可表示永恒不变，日久天长。

（2）宝石戒指：宝石光辉经久不变，象征爱情天长地久。例如，红宝石象征爱情专一和忠贞；蓝宝石象征永恒不灭的爱情；绿宝石象征希望等。

（3）钻石戒指：婚戒选用钻石戒指，其耀眼夺目，雍容华贵，可使新郎、新娘大放异彩。

注意：婚戒不宜选用珍珠戒指，有传统观念认为珍珠戒指让双方婚姻不和谐；包金戒指、合金戒指、变石戒指也不宜做婚戒，人们认为会给爱情带来杂质和烦恼。

鉴别钻石价值的窍门

（1）颜色：钻石颜色决定钻石是否名贵，一般宝石级钻石颜色为无色、接近无色、微黄色、浅淡黄色、浅黄色五种。除此以外蓝色、绿色、粉红色、紫色和金黄色较少见，可作稀有珍品收藏。

（2）重量：钻石以克拉（1 克拉 = 0.2 克）为计量单位，1 克拉以上属于名贵钻石。

（3）纯净度：纯净度越高，价值就越高。购买时注意，一般钻石不可能从顶部看出下面是否有瑕疵，只有经由尖底观看才行。

（4）切磨：钻石比仿冒品更为坚硬，刻面棱线锐利，腰部呈颗粒状，崩断口皆为阶梯状。切磨一颗钻石的工艺水平在于式样、角度、比例和切工等多种因素。

选购挂件的窍门

（1）依照年龄：所选择的挂件款式要同人的年纪相互匹配，一般老年人以大方、庄重为妥；青年人以生动、灵巧为宜。

（2）依照首饰：选择挂件要同佩戴的首饰尺寸、质地相同，这样方可相映成趣，达到完美统一的装饰效果。

（3）依照性格：活泼的人，配鸡心形，可以显得人朝气蓬勃；富有幻想追求的，配星形挂件；有事业心的，配方形为宜；稳重成熟的，配椭圆形。

五、搭配技巧

根据肤色巧配衣

在五彩缤纷的世界里，不是每一种颜色都适合于每一个人的。有些人的选择范围宽一些，有些人的选择范围窄一些。如何选择适合肤色的服色，要注意以下几点：

（1）皮肤发灰：衣着主色应为蓝、绿、紫罗兰色、灰绿、灰、深紫和黑色。这种肤色不宜采用白色作为衣着和装饰。这种肤色不太适合穿粉红和粉绿，其他颜色均可以穿着。

（2）皮肤黝黑：宜穿暖色调的衣服，以白色、浅灰色、浅红色、橙色为主。也可穿纯黑色衣服，以浅杏、浅蓝作为辅助色。黄棕色或黄灰色会显得脸色明亮，若穿绿灰色的衣服，脸色会显得红润一些。避免穿湖蓝色、深紫色、青色、褐色。

（3）肤色呈黑红色：可以穿浅黄、白或鱼肚白等色的衣服，使肤色和服装色调和谐。要避免穿浅红、浅绿色的服装。

（4）肤色红润：最宜采用微饱和的暖色作为衣着，也可采用淡棕黄色、黑色加彩色装饰，或珍珠色，用以陪衬健美的肤色。不宜采用紫罗兰色、亮黄色、浅色调的绿色、纯白色。因为这些颜色，能过分突出皮肤的红色。此外冷色调的淡色如淡灰等也不相宜。

（5）肤色偏红艳：可以选用浅绿、墨绿或桃红色的服装，也可以穿浅色小花小纹的衣服，以造成一种健康、活泼的感觉。要避免穿鲜绿、鲜蓝、紫色或纯红色的服装。

(6) 肤色偏黄：要避免穿亮度大的蓝、紫色服装，而暖色、淡色则较合适，也可穿白底小红花或白底小红格的衣服。这样会使面部肤色更富有色彩。

(7) 皮肤黑黄：可选用浅色质的混合色如浅杏色、浅灰色、白色等，以冲淡服色与肤色对比。避免穿驼色、绿色、黑色等。

(8) 肤色较白：不宜穿冷色调，否则会越加突出脸色的苍白。这种肤色是比较不挑衣服的颜色，一般可以选用蓝、黄、浅橙黄、淡玫瑰色、浅绿色一类的浅色调衣服。穿红色衣服可使面部变得红润。另外，也可以穿橙色、黑色、紫罗兰色等。

(9) 白里透红是上好的肤色，不宜再用强烈的色系去破坏这种天然色彩，选择素淡的色系，反倒可以烘托出粉嫩的皮肤。

黑色系搭配的窍门

黑色是比较经典的颜色，具有收缩效果。明艳的人，穿上黑色衣服，使人更加的光艳照人；对于体形高大肥胖者，穿着黑色服装，可以美化人体，遮掩缺陷，会显得颀长秀丽，肌肤更加洁白细腻，体态更加潇洒健美。

例如，穿旗袍外头搭配一件黑丝绒外套，立刻就让人刮目相看，气质端庄高雅；将黑色礼服作为新郎的结婚礼服，可以与身着白色礼服的新娘相映成趣，显得和谐美好，光艳照人。

黑色服装适应性大，不受年龄、性别、环境限制，便于与其他颜色搭配。

注意：穿着黑色衣服需要强调化妆，选择较深的红色做粉底，暗红色做胭脂，可以使人看起来更加光艳明亮。

花色系搭配的窍门

花色服装剪接线不宜过多，除非是要衔接素色的切边，否则应尽量剪裁得大方简单，利用花布本身的图案作点缀。一般小碎花布，搭配同色系的素色布料，显得清新活泼；大花式的花色，用对比色或白色来配，能使得花纹平衡。

注意：两截式的服装，一定要注意颜色的深浅搭配。

绿色系搭配的窍门

绿色衣服，配上一件白色的上衣外套，或选用白色的皮包和皮鞋为宜。注意，购买绿色衣服需要有白色和银色的裙、裤来搭配，其他颜色搭配起来效果不佳，所以购买绿色衣服时要慎重。

蓝色系搭配的窍门

蓝色与蓝紫色可以相互配合，如果是小碎花图案，这两种颜色更可以产生水乳交融的效果；深蓝色与白色、深红色这三种颜色组合成的条形图案，由于半透明度高，所以可以作为别致的工作服、运动服。

注意：深蓝不适宜与绿色相互搭配。

黄色系搭配的窍门

（1）浅黄色：浅黄色上衣搭配咖啡色裙子、裤子或在浅黄色衣服上接上浅咖啡色的蕾丝边，可以使衣服的轮廓更为明显。

（2）深黄色：这是个明亮醒目的颜色，选择有深黄色图案的丝巾、围巾，里面穿上白色 T 恤或衬衫，有很好的效果。

注意：浅黄与白色两者色调过于接近，容易抵消效果，搭配起来并不理想。粉红色、橘黄色、蓝色与浅黄色容易造成冲突，搭配时应该避免。

红色系搭配的窍门

（1）淡红色：浅红色的长裤或裙子，可以上身配以白色、米黄色的外套搭配，帽子可以配浅草黄色，皮鞋和皮包则以白色为主，用深红的胸花别针来点缀上衣，使之上下身的浅红色相呼应，是很适合春季的颜色搭配。

（2）艳红色：给人一种强烈的印象，适合夏季穿戴。艳红色作为背心与白上衣搭配，或艳红色上衣与蓝色牛仔裤配合穿着，给人青春有朝气的感觉。

（3）深红色：是秋天的理想色，大红的外套与黑色长裤长裙搭配可以显得人沉稳，干练。

蓝色西服巧搭配的窍门

深蓝色系服装最适合在正式场合穿戴，选择深蓝为主色调时，搭配柔和色的衬衣，可使整体感觉端庄、冷静与睿智，使人看起来简洁有力。水蓝色调的西服，适合在休闲时穿着，看起来人干净有活力。

注意：蓝色系不宜同鲜黄、橘黄色搭配。

巧搭灰色西服的窍门

在搭配时，要从灰色的深浅不同去把握原则，全身上下最好控制在三种颜色以内，避免出现过多的副色。用白色衬衣搭配是最普遍、最安全的方法；而浅灰色西装搭配一件黑色衬衫，或配上一条灰黑色领带，显得人精神、干练和睿智。

巧搭褐色西服的窍门

褐色西服是一种不容易搭配的颜色，但一套褐色西装，搭配一件黑绿或橄榄绿的衬衫，会很出彩。在购买时，可以考虑选用搭配柔和的中间色，而当掌握配色要领时，则可以选择更浅或是更深的颜色。

巧搭紫色衣服的窍门

（1）偏蓝调：因为蓝和黄有互补的作用，偏蓝调的紫，比较适合肤色偏黄的人。蓝紫色调的衣服搭配其他单品，显得轻松，容易使人眼前一亮。

（2）偏红调：适宜跟同样紫红，或中性的黑或白一起搭配，可以显得女人味十足。但在跟其他颜色单品搭配时，比较受限。

（3）偏灰调：同灰色搭配，可以达到优雅的效果。

（4）深藕紫：同蓝、黑色搭配比较协调。

（5）浅藕色：同粉彩色调并列，有柔和效果。

鞋与服装搭配的窍门

（1）样式：衣服的式样应该与鞋的式样相一致，穿西装，鞋一定要干净、亮泽；穿牛仔服装，选择运动鞋或休闲鞋，可以给人青春的感觉，而搭配长靴，则可以体现骑士的帅气感。夏季穿裙子，鞋子可以选择凉鞋、瓢鞋；冬季穿裙子可穿长靴与之搭配。鞋跟的造型要与裤脚的大小相配，例如鞋跟又方又粗，适合穿喇叭裤；脚登裤或锥形裤则适宜穿鞋帮造型漂亮的高腰鞋。长筒靴配短裙，可以让腿部线条比例变得特别明显，长筒靴鞋筒从踝到膝处都需相对匀称；靴子鞋跟要有分量，有质感。

注意：穿靴子时应该尽量避免穿过于紧身的裤子，把长裤硬塞进靴子，会使腿部显得过于丰满臃肿。而身材较丰满的女性最好选择有质感的款式，过细的鞋跟会使人整体看起来上重下轻。

（2）颜色：鞋子的颜色应该和服装协调一致，例如冷色服装，鞋的颜色应该选用黑灰色或蓝色；暖色服装，鞋的颜色可以选用紫红色、棕色或米色；浅色服装多选用浅色的鞋，以达到服装整体和谐的效果。

男士鞋裤搭配的窍门

（1）款式：鞋与裤子搭配的关键是鞋形、鞋夹与裤形、裤口的造型是否相近。一般锥形西裤应配以椭圆形尖头皮鞋；直筒裤要与鞋面有 W 形接缝的皮装相配；猎装裤应配高翻毛皮鞋，方显得帅气、粗犷。

（2）颜色：裤、袜、鞋采用同色系组合，或裤子为一种颜色，而鞋和袜子用同色系，这样更能突出个性；也可以裤子与鞋同色系，而袜子用不同的颜色，但应避免反差太大的颜色。

男士西装巧搭皮带的窍门

（1）长度：以系好后尾端能介于第一和第二个裤别之间长度为宜；购买时，皮带一定要比裤子长 5 厘米。

（2）宽度：太窄的皮带会使男人失去阳刚之气，太宽的皮带只适合于休闲、牛仔风格。3 厘米左右的皮带宽度最为适合配西裤。

男士选择西裤的窍门

（1）裤腰：穿好裤子后，在自然呼吸下，能够伸得进去一只手，就说明裤腰是合适的。

（2）裤管：裤管的中折线要笔直且自然地垂到鞋面。裤子长度从后面看应该刚好到鞋跟和鞋带的接缝处，将裤管长度延伸到鞋后跟 1/2 处，可以使腿看起来更修长。

（3）裤褶：十分密合的裤褶不但能透露出一个男人对穿着的品位与讲究，更能优雅地修饰腰腹部的线条，甚至能巧妙地隐藏啤酒肚，为整体造型加分。

男士西装巧搭袜子的窍门

（1）颜色：袜子颜色与西服相配是最为合适的搭配。男袜的颜色最好为基本的中性色，并且比长裤的颜色深，搭配起来显得干净，黑色皮鞋与黑色袜子是最佳搭配，即使是稍浅的栗色皮鞋，也应选深色袜子。若是灰色西装，可选灰色袜子，皮鞋则配棕色、黑色皆可，米色的西装则应配以较深的棕色或茶色袜子。

（2）长度：一般袜子的长度大约是高过脚踝，在小腿下方的位置为宜。

脸型与衣领搭配的窍门

脸中的五官，可借着化妆来修饰，但是脸型的长短宽窄，却不是那么容易用化妆来改变的。最好的办法，就是用衣领来美化。

（1）椭圆形：这是最完美理想的脸型，通常称为瓜子脸或蛋形脸，因为没有什么缺陷，不需加以掩饰，所以任何领子都适合。

（2）逆三角形：类似心形，上额宽大、下颌狭小，是属于理想的短形脸之一，所有的领子都适合。

（3）三角形：好像梨形、下颌宽大、上额狭小，穿 V 字形的领子看起来脸型柔和些。

（4）四方形：这种脸型大多属于宽大型，给人很强的角度感，如穿圆形衣领，反而强调宽大的感觉。用 U 字形领口可缓和这种脸型。方形而不显大的脸，很富有个性，应该强调个性美。

（5）长方形：此种脸型，梳刘海儿可减少其长度感。水平线有利于这种脸型，如船形领、方领、水平领都适合。

（6）菱形：这种脸型尖锐狭长，其下颌上额皆显狭小，利用刘海将上额遮盖住，而且两鬓的头发要梳得较蓬松，如此就可增加上额的宽度，使脸型形成逆三角形，衣领的选择也就没有限制了。

（7）圆形：圆形脸，显得宽大、饱满，宜增加长度感，减少圆的感觉。以V字形的领口缓和最为恰当。穿圆领口时，领口需大于脸型，则脸型将显得较小。

领带搭配的窍门

（1）色彩：蓝色、灰色和红色，是领带与西装最宜配的颜色。单色的领带搭配大格子或深色宽直条纹的各种衬衫、西装，均非常出色，一套质料上乘的西装搭配一条单色领带，更能强调西服华美的质料与精巧的剪裁，给人一种整体美。

（2）长度：领带长度为领带尖端恰好触及皮带扣最为合适，还可依据身高及打领带的方法进行调节。将领带夹夹在领带较宽的末端，可以避免领带翻面。

（3）图案：印有几何图案的领带，搭配时要以底色做主色，选择与西装同色系或对比色系配搭，而衬衫则选择与图案相同的颜色。

女性着装的窍门

（1）束身内衣：女性穿束身内衣、高腰束裤或系腹带可以使人显瘦。

（2）转移视觉：将自己身材最好的部分显示出来，选择漂亮的耳环和项链或者色彩鲜艳的丝巾，会让人们注意你的面部或颈脖，把别人的注意力从你发胖的部位移开。

（3）同一色系：选择服饰搭配的颜色统一，会达到身体被拉长了的效果。

（4）面料：选择丝绸、人造丝、针织服装以及表面粗糙的运动衫，通常会有让腹部显得平坦的效果。

（5）高跟鞋：穿高跟鞋会让你显得身材高挑匀称。

胖女孩夏季巧搭衣的窍门

（1）衣服颜色最好选择深色，深色的衣服有收缩感，会使人显得苗条，颜色对比要小，最好上下衣分穿，但是可以适当地选择不一样的搭配，增加时尚气息。

（2）肥胖者应该选择线条简单，朴实大方的款式，避免条纹重叠，尤其是年轻的女性，大方格、大条纹容易让人产生一种体型横宽的视觉效果，使整个人显得臃肿。

（3）肥胖者选择衣服面料尽量选择柔软舒适，避免穿着过厚显得臃肿，但过薄又会暴露体型。柔软舒适的面料还能使行动更加舒适。

（4）肥胖者一般脸形大，且脖颈较短，因而选择上衣时可以适当选择“V”字领，这样会使整个人看起来精神有朝气。

矮个女性巧穿衣的窍门

（1）矮个女性可以利用颜色在整体上创造高度，纯色、清雅或小型的图案都是不错的选择。

（2）避免穿着两截式服装，连身的小洋装反而能使矮个女性看起来更加修长。

（3）选择开领口的衣衫，可以使你看着颈部修长，大方得体。

（4）穿着样式简单明快的西装裤，略深色的丝袜和小高跟鞋，可以使双腿看着更加长。

（5）身材矮胖的女性，尽量留短发，看起来精神饱满、干练利落。

不同胸部女性巧择衣的窍门

（1）胸部过大：选择衣服时要避免衣服的胸部扩张感强的式样，并且不要佩戴精致、夺目的胸颈部位的装饰。例如，素雅、直条纹或V形、方形的领口，轻柔飘逸的衣料都是很好的选择。胸部太大而下垂，选择穿领口略低或胸前有宽大开口的衣服，或者胸罩与束腹连接的内衣，会使人显得性感。

（2）胸部娇小：在选择衣物时可以用碎褶、缝线、花边和蝴蝶结扩大前胸的视野范围，选用贴身的衣裙，开领为V形或方形都可以使胸部看起来有型。另外，选用的胸罩衬垫要饱满，衣胸线应该明晰，方能显出曲线美。胸部较小的女性应穿戴略大一点儿的文胸，让胸部血液流通，加强它的活动空间。针对较小型胸部的缺陷，选用功能性文胸或者健胸款式的文胸，对健胸都有一定的作用。另外，定型罩杯文胸也比较适合较小胸部的女性。

外衣与内衣搭配的窍门

（1）杯罩无痕的内衣，选择轻薄的外衣或裙装，可以避免露出内衣的形状和结构。

（2）肩带靠外的内衣，选择开领较大的外衣，不会在领口处露出内衣带；而胸罩的内收作用可以让双乳集中，可以在大的开领口处显现出迷人的乳沟，使人看起来性感有魅力。

（3）无肩带的内衣，适合肩部坦露的晚礼服，搭配在一起，可谓有致命的诱惑。

（4）半透明内衣，最好是整身的半透明内衣，最好不要选择上下两截或结构很清楚的胸罩和内裤。

令腿修长搭配的窍门

（1）选择用迷你裙配扣拇指胶底凉鞋的配搭，会很好地展现臀部到大腿的曲线，对腿细腿短或一般腿型的人都是很好的选择，而平跟的胶底凉鞋能产生从裙摆到脚趾的不间断曲线感觉。

（2）选择圆褶裙搭配坡跟鞋，可以使腿部显得匀称，这样穿使人看起来既性感又干练。

臀部下垂者服饰搭配的窍门

（1）选择细褶或收腰的长白衬衫，加上冷色系裙子，可以遮掩住臀部缺陷，简单而又漂亮。

（2）将上衣束入有后袋的裤子，并以深色的皮带束着的穿法，会显得有立体感。

（3）选择及膝圆裙、阔褶长裙和格子褶裙，而上半身选择设计简单的服饰和其他饰物，巧妙掩饰，既显得整体轻便，又显露出时尚。

小腹凸出者服饰搭配的窍门

（1）选择将白衬衫束入深色长圆裙内，并以两厘米宽的皮带系紧，使腰部看着更为纤细。

（2）选择冷色系的服装，以细条纹的长裤分散视线。冷色条纹的长裤能分散视线，巧妙地掩饰了小腹凸起的缺点。

（3）选择直统牛仔裤搭配长西装外套，可使凸出的腹部不那么明显，如果配上稍长的西装外套，效果更佳。

（4）选择萝卜形长裤搭配宽松毛衣，并用帽子、围巾和皮带将重心置于上方，是很好的搭配。

（5）宽松打褶的短裤最能掩饰凸出的小腹，并且配合装饰繁多的背心，加上帽子、围巾的搭配能使视线上移。

各种腿型配袜的窍门

（1）高挑长腿：适合各种长度的短袜、半筒袜或长袜，呈现匀称的双腿，轻松地突出个性。

（2）萝卜腿：萝卜腿的女士通常脚踝很细，选用较深颜色的袜子，可以收缩腿部线条。平时多做运动或按摩也可以使腿型变得更纤细健美。

（3）短腿：袜子上玩点小花样，有些小的装饰，可以拉长腿的比例。

隐藏粗手臂的窍门

（1）选择长披肩来搭配服饰，可以遮盖住肩膀和手臂。

（2）可以选择穿着一些略微贴身的衣服，但是切记不能过紧。

（3）挑选短袖时，袖子的长度最好是上臂的3/4，这样可以有效地避免手臂暴露。

（4）上衣可以选择购买蝙蝠袖，这样袖口稍宽或肩口不凸显的衣衫，能够让你不仅隐藏了粗手臂，而且显得时髦干练。

帽子与服饰搭配的窍门

帽子须与服装款式及其他饰物相协调，比如帽子与眼镜，两者贴得很近，选择帽子时就要注意与眼镜的造型、图案、颜色等协调。有些人不懂搭配，常常在颜色搭配上出错，不懂时千万不要胡乱拼凑，可以善用白、米白、米、灰、灰蓝、浅驼色等中间色，它们几乎适用于任何颜色，而且还是男女皆宜。帽子可以强化朴素的衣物，淡淡的衣装显得高雅脱俗。想吸引众人的眼光，那选择对比色系的帽子绝对错不了。如白色配黑色、深蓝色。帽子还可以柔化太耀眼的服装，太亮丽的衣服会产生逼人的感觉，适当选用同色系较淡的帽子可以柔化视觉，达到整体美的效果。

盛夏巧搭衣的窍门

夏季，最好选择丝、棉、麻等天然纤维，其透气、吸湿、排汗的功能较高，轻薄、空隙较大的布料穿上后感觉凉爽、舒适；在颜色上，夏季选择浅绿、淡蓝、白色或其他的浅色系和冷色系都能给人一种清爽、飘逸的感觉。

裙子色彩搭配的窍门

（1）皮肤细白红润：选择嫩黄色调的连衣裙，看起来清新自然，颇具美感。

（2）肤色较黑：选用色感较沉着的土黄或带有含灰调的黄较为合适。

（3）肤色偏红：避免穿着浅绿、蓝绿色的裙装。

（4）肤色过白：不宜穿菜绿色的裙衣。

老年人着装色彩要领

在正式场合时，老年人的服装色彩应沉着、稳重，并搭配色彩明亮艳丽的配饰为点缀，这样既符合老年人的身份，又让人看起来很精神。非正式场合时，老年人可以选择亮色或花色的服装，以展现自己充满信心、朝气的姿态。注意，老年人辅助色彩不必拘于灰、蓝等单色，可以选用明亮鲜艳的色彩做点缀，特别是便服，但是肥胖的老年人最好小面积地用作点缀为好，大面积的鲜亮色调，会使身体看上去更臃肿。

中年人着装色彩要领

中年人着衣时采用同色系色彩和临近色相搭配，能够体现出柔和自然，稳重典雅的风韵。例如职业中年女性，采用黑白灰与粉色系搭配，能体现出成熟美；将黑白灰与深色调色彩搭配，更能体现中年人的成熟、稳重；而黑白灰与自然色调搭配，则给人以柔和、亲切之感。注意，中年人选择色彩较艳的服装，可以使自己显得精神抖擞，但色彩上避免运用对比色和互补色搭配。

舞会上着装的窍门

（1）男士：白色领结和大燕尾服，是最好的选择；如果没有，选择穿正式程度稍逊一筹的小燕尾服、黑领结也能呈现出很好的效果。

（2）女士：装束精致并且最好是长款，搭配特别和精致的首饰，会使人看起来优雅得体。通常，舞会上穿裤子是不适合的，除非这种女裤的设计非常精致，看起来和正式的舞会女裙一样得体。初次参加的女士可以选择穿着白色衣裙，而穿着无袖或无肩带的女裙的女士，可以佩戴长手套，方显气质出众。

黄金首饰与颜色搭配的窍门

（1）红色：黄金首饰同红色系列组合可以形成热烈氛围，特别适合各种喜庆的场合。

（2）黑色：与黑色系列组合能够形成神秘而高贵的风格，为冷峻、傲慢女性所喜欢，在晚宴中如此搭配出现，令人过目难忘。

（3）白色：与白色系列组合可以形成纯洁的美感，讲究简洁的女性最为适合。

小首饰搭配的窍门

（1）胸针：用一块略大于胸针长度的橡皮膏粘在夏季单薄的衬衫里，可以防止胸针过重导致衣服上留下痕迹，并避免伤害衣服。

（2）戒指：一只手上最好只佩戴一枚戒指。如果一只手上戴两枚戒指，应该戴在紧邻的手指，并且选择相同的样式，若一只手上戴三环式或是交缠式的戒指，就要避免搭配单环式的，否则会使手显得粗大，不优雅。注意，避免戴设计复杂或是色彩缤纷的戒指，因为戴在手上会显得眼花缭乱。

（3）项链：在购买项链时，应该根据脖子的特点选择相宜的项链。脖子较细长，可以选择佩戴紧贴脖子的项链，将几根长短不一的项链同时佩戴，显得特别具有装饰性；身材较高的女性佩戴珍珠项链特别合适，不仅适合多种场合，并且不会过时。

脸型与眼镜搭配的窍门

（1）圆形脸：选择粗框、方框或有棱角的镜框最为适合。

（2）椭圆形脸：选择略大于脸部线条的水平式镜框，会使人看起来更加引人注目。

（3）瓜子形脸：挑选圆形或者椭圆形的镜框来搭配为宜。

（4）长形脸：选择有棱角或者是几何形状镜框搭配。

（5）方形脸：选择圆形以及椭圆形的镜框，能够缓和脸部较为刚硬的线条。

皮包与服饰搭配的窍门

（1）小包：女性的小皮包，主要配搭一些女性感较强的套装、套裙。包的颜色可与鞋的颜色相同，例如蓝白条上衣、蓝裙子，小包袋和鞋的颜色就可以选用白色，这样看起来很清爽。小包由于面积较小，所以最好选购做工精良的纯皮小包。

（2）大包：大包袋体内有便于装钱和票据的拉链小袋，颜色及造型也各不相同，格子布、帆布、花布与皮革随意组合，红、黄、蓝色任意搭配，都可制成洒脱、无拘无束的各款包。这类包与职业装、职业休闲服都可搭配出随意而典雅的风格。外出旅行时，选用体积大的登山包，配上舒适休闲的运动服，简单大方而又方便。

戒指与指甲油颜色搭配的窍门

追求时尚的女性们纷纷在自己的手指上做起了色彩亮丽的指甲彩绘，戒指与指甲的搭配也是一门大学问，同一款戒指，在不同场合，也可涂上不同颜色的指甲油，会产生不同的视觉效果。

（1）钻石戒指搭配指甲油技巧：钻石本身有十分炫目的光彩，可搭配任何颜色指甲油，戴钻石戒指时涂浅色指甲油会使手指看起来柔和高雅；如果用色泽鲜艳的指甲油，可以在指甲油上再涂一层表面亮光油，借以衬托强调钻戒的耀眼光华。选择玫瑰红使色调不致太强，可陪衬出戒指的高贵质感。搭配淡色可表现出优雅之气质，不致太艳丽。须涂上两层指甲油，它将散发出神秘的光泽，使钻戒营造出更豪华、高雅的感觉。

（2）红色系戒指搭配指甲油技巧：红色系戒指适合搭配同色系指甲油及粉肤色指甲。红宝戒指搭配同色系指甲油，能浑然一体，使红宝石更显红润。由于红色宝石很适合肌肤，可孕育出沉静之美，搭配粉色指甲油，尤其涂上两层会呈现婴儿般的淡粉红色，可陪衬出戒指原有的特色。

（3）玉石戒指搭配指甲油技巧：紫色系玉石戒指，如紫水晶之类，则宜选用粉红微带蓝色的指甲油。这时千万不要用颜色过深的紫色指甲油，以免盖过玉石本身的色彩。绿色系的玉石或珐琅戒指可搭配鲜桃红、杏黄或闪亮的珊瑚红色的指甲油，而且效果非同凡响。

（4）白银及珠宝戒指搭配指甲油技巧：不论款式新潮或保守，最好搭配粉红、桃红或大胆的鲜橘色指甲油，红色或紫色的指甲油会夺去白银及珠宝的天然光泽。

耳环颜色与肤色巧搭配的窍门

（1）肤色较白：可以选择镶有宝石的金属耳环或贝类耳环；若面带红润，亦可挑选色彩鲜艳的耳环。但不适宜带钻石、水晶首饰，会显面色苍白。

（2）肤色略黄：可以选择白金、白银或象牙制成的耳环，显得人精神有朝气。

（3）肤色黝黑：华丽的珍珠耳环或粗犷风格的雕刻类耳环，会使人看起来性感有魅力。

第四章
食全食美——快乐厨房里的交响

健康从吃开始，怎么吃，如何吃，如何才能够让自己得到充足的能量？除了我们平时有正确的饮食习惯外，还离不开对食材的认识和利用。可见，吃不仅仅是为了满足温饱，更为重要的是，让自己吃的质量更加科学。

一、食材选购

购买大米的窍门

（1）优质大米：优质大米大小均匀，粒面光滑、完整，坚实丰满，颜色晶莹洁白，少有碎米、爆腰（米粒上有裂纹）、腹白（米粒上乳白色不透明部分叫腹白，是由于稻谷未成熟，淀粉排列疏松，糊精较多而缺乏蛋白质），无虫蛀、杂质。劣质大米大小不均，饱满程度差，碎米较多，有结块、发霉现象，粒面发毛、生虫、有杂质，组织疏松，米粒色泽差，表面呈绿色、黄色、灰褐色。优质大米香气清新、沁人心脾，具有大米固有的香气味，无其他异味；而次质大米微有霉变气味、酸臭味、腐败味及其他异味。优质大米细嚼后品尝，味佳，微甜，无异味；次劣大米乏味或微有异味。抓把大米放进热水中，用油或是蜡处理过的大米立刻原形毕露。

（2）新陈大米区别：外形上新米颜色呈透明玉色，未熟粒米可见青色（俗称青腰），新米胚芽颜色呈乳白或淡黄；而陈米则颜色较深或呈咖啡色。气味上新米有股浓浓的清香味；而存放一年以上的陈米则有种米糠味。味道上新米含水量较高，口感较细软，齿间留香；陈米则含水量较低，吃口较硬。另外，买袋装米时，要注意包装上是否标有企业标准、生产日期和产地等信息。

（3）霉变大米：霉变大米表面水汽凝聚，米粒色泽鲜明；胚部变色，侧面和背部的沟纹慢慢变成灰白色，大米颜色变暗。还可闻到一种异味，这是发热霉变的先兆。发霉大米有股霉变气味。如果用手触摸，发霉大米米粒潮湿、毛糙、不光洁，硬度下降，散落性低，手握可以成团。

选购面粉的窍门

用手抓一把面粉使劲一捏松开手，面粉若随之散开，这种面粉所含水分是正常的。面粉用手捻搓后，如有绵软的感觉，为质量好的。如感觉光滑得过分，则说明其质量较差。正常的面粉应带有香甜味，没有其他任何异味。

选购米粉的窍门

优质米粉色白如玉，光亮透明，丝长条匀，一泡就软，富有韧性，吃起来韧而有咬劲、润滑爽口。

选购挂面的窍门

好挂面包装紧，两端整齐，竖提起来不掉碎条。抽出几根面条，或在面条的一端用鼻子闻一下，有芳香的小麦面粉味，而无霉味或酸味、异味。用手捏着一根面条的两端，轻轻弯曲，不容易折断的为上好的挂面。

识别淀粉优劣的窍门

在购买时，可以通过目测来辨别优劣。优质淀粉粉色白净有光泽，粉粒细匀，手感细腻光滑，不粘手；紧捏时，粉尘从指缝外溢，松手时，立即全部松散；若用沸水冲调，熟浆稠厚，浅褐色且微有透明感，用冷水充分搅拌，沉淀后上无浮皮，底无陈泥，粉质纯净，细嚼时无牙碜感和异味。

鉴别酱油质量的窍门

(1) 看色：好酱油色泽明亮，用白瓷碗一涮，碗边挂的酱油浓厚有光泽。劣酱油颜色发乌、浑浊、淡薄，即使色深，也是加了糖色或加热过度。

(2) 品味：好酱油味道鲜美，醇厚柔和，咸甜适口，后味长。劣酱油味薄寡淡，只咸没有鲜味，甚至有一种焦糊味或异臭味。

(3) 闻气：好酱油一打开瓶子或桶，有一股酱油香气和酯香气；劣酱油没有香气，却有种刺鼻的怪味。

鉴别食醋的窍门

优质食醋对光观察透明，无霉花浮膜、悬浮物和沉淀物，无“醋鳗”和“醋虱”，颜色呈琥珀或红棕色，闻起来具有食醋固有的香气，口感柔和，不苦涩，无异味。其中将少量白酒和食盐加入普通食醋中，可使食醋变成香醋。另外厕所内放置一小杯醋，便可轻松去除厕所臭气。注意，食醋需要每周换一次。

鉴别虾油质量的窍门

好的虾油应为橙红色或橙黄色，不发乌。微微摇动瓶子，嗅其气味，具有独特的荤鲜香气，没有腐败臭味。取少量样品放入口内，滋味鲜美余味幽香，无苦涩及异味。

选购豆油的窍门

大豆油一般呈黄色或棕色，豆油沫头发白，花泡完整，豆腥味大，口尝有涩味。

选购菜籽油的窍门

生菜籽油一般呈金黄色，油沫头发黄稍带绿色，花泡向阳时有彩色，具有菜籽油固有的气味，尝之香中带辣。

选购花生油的窍门

将一根光滑明亮的小铁棒烧红后插入花生油中，提起铁棒，油很快流净，并且不沾任何煳物，说明油质量纯正；如果铁棒上有许多煳物，则为劣质油。

鉴别香油是否掺假的窍门

买香油时应注意，新鲜的香油呈黄红色，在光照下看起来透明，没有沉淀，不分层、味浓香。掺假的香油，哪怕是渗入了0.15%左右的水，在光照下看起来就不太透明，液态不如纯香油浓稠；如香油中掺入了0.35%的水，看起来油中有分层，闻着香味不浓。如果香味不浓，而且有一种特殊的刺激味，说明香油已经氧化分解，油质变坏。如被掺入了菜油、棉籽油及其他油等，可用以下方法鉴别：

（1）看色：纯香油呈淡红色或红中带黄色；掺假香油颜色变深，呈黑红色（掺棉籽油）或深黄色（掺菜油）。

（2）试水：用筷子蘸一滴麻油滴到平静水面上，纯香油呈现无色透明的薄薄大油花，掺假香油则会出现较厚的小油花。

（3）在阳光下观察：纯香油透明纯净，如被掺入其他油则油质模糊混浊，甚至可见沉淀变质现象。

巧识掺假味精的窍门

（1）眼看：真味精呈白色结晶状，粉状均匀；假味精色泽异样，粉状不均匀。

（2）手摸：真味精手感柔软，无粒状物触感；假味精摸上去粗糙，有明显的颗粒感。若含有生粉、小苏打，则感觉过分滑腻。

（3）口尝：真味精有强烈的鲜味。如果咸味大于鲜味，表明掺入食盐；如有苦味，表明掺入氯化镁、硫酸镁；如有甜味，表明掺入白砂糖；难于溶化又有冷滑黏糊之感，表明掺了木薯粉或石膏粉。

巧识假碘盐的窍门

将碘盐撒在切开的土豆片上或淀粉溶液中，可变成浅紫色，颜色越深，含碘量越高，无颜色反应的则是假碘盐。

选购辣椒的窍门

(1) 尖辣椒：外形上看体积较小，果实较长，多呈圆锥状，下部尖而弯曲，色泽嫩绿，表面光滑平整，有一定硬度，无虫蛀现象，闻起来辣味较重。

(2) 青椒：果形大而饱满，呈灯笼状，颜色鲜亮，椒体有硬度，果实肉厚而丰泽，气味微辣略带甜香。保存方法是将青椒放入干净的塑料袋中，然后将袋口扎紧，放在通风阴凉处，每隔3日左右检查一次，可以储存30天，取出的青椒依然新鲜饱满。注意，青椒放入塑料袋中时，需要留存些空气。

(3) 朝天椒：辣味极强，外形不大，呈圆形，颜色多为鲜红色或紫红色，通体油润有光，肉子较多。

巧选花椒的窍门

花椒以壳色红艳油润、粒大而均匀、果实开口而不含或少含籽粒、无枝杆及杂质、不破碎的为好。手感糙硬并有刺手、干爽感，轻捏即碎，拨弄时有“沙沙”声响的干度为较好。顶端开裂大的，成熟度高，香气浓郁，麻味强烈。用少许碘酒掺水撒在花椒面上，呈蓝色的为掺假品。

巧辨大料的窍门

大料呈八角形，学名八角，也叫八角茴香、大茴香。假大料有毒，表现特征是果实瘦小，尖端向上弯曲比较明显；果瓣间的接触面呈三角形；果腹面皱纹较多；果色较浅，介于棕红色与土黄色之间；闻起来有樟脑或松叶味；用舌舔有刺激性酸苦味。

购买优质胡椒粉的窍门

在购买时，把瓶装胡椒粉用力摇几下，若是一经摇晃，胡椒粉就松软如尘土，这肯定就是优质胡椒粉；如果胡椒粉变成小块，那么就说明胡椒粉不干燥或者添加了辣椒粉或淀粉。假胡椒粉是用霉变玉米粉、米粉、辣椒粉、黑炭粉、糖、草灰麦皮等杂物为原料，另外加少量胡椒粉，或根本不加胡椒粉研末制作成的。假胡椒粉粉末味道异常，不均匀，香气淡薄或根本没有胡椒香气，而且易霉变和结块。胡椒粉保存时一定需要注意防潮。

判别真假姜的窍门

(1) 正品：呈圆柱形，多弯，有分枝。长5～8厘米，直径0.5厘米。表面棕红色至暗褐色，每节长0.2～1厘米。断面灰棕色或红棕色，气芳香，味辛辣。

(2) 伪品：呈圆柱状，多分枝，长8～12厘米，直径2.3厘米。表面红棕色或暗紫色，节间长0.3～0.6厘米。断面淡黄色。气芳香但比正品香气淡，味辛辣。其所含的挥发油对皮肤及黏膜有刺激作用。

选购鲜肉的窍门

质量好的新鲜肉应为：肌肉有光泽，红色均匀，脂肪洁白（牛、羊、兔肉或为淡黄色）；肌肉外表微干或微湿润，不粘手；指压肌肉后的凹陷立即恢复，具有正常气味，煮肉的汤应清澈，油脂团聚于汤的表面，具有香味。

巧选冻猪肉的窍门

质量好的冻猪肉肉色红且均匀，脂肪洁白有光泽，无霉点，肉紧密，手摸有坚实感，外表及切面微湿润，不粘手，无异味。

质量次的冻猪肉，色呈暗红，缺乏光泽，脂肪微黄，有少量霉点；肉质软化或松弛，外表湿润，微粘手，切面有渗出液，不粘手；稍有氨味或酸味。

巧辨注水猪肉的窍门

辨别注了水的猪肉可通过观察辨别。若瘦肉淡红带白，有光泽、很细嫩，并有水从肉中慢慢渗出，用手摸瘦肉时不粘手，用白纸贴上去很快被水湿透，这就是注水猪肉；没有注过水的瘦肉，颜色鲜红，用手去摸瘦肉粘手，用白纸贴上去不容易湿。

巧辨母猪肉的窍门

老母猪肉不易煮烂，营养价值低，味道也不香。所以买肉时，只要掌握下述特点，就能对老母猪肉予以辨别。

皮粗且厚，显黄色，毛孔深而大；脂肪组织色黄、干涩，并与肌肉分离，用手捏时，像带有沙粒感；瘦肉条纹粗糙，呈深红色；排骨弯曲度大，骨头粗，显黄色，骨髓呈深红色，有黄油一样的液体渗出；老母猪头大，嘴巴长，嘴两边长着较长的獠牙，脚也大，且蹄子磨得很平。

选购咸肉的窍门

质量好的咸肉，表皮干硬清洁，呈苍白色，无黏稠状；肌肉紧密，切面平坦，色泽鲜红或呈玫瑰红色，均匀无斑，也无虫蛀；脂肪呈白色或带微红色，质坚实，具有咸肉固有的气味，无异味。

变质的成肉肉皮黏滑，质地松软，色泽不匀，脂肪呈灰白色或黄色，质似豆腐状，肌肉切面呈暗红色或带灰色绿色，有酸味或腐坏臭味。

选购腊肉的窍门

优质腊肉色泽鲜艳，有弹性，指压后痕迹不明显，肌肉为鲜红色，肥肉透明或呈乳白色，外表干燥，无霉点，有独特的香味。

质次腊肉色泽较淡，肌肉呈暗红色或咖啡色，肉身松软，指压后凹痕能逐渐消除，肥肉表面有霉点，但可抹去，稍有酸味。

劣质腊肉无弹性，肉身松软，指压凹陷明显，暗淡无光，肥肉呈黄色，有明显霉点，抹后仍有痕迹，有异味，且外表湿润发黏。

选购火腿的窍门

优质火腿呈黄褐色或红棕色，腿形直，骨不露，皮细，脂肪少；用手摸表面干燥，组织结实，不松散，不发黏；切面瘦肉的色泽呈深玫瑰色或桃红色，脂肪呈白色或微红色，鼻闻有火腿独特的香味。

变质的火腿切面瘦肉松软，呈酱色，会出现斑点，脂肪变黄呈黄褐色，无光泽，甚至发黏，有酸腐味或臭味及走油和虫蛀等情况，则不能食用。

选购香肠的窍门

购买香肠时，应从以下特征来判定香肠的质量。

质量好的香肠，肠体干燥有皱瘪状，大小长短适度均匀，肠衣与肉馅紧密相连一体，肠馅结实。表面紧而有弹性，切面紧密，色泽均匀，周围和中心一致。肠内瘦肉呈鲜艳玫瑰红色而不萎缩，肥肉白而不黄，无灰色斑点，嗅之芳香浓郁。

质差或已变质的香肠，切面发黏。发霉后，呈灰绿色，肠衣的韧性减弱，没有弹性，切面周围有淡灰色轮环，肠衣与肉馅分离，有腐败味或油脂酸败味。

巧选灌肠制品的窍门

灌肠制品是将鲜肉腌制、切碎或绞成肉糜，加入辅料，灌入肠衣，经煮熟而成的肉制品。

选购灌肠制品时，应注意挑选外皮完整，肠衣干燥，色泽正常，线绳扎得紧，无霉点，肠头不发黑，肠体清晰坚实，富有弹性的产品。切开的灌肠，肉馅应坚实紧密，无空洞或极少空洞。变质的灌肠，香味减退或消失，有异味，不能食用。

选购猪肝的窍门

新鲜的猪肝呈褐色或紫色，并有光泽，表面光洁润滑，组织结实，略有弹性和血腥味，无麻点。不新鲜的猪肝颜色暗淡，失去光泽，肝面萎缩，起皱。

粉肝和面肝质地柔软细嫩，切开处手指稍用力就可插入。粉肝色似鸡肝，面肝色泽赭红。麻肝背面有明显的白色经脉，手摸切开处不如粉肝和面肝嫩软，有粗糙感。石肝色暗红，摸起来比上述3种猪肝都要硬些，手指稍着力亦不易插入。

病死猪肝色紫红，切开后有余血外益，少数生有脓水泡。

灌水猪肝色赭红显白，比未灌水的猪肝饱满，手指压迫处会下沉，片刻复原，切开后有水外溢。

选购猪肚的窍门

新鲜的猪肚富有弹性和光泽，白色中略带浅黄色，黏液多，质地坚硬而厚实。

不新鲜的猪肚白中带青，无弹性和光泽，黏液少，肉质松软，如将猪肚翻开，内部有硬的小疙瘩，系病症，不宜食用。

选购猪大肠的窍门

质量好的猪大肠呈乳白色，略有硬度，有黏液且湿润，无脓包和伤斑，无变质的异味。如果出现绿色，硬度降低，黏度较大，有腐坏味，则为质次或腐坏的大肠。

选购猪腰的窍门

新鲜的猪腰呈浅红色，表面有一层薄膜，有光泽，柔润且有弹性。

不新鲜的猪腰带有青色，质地松软，并有异味。

用水泡过的猪腰体积较大，颜色发白。

选购猪心的窍门

新鲜的猪心呈淡红色，脂肪呈乳白色或微红色，组织结实有弹性，用力挤压时有鲜红的血液或血块排出，湿润，气味正常。

不新鲜的猪心呈红褐色，脂肪污红或呈绿色，气血不凝固，挤压不出血液，表面干缩，组织松软无弹性。

选购猪肺的窍门

新鲜的猪肺呈鲜红或粉红色，有弹性，无异味。不新鲜的猪肺色泽发绿或呈灰色，有异味。

巧选牛肉的窍门

新鲜牛肉肌肉红色均匀，脂肪洁白或淡黄，有光泽；变质的肉色暗淡而无光泽。新鲜肉外表微干或有风干膜，不粘手；变质肉外表极度干燥或粘手，新切面发黏，指压后凹陷不能恢复。新鲜的肉汤透明清澄，脂肪团聚于表面；变质肉有臭味，肉汤浑浊，有黄色或白色絮状物，脂肪极少浮于表面。

选购牛肚的窍门

质量好的牛肚组织坚实，有弹性，黏液较多，白色略带浅黄，其内部无硬粒或硬块。

选购牛肝的窍门

质量好的牛肝颜色呈褐色或紫色，有光泽，表面或切面不能有水泡，手摸有弹性。不新鲜的牛肝颜色暗淡，没有光泽，表面萎缩，起皱，有异味。

巧选羊肉的窍门

新鲜羊肉色红有光泽，质坚而细，有弹性，不粘手，无异味；不新鲜的羊肉色暗，质松，无弹性，干燥或粘手，略有酸味；变质羊肉色暗，无光泽，粘手，脂肪呈黄绿色，有臭味。

巧选涮羊肉的窍门

涮羊肉的选料很重要。如果买现成的袋装羊肉片，应该注意观察羊肉片的厚薄是否均匀，肉色是否新鲜红润。不要买无商标的袋装品。如买肉自行切片，应选购中等大小的羊腿肉，因为羊身太大，肉质老，而羊身太小，则膻腥气较重，味道不佳。用做涮锅的羊肉应选腿部的嫩肉。

羊肉中有时会有旋毛虫，因此，应注意选购经卫生部门检验合格的羊肉。否则，吃了容易感染疾病。

此外，市场上出售的羊肉卷含油量高，杂肉多，一般不宜做涮羊肉。

挑选健康鸡的窍门

（1）抓住鸡翅膀提起，如果它挣扎有力，双脚收起，鸣声长而响亮，表明鸡活力强；如果挣扎无力，鸣声短促、嘶哑，脚伸而不收，肉薄身轻，则是病鸡。同时还可观察鸡翅膀下血管的颜色，如果发黑，则为病鸡。

（2）病鸡的肛门附近常常挂着黄色或白色的稀粪便。

（3）一只健康的鸡在鸡笼里并不拥挤的前提下，应是主动进食喝水的。

总之，健康的家禽（鸡、鸭、鹅）应行动自如，腿脚有力；有病的家禽没精神，萎靡不振，站立不稳，眼睛紧闭或半闭，有时眼睛周围还会有分泌物。

挑选散养鸡的窍门

我们做鸡汤都爱用散养鸡（也称柴鸡、草鸡、土鸡，即农家养的鸡），识别的方法可以看脚：散养鸡的脚爪细而尖长，粗糙有力；而圈养鸡脚短、爪粗、圆而肉厚。

选购煲汤用柴鸡的窍门

笼养的柴鸡是喂饲料的，而纯柴鸡是自己打食的，相比之下，纯柴鸡煲汤效果当然更好。判断是否为纯柴鸡有两点依据：一是纯柴鸡毛色丰富，花的、黑的、白的都有；二是纯柴鸡被宰杀开膛后，流出的油花应为黄色，而笼养的多为白色油花。此外，用于煲汤的柴鸡应选至少 1 年以上的，这样煲出的汤才肉肥味美。可以通过观察鸡小腿上的鳞片判断柴鸡的年龄，鳞片细致的年龄偏小，鳞片粗糙的年龄大些。最后提醒您：用柴鸡煲汤时，一定要在白水煮烂之后才能放盐。如果您嫌鸡太肥油太多，也别把汤中的油全撇出弃掉，等汤喝光后，可用留下的一碗油重新将鸡肉回一下锅，非常入味。

选购乌骨鸡的窍门

乌骨鸡（乌鸡）躯体短矮，头小颈短，眼睛呈黑色，头有黑冠，耳呈绿色，毛有白色、黑色和杂色三种，除两翅外，全身羽毛像绒丝，头上有一撮细毛突起，下颌上连两颊生有较多的细短毛，两短翅、毛脚、五爪、皮、肉和骨为黑色。母鸡在 1000 克以上，公鸡在 2500 克以上者为佳。

鉴别乌骨鸡主要看“十全”：紫冠、缨头、绿耳、胡子、五爪、毛脚、丝毛、乌头、乌肉和乌骨。丝毛纯白，健壮无病，个大而肥，舌乌者为佳。

鉴别活鸡肉质老嫩的窍门

摸鸡的胸上刀骨，尖软的是嫩鸡，坚硬的为老鸡。看鸡爪上的鳞片，整洁有光泽为嫩无光泽且老化生出多层不整齐的粗糙鳞片者为老鸡。老鸡脚掌皮厚且发硬，嫩鸡脚掌皮薄而无僵硬现象。老鸡的脚腕间的突出物较长，嫩鸡的突出物较短。老鸡脚尖磨损光秃，嫩鸡脚尖磨损不大。

辨别家禽活杀死宰肉的窍门

活宰家禽放血良好，有鲜红色血凝块，刀口不平整。表皮细腻干燥、平滑有光，皮紧缩呈淡红色，脂肪呈乳白色或淡黄色。其肌肉切面干燥有光，富有弹性，呈玫瑰色或白中带红。家禽因病、伤死后宰杀时，几乎放不出血或放血不良，故死宰家禽肉呈暗红色，刀口平整，无凝血块。表皮粗糙无光，皮松弛呈暗红色或有出血斑和紫色死斑，脂肪呈暗红色。血管中留有紫红色的血液。肌肉切面细腻，颜色暗红，并有少量紫黑色血滴析出。

巧辨病死畜禽肉的窍门

可从以下几方面辨别是否为病死畜禽肉。

（1）皮肤：病死畜禽肉的皮肤往往有充血点、出血等；没有病的畜禽肉的皮呈白色、淡黄色，有时虽有出血和疤块，但那是由于打伤、咬伤等一些机械性损伤所致，不影响食用。

（2）淋巴结：病死畜禽肉中的淋巴结常见充血、肿大、瘀血、化脓、水肿等，一般呈灰紫色或暗紫色；无病畜禽的淋巴结呈淡灰白色或淡黄白色，浅粉色。

（3）放血刀口：病死畜禽的放血刀口切线平整、切面平滑，没有血液浸润区；无病畜禽的放血刀口粗糙、切面外翻，刀口周围有血液浸润。

（4）血液：病死畜禽肉因放血不全，血管内会有较多血液且血液中可见有气泡；没有病的畜禽肉放血良好，血管里不残留血液或残血很少，看不出血管走向与分布状况。

（5）肌肉：病死的畜禽的肌肉没有弹性，暗紫色甚至黏软，平切面肌肉有淡黄色或粉红色液体，或切面肌肉流出紫色、紫黑色液体；好的畜禽有弹性、光泽，呈棕红色或粉红色，无任何液体流出。

（6）脂肪：病死畜禽肉的脂肪由于没放血或放血不全而呈粉色、粉红色、黄色或绿色；无病畜禽肉的脂肪呈白色或乳白色，煮后肉汤澄清，且团聚于表面，具有香味。

巧辨注水家禽肉的窍门

一些人在出售鸡、鸭之前，在鸡、鸭等禽体内注入了许多水，以加重鸡、鸭禽体的重量。识别是否为注了水的家禽肉的方法有以下两点。

未注过水的鸡、鸭等禽体身上在用手摸时；感觉比较平滑；皮下注了水的鸡鸭则是高低不平，摸起来好像长有大包。

用一张干燥易燃的薄纸，贴在已去毛的鸡、鸭等禽体的背上，用力往下压，然后取下用火点纸，若纸燃烧，说明未注水，若不燃烧，则说明注了水。

鉴别冷藏禽肉的窍门

经过冷藏的禽肉不容易看出其新鲜程度，在鉴别时应注意观察下列几个部位。

（1）皮：新鲜的禽肉表皮较干燥，并呈淡黄色或白色，具有特有的气味；不新鲜的表皮发湿，呈淡灰色或灰黄色，并有轻度异味；非常不新鲜的表皮特别潮湿，呈暗灰黄色，有的部位带淡绿色，并有发霉味或腐败味。

（2）嘴部：新鲜的，嘴部有光泽，干燥，无异味；不新鲜的，嘴部无光泽，无弹性，有异味；非常不新鲜的，嘴部暗淡，角质软化，口角有黏液，并有腐败的气味。

（3）眼部：新鲜的禽肉眼球充满眼窝，角膜有光泽；不新鲜的，眼球部分稍微下陷，角膜无光，如果眼球全部下陷，角膜暗淡并有黏液，则为特别不新鲜的。

选购鲜鱼的窍门

选购鲜鱼时，可观察鲜鱼的嘴、鳃、眼、体面黏液和鱼体肉质等状况。鲜鱼嘴紧闭，口内清洁；鳃鲜红、排列整齐；眼稍凸，黑白眼珠分明，眼面明亮无白蒙；表面黏液清洁、透明，略有腥味；鱼体肉质有一定的弹性，鳞片紧附鱼体，不易脱落，否则即为不新鲜。鱼是否被污染可通过以下方法鉴别：

（1）看鱼眼：没有受到污染的鱼，鱼眼微突，富有色泽；受到污染的鱼，眼球浑浊，有的眼球明显突出。

（2）看鱼鳃：没有受到污染的鱼，鱼鳃鲜红，排列整齐；受到污染的鱼，鳃呈白色，而且其状非常粗糙。

（3）看鱼尾：没有受到污染的鱼，鱼尾正常；受到污染的鱼，其尾脊弯曲僵硬，呈畸形。

（4）闻气味：没有受到污染的鱼，有一种新鲜湿润的腥味；受到污染的鱼则有一种汽油或类似氨的气味。

巧选虾皮的窍门

选购虾皮时，只需用手紧握一把虾皮，若放松后虾皮能自动放开，说明其质量很好。这样的虾皮一般比较清洁，多呈黄色，有光泽，体形完整，颈部和躯体也紧连着，且虾眼齐全。如果放松后，虾皮相互粘结且不易散开，则说明虾皮已经变质。这样的虾皮外壳无光，体形一般不完整，碎末较多，颜色多呈苍白或暗红色，并有霉味。

巧挑海鲜的窍门

（1）干贝：优质新鲜的干贝呈淡黄色，如小孩拳头大小。粒小者次之，颜色发黑者再次之。

（2）大虾：虾的营养价值很高。好的虾，虾壳、须硬，呈青色且有光亮，眼凸，肉结实，味腥的为优。若壳软，色灰浊，眼凹，壳肉分离的为次。凡色黄发暗，头角脱落，肉松散的为劣。

（3）海参：海参的品种很多，一般以体型大、无沙粒、肉质厚、背有肉刺的刺参为上品。

（4）河蟹：立秋前后是购买河蟹的好季节，此时的河蟹最为饱满。选择时应挑蟹螯夹大，腿完整、饱满，爬得快，蟹壳青绿色，有光泽的。连续吐泡并有声音的为新鲜河蟹；死河蟹不可食用。尖脐为雄蟹，团脐为雌蟹。雌蟹黄多，雄蟹黄少但肉质鲜嫩。

（5）海蟹：沿海一带可买到新鲜海蟹，四五月份的海蟹最肥，雌蟹黄多，雄蟹黄少。一般购买的都是冷冻死蟹，挑选时要择其蟹腿完整，蟹壳呈青灰色，壳两端的壳尖无损伤的；同时，将蟹拿在手中，其腿关节应有弹性。具备以上条件者即为新鲜海蟹。

（6）甲鱼：甲鱼即鳖，也叫团鱼，俗称王八。怎样鉴别甲鱼的好坏呢？背壳呈青色的清水甲鱼比背壳呈黄色的黄沙甲鱼好；甲鱼尾部超出背壳的为雄性，反之为雌性，雄性比雌性好。一般750克左右的雄性清水甲鱼为上乘。

（7）鱿鱼干：好的鱿鱼干体形完整，光亮洁净，肉肥厚结实，呈卷曲状。次品尾部呈浅粉色，背部为暗红色，两侧有微红点。

（8）黄鱼干：黄鱼干又称黄鱼鲞，是以鲜大黄鱼腌制而成的。优质黄鱼干的肉质紧密不软，呈丝状，洁净有光泽，气味清香，不泛油。

巧选松花蛋的窍门

挑松花蛋时要先看皮色，蛋皮灰白并带有少量灰黑色斑点的蛋最好，皮色越黑的蛋质量越差。

（1）用手掂：五指并拢，将蛋放在手掌上下轻轻掂起，蛋落下时如有弹性颤动的感觉则表明是好蛋，弹性越大，质量越好。

（2）用食指敲：用手指敲打蛋的小头，感到有弹性颤动的为好蛋。

（3）日光透视：对着日光透视，新鲜鸡蛋呈微红色、半透明状态，蛋黄轮廓清晰；如果昏暗不透明或有污斑，说明鸡蛋已变质。

（4）观察蛋壳：蛋壳上附一层霜状物、蛋壳颜色鲜明、气孔明显的是鲜蛋；陈蛋正好与此相反并有油腻。

（5）用手轻摇：无声的是鲜蛋，有水声的是陈蛋。

（6）用水试：要测量蛋的新鲜度，可将蛋浸入冷水里，如果其平躺在水里，说明新鲜；如果它倾斜在水中，说明其至少已存放了3～5天；如果蛋直立在水中，可能已存放10天之久，如果浮在水里，说明这种蛋有可能变质了。

辨别鸡蛋好坏的窍门

（1）蛋壳洁净无斑点，对光透明，蛋黄阴影清晰的为新鲜蛋；反之，蛋壳有灰白斑，有裂缝，对光照射蛋体不透明，或边缘有阴影。

（2）把鸡蛋放在盛满水的盆里，如果鸡蛋在水中沉下去就是新鲜鸡蛋，浮起来的鸡蛋是坏蛋。这是因为新鲜的鸡蛋比重比水大，所以放在水里会沉下去。

巧辨孵鸡淘汰蛋的窍门

孵鸡淘汰蛋不但食用味道不好，而且没有营养价值，因为其内部的组织已被破坏。

淘汰蛋有以下三个特点：

（1）一般鸡蛋的重量有 50 克左右，经过孵化的鸡蛋只有 40 克左右，拿在手里时，觉得分量较轻。

（2）鸡蛋的颜色呈暗灰色，而蛋壳的表面没有一点光。

（3）将鸡蛋拿到耳边，用手摇晃，有明显的响声。

选购莴苣的窍门

以分量重、光泽好、无空心、身体短的为上等。带叶莴苣而且叶嫩的多为上品。

挑选莴笋时应注意以下四点：

（1）笋形粗短条顺、不弯曲、大小整齐。

（2）皮薄、质脆、水分充足、笋条不蔫萎、不空心，表面无锈色。

（3）不带黄叶、烂叶、不老、不蔫。

（4）整修洁净，基部不带毛根，上部叶片不超过五六片，全棵不带泥土。

鉴别甘蓝菜的窍门

甘蓝，这里是指结球甘蓝，又叫洋白菜、圆白菜、大头菜、卷心菜等。它是北方寒冷地区的主要菜种之一。

（1）良质甘蓝：叶球干爽，鲜嫩而有光泽，结球紧实、均匀、不破裂，无机械伤，球面干净，无病虫害，无枯烂叶，可带有 3～4 片包青叶。

（2）次质甘蓝：结球不紧实，不新鲜，外包叶变黄、有少量叶子或者有虫咬的痕迹。

（3）劣质甘蓝：叶球开裂，外包叶腐烂，病虫害严重，有虫粪。

选购四季豆的窍门

选购时，以爬蔓的四季豆为好。上等的四季豆，豆荚鲜绿色，荚肉肥实，一般为扁平条（有些呈圆棍形），折之易断。荚肉和豆粒不分离，无斑点，无虫咬。烹饪四季豆的时候，可以放入少量的食醋，不但味道鲜美，而且更容易将四季豆烧软。

选购蕹蒂的窍门

蔬菜市场上的蕹菜有白梗、青梗两个类型。青梗上市较早，但吃口老；白梗上市虽迟，但吃口嫩。一般说来，游藤的老，粗梗的嫩。游藤是蕹菜长期缺少氮肥的一种异常长相，即蕹菜的茎不再呈直立状，而是明显变细，呈蔓性，菜农称之为爬藤。6 月、7 月、8 月、9 月为食用蕹菜的最佳时期。

巧识有毒蘑菇的窍门

鉴别蘑菇是否有毒，可在煮蘑菇时，放进几粒白米饭，如果米饭粒变黑，即为毒蘑菇，不可食用。如果米饭粒没有变黑，即是无毒蘑菇，可食用。

巧辨香菇的窍门

香菇又名冬菇、香蕈。

挑选香菇时，首先应鉴别其香味，可用手指压住菇伞，然后边放松边闻，香味醇正的为上品。伞背呈黄色或白色的为佳，呈茶色或掺杂黑色则为次。

巧选平菇的窍门

鲜平菇可分为两种：菌伞呈乳白色、菌柄较长的平菇口感香脆；菌伞呈浅灰色或黑褐色、菌柄较短的平菇味道鲜美。一般来说，好的鲜平菇应外形整齐，完整无损，色泽正常，质地厚实，清香醇正，无杂味，无病虫害。应选用八成熟的鲜平菇食用，这时菌伞的边缘向内卷曲，而不是翻张开，此时营养价值高，味道最鲜美。鲜平菇上有蛛网状的绿色及煤黑色等异色的常是受病虫损伤所致。

鉴别冬菇的窍门

最好选用野生的冬菇，野生冬菇蒂头梗子比较长，这是因为它生长在野外，生长期比较久之故，而人工栽种的冬菇蒂头则比较短。除了看梗子之外，还可看梗子中间是否有一条线穿过的痕迹。山里人将采摘的野生冬菇用长丝一一穿起（所穿部位就是冬菇梗子），在太阳下晒，这种冬菇比用烤箱烤干的冬菇味道更鲜美。

鉴别猴头菇的窍门

质量好的猴头菇呈金黄色或黄里带白；菇体完整，无残缺、伤痕，菇体干燥；菇体形如猴头，呈椭圆形或圆形，大小均匀，茸毛齐全，毛多且细长；菇体不蛀、不霉、不烂。质量差的菇体色泽黑而软；形状不规整，大小不均匀，菇体有伤痕或残缺不全，水分含量高；毛粗而长。有的伪劣产品为了增白，用化学药剂或硫磺处理成不正常的白色，食用这种菇对人体有害无益，不可选购。

巧辩木耳优劣的窍门

（1）看色泽：好木耳是乌黑色的，色泽均匀；掺假木耳为黑灰色，伴有白色附着物，是用米汤浸泡所致。

（2）尝味道：好木耳在口中嚼后有浑厚鲜味感。掺假木耳则呈甜味，这是因为用米汤浸泡后的木耳质地酥脆，掺入糖即可增加其韧劲。

（3）辨质地：好的木耳质地坚硬，且有韧劲，用手捏不易捏碎。掺假木耳则显脆，稍微一掰即碎断脱落，含在嘴里边即变软。

另外，还可采取浸泡法判别，方法是：拿一小撮放入碗中，用开水浸泡后，若膨胀成满满一碗，则为好木耳；若没有膨胀多少，则为掺假木耳。

巧识绿豆芽的窍门

集贸市场上，常会有一些用化肥发制的绿豆芽，如食用者不加小心，会引起食物中毒。下面是绿豆芽鉴别要点：

（1）颜色：正常的绿豆芽略呈黄色，不正常的颜色发白，豆粒发蓝。

（2）粗细：正常的绿豆芽不太粗，不正常的芽茎粗壮。

（3）水分：正常的绿豆芽水分适中，不正常的水分较大。

（4）味道：正常的绿豆芽无异味，不正常的有化肥味。

另外，绿豆芽挑短一些的好。据分析，如果绿豆芽生得过长，所含蛋白质、淀粉等会被消耗、损失掉，纤维也会变得硬、粗而不易消化。一般认为以发芽 3 天时间、长度 6 厘米左右的为好，既保持了绿豆中的营养成分，吃起来又脆嫩可口。

挑选苦瓜的窍门

苦瓜身上一粒一粒的果瘤，是判断苦瓜好坏的特征。颗粒愈大愈饱满，表示瓜肉愈厚；颗粒愈小，瓜肉相对较薄。选苦瓜除了要挑果瘤大、果形直立的，还要颜色青绿，因为如果苦瓜出现黄化，就代表已经过熟，果肉柔软不够脆，失去苦瓜应有的口感。在重量上，苦瓜以 500 克左右最好。具备以上条件的苦瓜一般不会太苦，非常适宜生吃。

挑选黄瓜的窍门

通常，挂白霜、带刺的瓜为新摘的鲜瓜；有纵棱、瓜鲜绿的是嫩瓜。粗细均匀、条直的瓜肉质好；黄色或近似黄色的瓜为老瓜；瓜条肚大、尖头、细脖的畸形瓜，是发育不良或存放时间较长而变老的瓜。瓜把、瓜条枯萎的瓜采摘后存放时间较长。

巧选冬瓜的窍门

在挑选黑皮冬瓜时要注意，这种瓜形如炮弹，好的黑皮冬瓜外形匀称、肉质较厚、没有斑、瓜瓤少，可食率高。肉质不均匀、外形畸形或不匀称、可食率低的次之。现在的小家庭一般不会买一整个的大冬瓜，吃不了容易坏，通常都是买切块的。在购买切块的冬瓜时，可以用手按冬瓜的瓜肉，肉质疏散的较差，肉质坚实的冬瓜为佳。挑冬瓜也要掂分量。分量重的通常肉厚、水分足、瓤少，是好的冬瓜；分量轻的水分不足、肉质疏松、瓤多则较差。

挑选萝卜的窍门

因为胡萝卜中胡萝卜素的含量因部位不同而有所差别。和茎叶相连的顶部比根部多，外层的皮质含量比中央髓质部位要多。所以，购买胡萝卜，你应该选粗短、心小、肉厚的那一种。一般都挑颜色看着自然嫩红的，捏着比较厚实的那种，发软的千万别买，这种胡萝卜已经存放了较长时间。也不要买太大的胡萝卜，上下粗细差距不大的比较好。不要买那些看起来很干净的，干净是用药水泡过的，是为了让萝卜看起来更水灵、更鲜艳，上面还带泥土的胡萝卜才是真正新鲜的。

巧选土豆的窍门

土豆即马铃薯。选购时应尽量挑选表皮没有斑点、没有伤痕、没有皱纹的。青绿色和已发芽的土豆不宜选用。

巧选茄子的窍门

茄子色泽以暗紫色为上品，茄子皮表面应有光泽，若蒂部有棘状突起的，更为新鲜。

巧辨茭白的窍门

茭白颜色为乳白色，肉质柔嫩，纤维少，味清香。

选购茭白，以根部以上部分膨大、掀开叶鞘一侧即略露茭肉的为佳。皮上如露红色，是由于采摘时间过长而引起的变色，其质地较老。如果发现壳中水分过多，也是采摘时间过长的。茭白过嫩或发青、变成灰色者，不能食用。

鉴别香菜的窍门

好的香菜外表呈青绿色，根茎质地脆嫩，新鲜坚韧，无烂叶黄叶，闻起来带有香菜特有香味。注意，菜叶发黄、腐烂的香菜，不仅没有香气，而且可能产生毒素，对身体极为有害，不宜食用。根茎粗大、像小芹菜般大，且没有香菜味，这样的香菜含有大量的农药、化肥，不宜食用。

鉴别韭菜的窍门

韭菜按叶片宽窄来分，有宽叶韭和窄叶韭。宽叶韭看起来较嫩，香味清淡；窄叶韭卖相不如宽叶韭，但吃口香味浓郁。如果想吃韭菜味重一些，当以窄叶韭为首选。要注意，叶片异常宽大的韭菜要慎买，这样的韭菜栽培时有可能使用了生长刺激剂。

购买菜花的窍门

选购菜花时，主要看两条：一条是花球的洁白度，以花球洁白微黄、无异色、无毛花的为佳品；二是花球的成熟度，以花球周边未散开的最好。优质菜花花球紧实，握之有重量感，无茸毛，可带4～5片嫩叶；球面干净，无虫害，无污泥，无霉斑，无损伤。

花球表面出现的“紫花”是花球接近成熟时遇低温形成花青素引起的，“毛花”是由花丝、花柱的无序生长所致。

购买芹菜的窍门

芹菜新鲜不新鲜，主要看叶身是否平直，新鲜的芹菜是平直的。存放时间较长的芹菜，叶子软，叶子尖端就会翘起，甚至发黄起锈斑。不管哪种类型的芹菜，叶色浓绿的不宜买。因为叶子“墨黑”，说明生长期间干旱缺水，生长迟缓，粗纤维多，吃口老。若是芹菜出现明显的枯黄现象，并且开始发烂，尤其是菜叶有明显的虫蛀现象，绝对不可以食用。

鉴别豆角的窍门

好的豆角身形粗细匀称，颜色翠绿新鲜，豆角子粒饱满，表面无裂口、无皮皱、无虫蛀为佳。劣质的豆角有很明显的溃烂，而且溃烂处有时候甚至可以看见虫子或者虫粪，购买时需要特别注意。

购买番茄的窍门

购买番茄时，应选购个大均匀，颜色鲜艳饱满，肚脐小，不裂不伤，皮薄无虫疤为佳。其中成熟番茄个大匀称，颜色鲜亮，掰开后籽粒呈土黄色，番茄果肉鲜嫩，颜色为自然红色略带青黄，质地沙糯多汁，口感好，酸甜适中。催熟番茄外表上无法辨别得出，但是掰开后可发现，无子粒或子粒为青绿色，肉质无汁、无沙，较为干硬，口尝感觉淡而无酸甜味，有涩感。

巧辨黄花菜的窍门

黄花菜又名金针菜，食用方法是浸发洗净后用来配菜。

黄花菜的质量鉴别是一看二摸。看：颜色金黄而有光泽的为上品，黄褐色或黑色者为次。外形要求肥壮均匀，挺直不卷曲，长短一致，无花蒂，未开花，无虫，不霉。摸：手捏感觉有弹性，放手后其能自动散开恢复原状。

巧选笋干和玉兰片的窍门

笋干是以新鲜毛笋，经煮熟、压榨、焙干而成。食用前，经过水发，基本上能恢复笋原有的鲜嫩。挑选笋干要选择形状扁平、干燥干净、肉厚质嫩、色如黄蜡、无老根、不发霉的。

玉兰片是以冬笋或春笋经蒸、烘干、熏磺等加工而成，因其形、色泽似玉兰花瓣而得名。优质玉兰片色泽玉白，表面光洁，肉质细嫩，体小肉厚而结实，笋片紧密，无老根，无焦片，无霉蛀。

巧选藕的窍门

池藕栽于池塘，白嫩多汁，上市迟；田藕栽于水田中，质略次，有11孔，上市早。藕以夏、秋季的为好。夏天称“花香藕”，秋天称“桂花藕”。选购带泥的藕，宜选节短且粗孔中无泥者，自藕尖起第二节为最佳。藕的尖节较嫩，可拌食，中段可炒食，老的可塞糯米或煮成桂花糖藕。

巧选银耳的窍门

质量较好的银耳呈黄白色，干燥，朵大，肉厚且有香味。纯白色是人工处理的，不可取。

观外形：好木耳卷曲紧缩，掺假木耳体态膨胀，显得肥厚，边缘也较为完整，很少卷曲。

购买腐竹的窍门

（1）看：优质的腐竹是淡黄色的且有一定的光泽，通过光线能看到纤维组织。劣质的腐竹很可能呈现出一块黑、一块黄、一块白的色块，且看不出纤维组织。

（2）泡：取几块腐竹在温水中浸泡10分钟左右（以软为宜），优质腐竹所泡的水是黄色而不混浊，劣质腐竹所泡的水是黄色而混浊。

（3）拉：用温水泡过的腐竹，轻拉有一定弹性的为优质腐竹，而劣质腐竹则没有弹性。

识别发菜真伪的窍门

发菜主要产于我国西北，因营养丰富，产量稀少，被视为山珍之一。近来发现市场上有用玉米的须加工染黑、干燥后，冒充发菜出售的。

（1）正品发菜：干制品色泽乌黑，质轻细长如丝，蜷曲蓬松，形状很像散乱的头发，无污泥杂质，有清香气味，用手捏略有弹性，用清水浸泡膨胀三倍左右，用手拉尚有伸缩性，入口有柔润爽脆感。

（2）伪品发菜：条粗丝短，入水浸泡不能涨发，浸泡后手拉不能伸缩，质硬，入口无柔润爽脆感。购买者要注意鉴别，以免上当。

巧选水果的窍门

1. 苹果

要挑选色泽鲜艳、外形圆滑的，无斑痕无虫蛀；除此之外，用手掂掂比一般苹果沉些，用指尖轻敲，声音清脆的多是好苹果。

2. 鲜梨

除了比较梨的外形、颜色以外，还可比较、观察梨的花脐部位，挑选花脐处凹坑最深的购买。这样的梨清脆可口，汁多味鲜。

3. 柚子

广西、湖北、四川等地产的沙田柚是优良品种，其下有一个淡土红色的线圈可与其他品种相区别。除了沙田柚以外，在购买柚子时不要挑选细颈葫芦形的。大小体积相同时，宜选分量重的，这样的柚子水分多、味道甜、不发苦。轻轻按压时若能觉察到柚子皮下的海绵瓤较薄，说明质量属上乘。

4. 草莓

新鲜的草莓都带有像绿帽子一样的绿蒂，如“帽子”嫩绿，果肉鲜红、香味浓郁，则属上乘。

5. 香蕉与芭蕉

（1）颜色：香蕉不熟时是青绿色，熟后转黄色并带褐色斑点，果肉是黄白色，横断面为圆形；芭蕉皮呈灰黄色，熟后无斑点，果肉为乳白色。

（2）外形：香蕉呈月牙状弯曲，皮上有五六个棱，果柄短；芭蕉两端比较细、中间比较粗，一面略平，另一面略弯，呈圆缺状，果柄较长，果皮上有 3 条棱。

（3）味道：香蕉香味浓郁，味道甜美；芭蕉味道也甜，但回味带酸。

6. 西瓜

（1）摸：用手摸瓜面，如果感觉软而发粘的是生瓜；滑而硬的则是熟瓜。

（2）拍：轻拍瓜身，声音“嘭嘭”响，手感重的是生瓜；瓜声“噗噗”，手感轻的，说明这个瓜酥熟。

（3）听：用拇指顶住瓜头，放在耳边听有沙沙之声，便可断定是沙瓤熟瓜。

（4）掐：用指甲掐瓜皮，若是生瓜皮则难入，熟瓜皮脆而多水。

（5）看：熟西瓜的表皮光滑富有蜡状，皮上花纹黑绿透亮；瓜体周正匀称；瓜把比较细干、不鲜绿、无白毛；瓜脐小并向里凹。

7. 葡萄

（1）颜色：果粒颜色较深、较鲜艳，如“玫瑰香”为紫黑色，“龙眼”为紫红色，“巨峰”为黑紫色，“牛奶”为黄白色。

（2）鲜度：一般果穗大，果粒饱满，外有白霜者品质为最好，干柄、皱皮、脱粒者质次。

（3）甜度：除品尝外，还可从其外观看。一般来讲，果粒紧密，生长时不透风且光照较弱，味较酸；而果粒较稀疏者，味较甜。

8. 桃子

（1）外形：果体大，形状端正，外皮无伤、无虫蛀斑，果色鲜亮，成熟时果皮多为黄白色，顶端阳面微红。

（2）手感：硬度大的一般为尚未成熟的；过软的为过熟桃；肉质极易下陷的已腐烂变质。

（3）果味：果肉白净，肉质细嫩，果汁多，甜味浓并有该品种桃特点的为上品。

9. 菠萝

（1）成熟：皮色黄而鲜艳，果眼下陷较浅，果皮老易剥，果实饱满味香，口感细嫩。

（2）未熟：皮色青绿，手按有坚硬感，果实有酸涩味。

（3）过熟：皮色橙黄，味浓香，手按果体发软，果眼溢出果汁，果肉失去鲜味。

10. 柿饼

（1）柿形：体圆完整，大小均匀，边缘厚实，萼盖居中，贴肉不翘。

（2）柿霜：霜厚洁白者为上品；霜薄或灰白色者质量较差；无霜、发黑者质劣。

（3）柿肉：肉色橘红，柔软不涩，无核少核，食而无渣者为优质；肉呈黑褐色、手感坚硬或粘手者为质次。

11. 香瓜

如果香瓜散发出香味就是好瓜。可选择两个同样大小的瓜，沉的瓜是好瓜，轻的则是次瓜。

12. 哈密瓜

（1）看色泽：哈密瓜皮色分果绿色带网纹、金黄色、花青色等几种，成熟的瓜色泽鲜艳。

（2）闻瓜香：成熟的瓜有瓜香，没成熟的瓜则无香味或香味很淡。

（3）摸瓜身：成熟的瓜坚实而微软，太硬的没熟，太软则过熟。

13. 鲜枣

选购鲜枣，宜选八成熟的品尝，口感松脆香甜的为优质枣；皮色青绿且无光泽者多为生枣，口感不甜且涩，皮色红中带锈条、斑点的枣，存放时间较长。捂红的鲜枣，缺光泽且发暗，不够甜脆。表皮过湿或有大小不同的烂斑，多是浇过水的枣，不易久存。缺少水分或有绵软感的枣属于次等枣。

14. 荔枝

新鲜荔枝应该个大均匀，色泽鲜艳，质嫩多汁，核小肉厚，味甜，富有香气。挑选时可以先在手里轻捏，好荔枝的手感应该发紧而且有弹性。若是荔枝头部比较尖，而且表皮上的“钉”密集程度比较高，说明荔枝还不够成熟，反之就是一颗成熟的荔枝。若是荔枝外壳的缝合线明显、龟裂片平坦，味道一定会很甘甜。

购买葡萄干的窍门

葡萄干应选果粒均匀、干燥，用手捏紧不破裂，颗粒之间不粘连、无柄梗、无僵粒，更没有泛糖油的现象。好的葡萄干表面还应有薄薄的糖霜，拭去糖霜，白葡萄干色泽晶绿透明，红葡萄干色泽紫红呈半透明。优质的葡萄干肉质柔软，味甜，有韧性，鲜醇可口，肉质内无其他杂质。劣质葡萄干粒小而干瘪，捏紧后破碎多且相互粘连，肉质硬，外表无糖霜，有发酵气味。

选购松子的窍门

购买松子应该选择松子壳形饱满，颜色浅褐且光亮，壳硬且脆，果仁嫩白丰盈，粒大均匀，易脱出的为好。如果松子壳颜色较暗，松子仁干瘪、腐烂或变干，则为劣质松子，不宜购买。

鉴别糕点的窍门

糕点长久存放，外表会出现干缩、皱皮现象，糕点变得僵硬；有的糕点霉变后，表面有霉斑；有的糕点由于吸收水分，产生回潮现象，变得松塌，色香味下降，食用后会危害人身体健康。长久存放的糕点会发出油脂酸败味道，偶有哈喇味，应注意辨别。另外，购买蛋糕要注意保质日期，以及包装上注明的原料是否科学、健康。

购买蜂蜜的窍门

（1）颜色：优质蜂蜜颜色呈白色、淡黄色或红色，液体半透明或不透明有沙砾状糖精，鲜亮有光泽，用筷子挑起一点，蜜汁向下流动连续不断且呈现折叠状态，气味纯正，味道极甜不刺喉咙，特殊的香气。

（2）掺糖蜂蜜：蜂蜜中如果掺进白糖，则蜜汁口感略酸，甜味变淡，葡萄糖洁净不显著，将蜜汁滴在纸上能渗透，如果取出一份掺糖蜂蜜，加入适量蒸馏水（蜂蜜与蒸馏水的比例为 1∶4），稀释成蜂蜜水后加入浓度为 95% 的酒精，会呈现出混浊状，无白色絮状物；如果蜂蜜中掺入蔗糖，则蜂蜜外观呈现洁净粒透明状，晶粒硬不容易用手碾碎，口感有砂粒感，不易溶化。

（3）掺淀粉蜂蜜：掺入淀粉或面粉的蜂蜜，蜜颜色混浊厚重，如果取出一份蜂蜜煮开，加入几滴碘酒会出现蓝色、绿色或红色；也可用光滑的粗铁条烧红后插入结晶蜜中，铁条取出后有附着物。

（4）劣质人工蜜：劣质人工蜜是用白糖、糖或榨糖厂的废糖加入化学药物如硫酸、纯碱、盐酸、酒石酸等物质制成，颜色通体透明，稀而无质感，味道甜而不香醇。

鉴别果酒质量的窍门

（1）好的果酒，酒液应该是透明、清亮、没有悬浮物和沉淀物，给人一种清澈感。果酒的色泽要具有果汁本身特有的色素。如红葡萄酒，要以深红、红宝石色或琥珀色为好；白葡萄酒应该是微黄色或无色为好；梨酒以金黄色为佳；苹果酒应为黄中带绿为好。

（2）各种果酒应该有自身独特的色香味。如红葡萄酒一般具有浓郁醇厚的香气；白葡萄酒有果实的清香，给人以柔和、新鲜之感；苹果酒则有陈酒酯香和苹果香气。

鉴别黄酒质量的窍门

（1）香气鉴别：黄酒以香味馥郁者为佳，即具有黄酒特有的酯香。

（2）色泽鉴别：黄酒应是淡黄色或琥珀色的液体，光泽明亮，清澈透明，无悬浮物和沉淀物。

（3）酒度鉴别：黄酒酒精含量一般为14.5%～20%。

（4）滋味鉴别：应是醇厚而稍甜，酒味柔和无刺激性，不得有辛辣酸涩等异味。

鉴别葡萄酒质量的窍门

优质葡萄酒酒体晶莹透亮，无沉淀，酒香沁人心脾，品尝一小口，醇厚宜人，满口留香，缓缓咽下，更感觉绵醇悠长，通体舒坦，令人回味。劣质葡萄酒酒体混浊、有沉淀，闻起来过香过甜，不醇厚。国家要求在酒瓶商标上注明产品的名称、配料表、净含量、纯汁含量、酒精度、糖度、厂名、厂址、生产日期、保质期、产品标准代号等，如有标注不全或不标注出厂日期、厂名、厂址的则是劣质产品。开葡萄酒先用手握住瓶颈处，然后用瓶底轻轻碰撞墙壁，会发现木塞慢慢地向外顶，木塞顶出一半时停止，轻拔即可。注意，拔木塞时应注意瓶中尽量没有气泡。

鉴别真假洋酒的窍门

（1）看色泽：真洋酒颜色凝重有光泽，清澈透明；假冒酒颜色不正，色彩黯淡，酒液混浊不清，有杂质浮物，酒体无质感。

（2）看外包装：真洋酒包装盒上商标齐全，字迹清晰，印刷水平好，凹凸感强，包装外封口完整，酒瓶瓶颈处有商标，有洋酒固有的编号程序。假的洋酒商标图案模糊、凌乱，商标不齐全，编号不符合洋酒行编号程序。一般真洋酒封口有铝封、铅封，名贵洋酒包装外会有银封，商标内有防伪标志，有各自的密码数字暗示生产日期。

（3）品味道：真洋酒有它特有的色、香、味，优质洋酒酸甜苦辣的各种刺激相互协调，相辅相成，一经沾唇，醇美无比，品味无穷。不过通过品尝来识别真假是需要一定专业水平的。

鉴别纯净水的窍门

（1）正品“白桶”外观比较透明光滑，桶身呈均匀、纯正的淡蓝色或白色，无杂质、无黑点，用手指敲击桶壁声音清脆，韧性较强；有毒“黑桶”外观呈暗蓝色或乳白色，色彩暗淡不均匀，透明度较差，桶壁多杂质，多黑点，用手指敲击桶壁声音沉闷，跌落性能及韧性均差，多次使用后易开裂、变形。

（2）真水桶盖的色泽比较纯正，有很强的光泽感，一般有一圈弧线的压痕撕口，很容易被沿线撕开，假水桶盖颜色发暗，第一印象就是次料或者回收材料做的，很难或者根本撕不开。

购买果汁饮品的窍门

（1）浓度：原果汁含量越多，果汁浓度越高，口感会越好。选购果汁时，应该观察果汁瓶上标有的果汁含量标识，合理选购。

（2）成色：天然果汁放置时间过长之后，透明度降低，颜色深厚而有质感。这是由于天然果汁被氧化的缘故，并不影响口感和营养。

（3）分层：好的果汁，瓶底会有部分果肉沉淀，喝之前要充分摇晃均匀。

（4）配料：选购果汁时，要自己观察果汁瓶上的配料标签。

（5）产地：好的产地决定好水果，好果汁，因此挑选果汁时，应该注意果汁生产商的水果供应产地。

巧识变质酸奶的窍门

优质酸奶颜色呈乳白或淡黄色，奶液细腻均匀，质地醇厚，表面可见少量的乳清，吃起来酸甜可口，香气浓郁。变质酸奶，颜色呈深黄或霉绿色，有的呈流质状态，不凝块；或口感酸味过浓，有酒精发酵过的味道；有的冒气泡，闻起来有霉味。注意，购买时要看准生产日期，变质酸奶不宜购买。

挑选奶粉的窍门

（1）看色泽：优质奶粉颜色乳白或略带淡黄，均匀有光泽，无结晶体。包装完好，商标、说明、封口、厂名、生产日期、批号、保质期和保存期等俱全，同时要注意所含钙、磷比值标准是否达到 1.2～2.0。

（2）闻气味：正常奶粉有清淡乳香味。

（3）尝味道：正常奶粉品尝起来，口感细腻、发黏，颗粒均匀，甜香适中。

（4）用手捏：优质奶粉手感松散柔软，细腻。

注意：在超市购买奶粉时，可以用手轻轻摇动铁罐装的奶粉，如果听到清晰的沙沙声音，则说明奶粉质量很好。

鉴别新茶与陈茶的窍门

新茶外表光泽、干爽，茶根部嫩绿透亮，颜色鲜嫩，用手碾碎后呈粉末状，气味清香浓郁，泡起来不容易下沉，茶味浓厚，爽口清香。陈茶色泽灰黄无光，茶叶有潮气不易捏碎，气味不清爽，冲泡后茶根部陈黄不明亮，茶汤深黄，醇厚但味道不浓重。

鉴别茶叶优劣的窍门

优质茶叶条索整齐，色泽均匀调和，油润光亮，不会混有黄片、茶梗、茶角等非茶类杂质。冲泡后，叶片舒展顺畅，徐徐下沉，茶汤纯净透明。好茶叶叶片干燥，质地硬脆。优质茶叶气味清香扑鼻，无发霉、烟焦等异味。

二、食品清理

淘米的窍门

大米中含有一些溶于水的维生素和无机盐，而且很大一部分在米粒外层，因此米不宜久泡。在淘米过程中，维生素损失可达到一半左右，蛋白质、脂肪、糖等也会有不同程度的损失。如果多次淘洗、久泡或用力搓，会使米粒表层的营养素大量随水流失掉。

温水泡米的窍门

（1）大米是我们生活中最常吃的食物之一，但其中含有一种叫植酸的物质，会影响身体中的蛋白质和矿物质，尤其是钙、镁等重要元素的吸收。

（2）大米含有一种可以分解植酸的植酸酶。植酸酶在40℃～60℃环境下活性最高，因此，在淘米的时候，可以先将大米用适量的温水浸泡一会儿，然后再淘洗。在温水浸泡的过程中，植酸酶非常活跃，能将米中的大部分植酸分解，不会过多地影响身体中蛋白质和钙、镁等矿物质的吸收。

清除蔬菜农药的窍门

污染蔬菜的农药品种主要是有机磷类杀虫剂，水洗是清除蔬菜水果上其他污物和去除残留农药的基础方法，但有机磷杀虫剂难溶于水，用水清洗仅能除去部分农药。因此在清洗蔬菜时，先用水冲洗掉表面污物，果蔬清洗剂可增加农药的溶出，所以浸泡时可以加入少量果蔬清洗剂，浸泡后再用流水冲洗蔬菜2～3遍。

处理发蔫菜的窍门

将发蔫菜放进滴入3～5滴食醋的清水中浸泡一会儿，然后清洗干净，会使发蔫的蔬菜鲜嫩如初。而且这种蔬菜吃起来有一种酸溜溜的感觉，很是爽口，最大的优点就是并不影响蔬菜的口味。也可以在炒这些发蔫菜时适量多放入一些食盐和鸡精，这样也可以使发蔫菜变得鲜嫩起来。

处理冻菜的窍门

先将速冻蔬菜用冷水冲洗去掉冰碴，再将菜放入锅中用旺火爆炒，这样可以有效保持速冻蔬菜的新鲜。烹煮汤时，则最好在锅内汤煮沸后再加入蔬菜。千万不可以贪图快速而用热水烫菜。

巧洗菜花的窍门

菜花营养丰富，但是其上常有残留的农药和虫子。在吃之前，先将菜花在盐水中泡几分钟，即可除掉菜虫和残留农药。

去菠菜中草酸的窍门

菠菜中含有草酸，只要把菠菜放入开水中焯一下，约有 80%的草酸溶解在水里，这时捞出菠菜，再做菜吃，既可除去涩味，又能大大减少草酸的坏作用，菠菜的营养成分损失也不太大。

卷心菜去除异味的窍门

卷心菜又叫圆白菜，其肉多筋少叶大，鲜嫩清脆。但它有一种不爽口的异味。在炒菜或做馅时，只要调入适量的甜面酱用以代替酱油，就可清除掉卷心菜的异味。如果再配上葱或韭菜，吃起来会更清香可口。

番茄去皮的窍门

（1）取一汤锅，把水煮沸。

（2）放入洗干净的番茄，关火，用开水烫软皮。

（3）这时候番茄皮会自动爆开一条口子。

（4）沿口子撕皮，皮整张都能快速干净地剥下。

在切番茄时将果蒂放正，沿着纹路切，可以有效地防止果浆流失。番茄皮含有丰富营养元素，应该保存。

苦瓜去苦的窍门

（1）盐水法：用盐剎出苦瓜的汁水，并挤干后再烹炒，是有效去除苦瓜苦味的好办法。

（2）大火爆炒：利用大火猛炒让苦瓜中的汁水迅速散发，减少苦味。

(3) 高温去苦：将苦瓜切片后用开水汆烫一下再烹炒，也能降低苦味。

(4) 冰镇除苦：将苦瓜切片后放入冰水中浸泡一段时间再拿出来，吃的时候可以配合冰块上桌，如吃鱼刺身一样，别有一番风味。

处理土豆的窍门

(1) 去豆腥：将土豆切成块状放入开水中煮5分钟，然后捞出沥干即可。或者用盐开水浸泡土豆，然后取出去皮，也可以去除土豆腥味，并且使土豆更加坚实嫩滑。

(2) 去豆皮：先将土豆清洗干净，然后用金属丝清洁球去刷土豆皮，可以又快又好地清洗干净。或者将清洗干净的土豆放置在滚水中浸泡3～5分钟，取出后立即放入冷水里，然后再用手指或小刀轻刮，土豆皮即可轻易剥下，土豆表面光洁干净。还可以将新鲜土豆用水淋湿，粗略去除表面的泥土，然后用干丝瓜瓤反复揉搓土豆皮，即可轻易除下大片土豆皮，而且不容易擦伤土豆。

(3) 防变色：可以将削皮或切开的土豆，立即浸泡在清水中，随用随取，即可有效防止土豆变色。在烹煮过程中，如果土豆变成了褐色，则可以在锅内滴入几滴食醋，这样可以使土豆颜色变白，且更加鲜嫩。

(4) 防粘锅：先将土豆削皮洗净切成丝，然后用清水将土豆丝冲洗一遍后再下锅煸炒，这样炒出的土豆丝不仅不会粘锅，而且土豆丝根根清脆，吃起来也很爽口。

处理洋葱的窍门

(1) 切洋葱时，将一盆清水放在旁边，可以减轻洋葱对眼睛的刺激。

(2) 可以将洋葱放入水中切，这样可以有效避免洋葱刺激眼睛流泪的现象。

(3) 在切洋葱前，先将洋葱冷冻一段时间，然后再拿出来切，也可减少洋葱的刺激。

(4) 切好的洋葱蘸上少量的面粉，然后再放入锅中煸炒，可使炒出的洋葱质地脆嫩，美味可口。如果在烹炒中，在锅内加入少量的白葡萄酒，可以防止洋葱炒煳，炒出的洋葱色泽更加鲜亮。

巧洗香菇的窍门

洗香菇时，要先将香菇在60℃温水中浸泡1小时左右，然后用手朝一个方向旋搅，等香菇慢慢张开，沙粒就可随之落入盆底，然后再用清水冲洗一遍，并将水轻轻挤出即可。

巧洗干蘑菇的窍门

正确的洗刷方法是：先用凉水冲刷，然后再用温水发开褶皱，要轻轻刷洗，不能攥挤。最后用少量清水浸泡。浸过蘑菇的汤水不必倒掉，待澄清后可放入菜汤中。这样洗的蘑菇吃起来不感到牙碜，而且还能保持蘑菇的香味与营养。

用温水泡蘑菇香味会被泡掉。若要使蘑菇不跑味，最好先用冷水洗净，然后再浸泡在温水中并加一些糖，这样既能使蘑菇吃水快，保持住蘑菇的香味，又能因为蘑菇中浸进糖液，烧后味道更鲜美。

巧洗黑木耳的窍门

（1）涨发木耳时，在水中加少量醋，然后轻轻搓洗，即可除去木耳上的沙土。

（2）将泡发的黑木耳放入温水中，然后加入两勺淀粉，再搅拌，可以去除黑木耳上细小的杂质和残留的沙粒。

巧去莲心皮的窍门

莲子好吃，但去皮费时。巧用食碱能帮忙，其方法是：在锅内倒入适量的水，加热后放入少许食用碱，搅匀后放入莲心，边加热边搅动，10 分钟左右，莲心皮开始皱起，即可捞出，倒入冷水盆内，用手搓揉，莲心皮就都掉了。

巧去芋头皮的窍门

在需要给芋头去皮的时候，可以先将芋头装入塑料袋，扎住袋口，放入水里浸泡，使芋头表面充分吸水，然后反复提拉搓揉，很快就可以把芋头皮脱去，个别凹陷部位动手刮几下就可以了。也可将芋头浸泡水中半小时，然后放进压力锅蒸或煮，开锅盖上限压阀 10 分钟即熟，出锅用冷水冷却后挤皮，既快又干净。

巧治剥山药皮手痒的窍门

先将清洗干净的山药放进锅中煮 4～5 分钟取出，等凉后再剥山药皮，可以有效防止因为削皮，山药汁粘黏到手上而感觉手痒的问题。注意，煮山药不能过度，山药被煮熟或被煮烂都不行。

巧削芋头皮止手痒的窍门

在削芋头皮前，先将芋头放置在热水中烫一次或是在炉子上烘烤一下手，这样再削皮时，就不会感觉到手痒了。也可以先将芋头浸泡在水中 30 分钟，然后取出用压力锅蒸熟，再用冷水冷却去皮，又快又干净。

巧洗笋干的窍门

应先将笋干放入锅中，加适量水煮 20 多分钟，用温水闷一下再捞出，除去老根，洗净，浸泡在清水中待用。

洗鲜肉的窍门

从市场上买回来的肉，上面黏附着许多脏物，用自来水冲洗时油腻腻的，不易洗净。如果用热淘米水清洗，脏物就容易清除掉。也可拿一团和好的面团，在肉上来回滚动，就能很快将脏物粘下。

除猪肺腥味的窍门

取白酒50克，从肺管里慢慢倒入。然后手拍打两肺，让酒液渗入到肺的冬个支气管里。半小时后，再灌入清水拍洗，即可除去腥味。

清洗猪肚的窍门

一般人都使用盐擦洗猪肚，但效果并不是特别好。如果在清洗过程中再用一些醋，那么效果会更好。因为通过盐醋的作用，可把肚中的脏气味除去一部分，还可以去掉表皮的黏液，这是醋使胶原蛋白改变颜色并缩合的结果。清洗后的肚要放入冷水中，用刀刮去肚尖老茧。

一定要注意，洗肚时不能用碱，因为碱具有较强的腐蚀性，肚表面的黏液在碱的腐蚀作用下，使表面黏液脱落，同时也使肚壁的蛋白质受到破坏，减少肚的营养成分。

猪腰去臊的窍门

要做好猪腰菜肴，首先要清除猪腰子的臊臭味：将腰子剥去薄膜，剖开，剔除腰臊污物筋络，切成所需的片或花状，先用清水漂洗一遍，捞出沥干，按500克猪腰用50克白酒的比例用白酒拌和捏挤，然后用水漂洗2～3遍，再用开水烫一遍，捞起后便可烹制。

巧拔猪蹄毛的窍门

猪蹄好吃，营养也高，但猪蹄上毛比较多，收拾起来十分费力。那么，拔猪蹄毛有什么窍门？

将洗净的猪蹄先在沸水中煮一下，再放入清水中，用指甲钳拔毛。这样拔毛又快又好又干净，比用其他工具快好几倍，用同样的方法也可以拔鸭子的绒毛。

巧洗猪肝的窍门

将猪肝用水冲5分钟，切成适当大小，再用冷水泡四五分钟，取出沥干，不仅洗得干净而且可去腥味。

巧洗猪肠的窍门

(1)用少量的醋、微量的盐兑水制成混合液，将猪肠放入浸泡片刻，再放入淘米水中泡一会儿（在淘米水中放几片橘片更好），然后在清水中轻轻搓洗两遍即可。

(2)先用清水冲去污物，再用酒、醋、葱、姜的混合物搓洗，然后放入清水锅中煮沸，取出后再用清水冲，这样就可以洗得很干净了。

去猪肝猪心秽气的窍门

猪肝、猪心等有一种秽气，可放些面粉擦一下，秽气就可以消除。经过这样处理以后，再进行加工烹调，味正鲜美。

咸肉巧退盐的窍门

人们习惯用清水漂洗咸肉，以为这样可以退盐减咸，其实这并不能达到目的。正确方法是把咸肉放在浓度低于咸肉所含盐分的淡盐水中漂洗几次，咸肉中的盐分就会逐渐溶解在盐水中，最后再以淡盐水清洗一下，就可以烹制了。

沸水加醋速褪鸡鸭毛

烧一锅开水，加醋一匙，将宰杀完的鸡鸭放入锅中，使水浸过鸡鸭，不断翻动。待几分钟后取出，鸡鸭毛轻拔即会脱掉。

沸水放食盐烫鸡鸭防止脱皮

在沸水中放一汤匙食盐，先烫鸡鸭的脚爪和翅膀，再烫鸡鸭的身体，能防止拔毛时脱皮。

面团可除羊肉粘毛

羊肉上如粘有绒毛，手搓不掉，水也不易洗掉。只要和上一小团面，在不洁的羊肉上滚来滚去，绒毛即可去掉。

巧用胆汁除甲鱼腥味

在宰杀甲鱼时，从甲鱼的内脏中拣出胆囊，取出胆汁。将甲鱼洗净后，再在甲鱼胆汁中加些水，涂抹甲鱼全身。

稍待片刻，用清水漂洗干净，经过这样的处理以后，烹调出来的甲鱼不但没有腥味，而且味道更加鲜美。

用食盐巧宰鳝鱼

鳝鱼营养丰富，吃起来油嫩滑口，是老幼皆宜的美味佳肴，但宰杀鳝鱼却比较麻烦。这里介绍一种非常简便的宰杀方法。

在宰杀鳝鱼之前，先把鳝鱼放到容器内，撒上一点食盐，然后盖上盖子，不到两分钟，鳝鱼便死了。然后把鳝鱼一条条取出剖洗干净，用这种方法剖杀的鳝鱼，味道格外鲜美。

加酒宰杀黄鳝妙法

把黄鳝用水洗后捞入容器内，倒入一小杯酒（酒度不能太低），片刻黄鳝醉晕过去（但还未死），即可任你宰杀。

带鱼去鳞的窍门

（1）把带鱼放在温热碱水中浸泡一会儿，然后用清水冲洗，鱼鳞就会洗得很干净。

（2）把带鱼放入 80℃左右的热水中烫 15 秒钟，然后立即移入冷水里，用刷子刷，也能很快除去鱼鳞。

（3）将带鱼放在温水中浸泡一下，然后用脱粒后的玉米棒来回擦，鳞易除又不伤带鱼肉质。

巧洗鱼黏液的窍门

鱼体上有一层黏液，尤其是鲜鱼。洗鲜鱼时，只要在放鱼的盆中滴入一两滴生植物油，即可除去鱼上的黏液。

除鱼胆苦味的窍门

剖鱼时，不小心扯破鱼胆，做出的鱼就会带有苦味，胆汁不仅有毒而且影响味道。用酒、小苏打或发酵粉便可以使胆汁溶解。因此，在沾了胆汁的地方涂上些酒或小苏打将胆汁溶解，然后用冷水反复冲洗干净，就可去除苦味。

洗鲜墨斗鱼的窍门

墨斗鱼因体内含有大量墨汁，清洗起来颇不容易，有一种很好的清洗办法：将新鲜墨斗鱼的表皮撕掉，剥开背皮，拉掉灰骨。取一容器，多放些清水，将墨斗鱼放入其中，在水中拉出牢头，连内脏一起拉掉，再在水中去掉墨斗鱼的眼珠，流尽墨汁。

在去墨斗鱼眼珠时，注意眼中含有的墨汁很容易射出，会弄脏衣服，故在水中操作可避免。多换几次水，将内外洗干净，墨斗鱼就清洗好了。

洗鲜虾的窍门

清洗鲜虾时，用剪刀将虾头的前部剪去，挤出胃中的残留物。将虾煮至半熟时剥去甲壳，此时虾的背肌很容易翻起，可把直肠去掉，再加工成各种菜品。

巧去虾仁腥味的窍门

（1）把虾仁放在容器里，加入料酒、姜、葱，揉捏、浸泡。

（2）在滚水中放一根肉桂棒，将虾放入烫一下。此法去腥不但效果很好，还不影响虾的鲜味。

巧洗海蜇皮的窍门

将海蜇皮放入5%的食盐液中泡片刻，再放进淘米水中清洗，最后用清水冲一下，海蜇皮上的沙粒即可清除干净。

铁器巧使贝类吐泥

把贝类养在放有如菜刀等铁器的淡水里2～3小时，贝类一闻到铁的气味，就会很快吐出泥沙。

巧洗螺、蚌的窍门

买回家的螺、蚌土腥味重。巧用香油能帮忙。方法是：将螺、蚌冲洗二三遍后，在盆中倒入清水，滴几滴香油，搅匀，再把螺、蚌放进去，几分钟后螺、蚌子里的泥土吐净，再经过冲洗，即可烹饪食用了。

巧除炸过鱼的油的腥味

将炸过鱼的油放在锅内，烧热，投入少许葱段、姜片和花椒，炸焦，然后将锅离火，抓一把面或者调匀的稠淀粉浆放入热油中，面粉受热后煳化沉积，吸附了一些溶在油内的三甲胺，从而可除去油的大部分腥味。

清洗海参的窍门

海参沾醋后即收缩变硬。海参中的灰粒（碱性物质）和醋中和，并溶于水中。随后放入自来水中，浸2～3小时，至海参还原变软，无酸味和苦涩味即可。沥尽水分，即可烹制。

小苏打巧洗墨鱼干、鱿鱼干

洗前将鱼干泡在溶有小苏打粉的热水中半小时，这样就很容易去掉鱼骨，剥去表皮。

巧发蹄筋的窍门

蹄筋有两种发法：

（1）水发：在烹制的前一天晚上，把干蹄筋用温水浸泡一夜，第二天加清水，炖或蒸 4 小时，直至蹄筋绵软，然后捞入清水中浸泡 2 小时，剥去外层筋膜，再用清水洗净，即可烹制菜肴。

（2）油发：将蹄筋用温水洗干净掘干，然后放入温油锅中，一直用温油浸炸，将里外发透。炸好的蹄筋，以用手一掰即断、断面呈海绵状为宜。然后放入加有微量碱的温水中泡透，并将蹄筋中的油挤出，再放入清水中漂洗待制。

巧发木耳的窍门

食用木耳前，先将其泡在热米汤中，过半小时后再捞出。这样泡发的木耳，不仅肥大松软，而且味道鲜美，非常好吃。若无米汤，直接用清水泡发也可。

巧发鲍鱼干的窍门

发鲍鱼干时，先用冷水加盐（每 500 克水加 5 克盐）泡一夜（没过鲍鱼），第二天早晨捞出放入热水中轻搓。然后再放入清水中洗净，去腥味，即可烹制。

巧泡干货的窍门

1. 笋尖、玉兰片

先用开水泡 10 小时左右，再用温火煮 10 分钟，接着用淘米水浸泡，换水若干次，浸泡 10 多个小时，兰片横切开无白茬时为发透。用淘米水泡，兰片色泽鲜白。

去掉半玉兰片杂质后洗净，放入开水中浸泡 5～6 小时，回软后再上火煮 30 多分钟，捞出放入热米汤里（泡出来色白）。此后，每天早、晚各煮开一次，3 天即好。

2. 海蜇皮

先用凉水洗净，切成丝，用开水烫一下捞出，再经几次搓洗，将细沙洗净即成。

3. 蘑菇

先将其放在热水中泡半小时左右，然后用凉水洗去泥沙，剪去根，再放到凉水内泡几小时即可烹饪。

4. 干贝

涨发前先把干贝上的老肉去掉，用冷水清洗后放在容器内，加入料酒、葱、姜及适量的水（以淹没干贝为度），上笼蒸 1 小时左右，用手捏得开即可，与原汤一起存放备用。

5. 海米

用温水将海米洗净，再用沸水浸泡 3～4 小时，待海米回软时，即可使用。也可用凉水洗净后，上屉蒸软。如果夏天气温高，可将发好的海米用醋浸泡，可长时间放置。

6. 海带

用淘米水泡发海带，其易胀、易发、煮时易烂，且味美；水泡海带时，最好换水 1～2 次。但浸泡时间不要过长，最多不超过 6 小时，以免其中的水溶性营养物质损失过多。

7. 发鱿鱼的方法

先用清水将鱿鱼浸泡 1 天左右捞出。根据鱿鱼的数量，按每 500 克鱿鱼 50 克烧碱的比例，将烧碱用清水化开，加适量水（以能淹没鱼为度），把鱿鱼放入其中浸泡，勤翻动，使其吃碱均匀。待鱿鱼体软变厚时，捞入清水中浸泡即可。

清洗葡萄的窍门

首先挤一些牙膏在手上，双手搓一搓，再轻轻搓洗葡萄，洗葡萄的过程要快、轻，时间掌握在 5 分钟以内；倒掉脏水，用清水冲洗干净，冲洗至没有泡沫为止，然后用筛子沥干水；最后用一个平底锅的锅盖，铺上一条干净的毛巾，将沥干的葡萄倒入其中，一次大约一层葡萄的厚度，而且可以滚动。双手握好平底盘，前后摇动，使葡萄均匀滚动，这样一来，残存的水分就可以吸干了。

用开水巧除苹果皮

苹果最有营养的是贴在皮下的那部分，用刀削皮总是会把最有营养的部分一起削掉。怎样才能弥补这种不足呢？

把苹果放在开水中烫 2～3 分钟，这时皮便可像剥水蜜桃那样撕下来。这样既去了皮，又保留了苹果的营养。

桃子除毛的窍门

（1）将桃子用水淋湿（先不要泡在水中），抓一撮细盐涂在桃子表面，轻轻搓几下，注意要将桃子整个搓到。接着将沾着盐的桃子放水中浸泡片刻，此时可随时翻动。最后用清水冲洗，桃毛即可全部除去。

（2）桃子外面全身覆盖着一层细细的毛，用手擦洗，或用洗涤液都不能有效除去，若用清洁球擦拭，效果明显。

（3）可将买来的鲜桃，放在事先准备的盐水里，一大碗水放半汤匙食盐，浸泡 1 分钟。将桃按住后用手转圈轻轻一抹，桃毛就会彻底地脱掉，再用清水冲洗就可食用。

巧去桃皮的窍门

将桃浸入开水中1分钟，取出后再迅速浸入冷水中，然后捞出，就可以很容易地将皮剥去。

巧剥橙皮的窍门

“甜橙好吃皮难剥”，好多人这样感叹。为了省事，有人把橙子像切西瓜那样切成块吃，这样，汁水外溢，非常可惜。如果你把橙子放在两手中间用力搓，直到皮软，就可像橘子那样好剥皮了。这个方法很值得一试。

核桃去壳剥皮的窍门

吃核桃时，用一个锤子或砖头砸开硬壳就可以吃果仁，但往往果仁也被砸碎，怎样才能取出完整的果仁呢?

将核桃放在蒸笼内用大火蒸8分钟取出，立即放入冷水中浸泡，3分钟后捞出，逐个破壳，就能取出完整的果仁了。

把去了壳的果仁再次投入开水中烫4分钟，取出后只要用手轻轻一捻，就能把皮剥下。

开水浸泡易剥生板栗

把板栗用刀切成两瓣，去外壳后放在盆里，加上开水，浸泡3～5分钟，捞出放入冷水中浸泡3～5分钟。再用手指甲或小刀就很容易剥去皮，风味不变。

巧去栗子皮的窍门

(1) 把要吃的生栗子置阳光下晒一天，栗子壳会开裂，这时无论生吃还是煮熟吃，都很容易剥去外壳和里面那层薄皮。

(2) 用菜刀将每个板栗切一个小口，然后加入沸水浸泡，约1分钟后即可以从板栗切口处很快地剥出板栗肉。

放盐水巧洗草莓

先用清水冲洗草莓，然后将其放入盐水里浸泡5分钟，再用清水冲去咸味即可食用。这样洗既可杀菌，又可保鲜。

处理半熟西瓜的窍门

当你不小心买回了半熟的西瓜，不要紧，这里教你一招，让半熟的西瓜变成美味的果汁。在西瓜瓜蒂处横切一刀，挖去部分瓜瓤，在瓜体内放置适量葡萄干，盖上瓜盖，密封存储于阴凉处，10日过后，即可制成略带葡萄鲜味的西瓜葡萄水。这样的西瓜水可以清热降火。也可以将瓜瓤全部挖出，或刮取汁液，倒入碗中，拌入适量蜂蜜或白糖，置冰箱中半小时，待糖溶化后再吃，很是清凉可口。若以此西瓜汁液含口内慢慢吞咽，还能治疗口疮等症。

催熟香蕉的窍门

（1）将买回的一大梳香蕉分开，一般是6～7个香蕉装在一个干净的食品袋中，在香蕉袋中放入一个成熟的香蕉或者放入一个成熟的苹果，扎紧密封后放在20多度的地方，3～4天后即成熟。

（2）将装香蕉的食品袋放在25℃的地方，扎紧密封，3～4天后成熟。

掌握香蕉的催熟温度很重要。温度低，催熟时间较长效果差。温度过高，如超过30℃，叶绿素不能消失，叶黄素和胡萝卜素显现不出来，香蕉虽然软了，但果皮仍然是绿色的。最适宜的催熟温度为20～22℃。特别注意不能放在冰箱储存保鲜。

处理菠萝的窍门

一般来说，个头较小并且体粗的菠萝果肉比个头瘦长者要多，也更结实，这样的“矮胖子”也相对味更甜、更好吃。买菠萝的时候还要注意看大小，大个的菠萝熟得比较透，比小个子“发育”得更好，味道比较甜。还可以仔细闻一下水果的底部，香气越浓表示水果越甜。此外，还可用手轻轻按压菠萝，以判断它的成熟度。坚硬而无弹性的是带生采摘果，所含糖分不足；有凹陷的则为成熟过度的菠萝；挺实而微软的是成熟度最适宜的，果肉也饱满；如果有汁液溢出则说明已经变质，不能再吃。

三、加工烹饪

江米变黏的窍门

江米中的黏性存贮于细胞当中，若用水淘过马上就包粽子，即使上等江米也不会很黏。正确的做法是用清水浸没江米，每天换2～3次水，浸泡几天后再包粽子。由于细胞吸水将细胞壁胀破，黏性成分释放出来，可使粽子异常黏软。

只要每天坚持换水，江米是不会变质的，但水量要足，否则米吸足水后暴露于空气中，米粒就会粉化。

蒸米饭的窍门

（1）熟米饭不宜久放，若在蒸米饭时，按 1.5 千克米加 2～3 毫升醋的比例蒸煮，可使米饭易于存放和防馊，而且蒸出的米饭无醋味，饭香味还更浓。

（2）若是用电饭煲煮饭可以先将大米用冷水浸泡一段时间，然后再倒入热水中焖，这样再用电饭锅蒸米不仅省电，而且米饭软糯可口。

（3）烧稀饭时，在锅中滴入几滴芝麻油，开锅后用小火煮，就可以防止外溢。

（4）煮粥时，淘洗干净的米在锅半开时再下入，即可防止冒锅外溢。

（5）要想消除锅巴，可在锅中加入少量米酒（以没过锅底为宜），浸泡 2～3 分钟后轻刮锅底，便可去除粘在锅底的米饭。

焖饭的窍门

（1）煮饭时，可适当在锅中加些食醋（按 1.5 千克大米加 2～3 毫升食醋的比例）或柠檬汁，焖出的米饭洁白，也无酸味。

（2）在水中加几滴植物油或动物油，不仅使焖出的米饭松散味香，还不会煳锅。

注意：焖饭时最好用开水。

处理夹生饭的窍门

如果把饭做成了夹生饭，不要慌张，你可用锅铲把夹生饭炒散，按 500 克米 50 克黄酒的比例，把黄酒倒入锅内，用文火焖至黄酒挥发，饭就不夹生了，且吃不出酒味。

焖饭加“料”的窍门

煮米饭时加入 2%的麦片或豆类，不但好吃，而且富有营养。

把鸡蛋壳洗净放入锅中，微火烤酥，研成粉末，掺入洗好的米中，即可煮成“钙质米饭”，正常人和缺钙病人食用都有好处。

除去米饭焦糊味的窍门

（1）用一只碗盛上冷水，放到饭锅中间，压入饭里，使碗边与饭齐平。然后盖上锅盖，将炉火改小，焖一两分钟再揭锅，即可消除焦味。

（2）把饭锅从火炉上端下来，打开盖，将三五根鲜葱段放在饭上，再盖上锅盖。几分钟后，把葱段取出来，饭的煳味就消除了。

（3）一旦闻到饭的焦糊味，可把饭锅置于 3～6 厘米深的冷水中，或放在泼了凉水的地面上，约 3 分钟后焦糊味即可消除。

（4）米饭出现了焦糊味，可用一小块烧红的木炭装在碗里，置入锅中。将锅盖好，十几分钟后，揭开锅盖，取出炭碗，焦味即可消除。

（5）饭有焦糊味时，赶快把火关掉。在米饭上边放一块面包皮，盖上锅盖。5分钟后，面包皮即可把焦糊味吸收。

熬粥的窍门

（1）泡：先将米用冷水浸泡30分钟，让米粒膨胀，可以节省熬粥时间，熬出的粥口感好。

（2）煮：开水煮粥，煮粥不煳底，而且熬粥更省时间。

（3）火：用大火煮开后，再转小火熬煮约30分钟。

（4）搅：开水下锅时，顺时针搅几下盖上锅盖，至文火熬20分钟时，再开始不停地搅动，持续10分钟，到呈黏稠状为止。

（5）油：粥改文火后煮10分钟，再滴入数滴食用油，粥色泽鲜亮，入口鲜滑。

（6）分：粥底、粥料，分头煮焯，最后再一块儿熬煮片刻。这样粥品清爽不混，味道好不串味。

（7）把淘洗好的米倒入烧开的水中，加入少许食油，这样再煮开后，粥就不容易粘在锅底或随水蒸气溢出锅外。

（8）如果是剩饭煮粥可以将剩饭用水冲洗一下后再煮，就不会发黏，如同新米煮出的粥一样美味。

剩饭煮粥的窍门

用剩饭煮粥，总是黏糊糊的。但如果先将剩饭用水冲洗一下再煮，就不会发黏，而且会像新米煮出的稀饭一样好喝。

剩米饭返新的窍门

剩米饭再蒸时，在蒸饭水中加1茶匙盐，这样蒸出的饭和刚煮的饭一样可口。

发面的窍门

（1）和面时，在面粉中加适量的啤酒（啤酒和水的比例约为1：1），可以使蒸出来的馒头松软鲜香。

（2）用发酵粉发面时，加上一些白糖，可以缩短发酵时间。将鲜酵母用温水化匀，再将鲜酵母溶液倒进面粉糊中，反复揉搓，当面不粘手时，将面团擀成一大块，放在盛器内自然发酵。5小时后，面团即可发酵好。一般1000～1500克面粉用一块鲜酵母即可，如需要加快发酵时间，也可适量多加些鲜酵母。在和面时，加入少量食盐拌和，可以使干面不结团。

（3）用食盐（按 500 克面粉放入 5 克盐的比例）代替碱面，放入发好的面中揉搓，既能去除发面的酸味，又可以防止蒸出的馒头发黄。

蒸馒头的窍门

（1）用压力锅蒸：压力锅内压力大，温度高，馒头蒸得透，淀粉转化的麦芽糖多，吃时越嚼越甜。压力大，淀粉分子链拉力增强，吃起来有弹性，有嚼劲。

（2）用凉水蒸：不宜用开水蒸，因为生馒头突然放入开水的蒸笼里，使之急剧受热，馒头里外受热不匀，容易夹生，蒸的时间也长。如果锅里放的是凉水，温度上升缓慢，馒头受热均匀，即使馒头发酵差点，也能在温度缓慢上升中弥补不足，蒸出的馒头又大又甜，还比较省火。

（3）轻松去碱：如果碱稍多，可迟点再上屉蒸，若是时间来不及，可增加温度至 28℃。在这样的温度下，面里的酵母菌可加快繁殖速度，产生酵素和乳酸，与面里的碱中和，这样面团既无酸味又无碱味。

如果加碱太多，可以适当加些面肥或发酵粉，再加些面粉，将面揉好放一会儿，即可解除碱味。

处理黄馒头的窍门

馒头蒸熟后，发现碱大发黄时，将蒸锅的水舀出一部分，然后往锅里加进一些醋，再将发黄的馒头蒸 15 分钟左右。碱遇酸发生中和反应，馒头就变白了，且无碱味。

炸馒头省油的窍门

油炸馒头时，先准备好一碗凉水。把馒头切成片状，油烧至八成热时，用筷子或者用夹子把馒头片夹住放凉水中浸透。然后立即放在锅里炸，浸一片炸一片，这样炸出来的馒头既好吃，又省油。为使油遇凉水不“炸锅”，可先在油锅里加点盐。

蒸包子的窍门

在抹布上滴几滴油擦箅子，这样可以防止包子和箅子粘连。然后再在下层箅子中间放上一个杯子，杯子的高度要略高于包子，然后上面加放一层箅子，再摆好包子。开锅后再蒸 15 分钟即可。这样一锅就可以多蒸几屉包子了，省时又省力。

煮面条的窍门

（1）当看到锅底有小气泡往上冒时就下面，煮沸后加冷水，再盖锅煮熟，可使煮出的面，面柔汤清。

（2）在煮面时，淋入少许香油，可以防止面汤起泡沫溢出锅外，而且煮好的面条捞出之后也不易粘连。

（3）如果一时找不到擀面杖，擀面条时，用灌有热水的瓶子代替擀面杖，还可以使硬面变软，更筋道。

（4）将一些米酒喷在面条上，面条团就能轻松散开。

（5）在下面条时，适量加些食醋，能消除面条碱味，也会使得面条由黄变白，味道更好。

煮挂面的窍门

挂面本身很干，用旺火煮，水太热，面条表面易形成黏膜，水分不容易向里渗透，热量也无法向里传导。

相反，如用慢火煮，就有了让水和热量向面条内部传导渗透的时间，这样，反而能将面条煮透煮好，并且汤清、利落。

制作饺子的窍门

（1）鸡蛋饺子：和饺子面时，在面中加入适量鸡蛋（按每500克面加1个鸡蛋的比例），擀出的饺子皮就会变得结实，挺括不粘连。

（2）煎饺：将一个不锈钢蒸屉放入平底锅中，加少量油，煎出的饺子便可均匀不煳。

（3）处理饺子水：包饺子的白菜或瓜馅，挤出的水含有多种维生素，挤掉太可惜，不挤掉水又不好包。现介绍一个办法：把挤出的菜水放到肉馅里，用筷子顺时针方向搅肉馅，使之成为肉滑，然后，再和菜馅搅匀，这样饺子馅就不再出水了，而且包出的饺子既不失营养味道又鲜美。

（4）煮水饺：煮水饺时，在水里放一颗大葱或加入少量食盐，可使饺子味美且不粘锅。饺子煮熟后，把饺子捞出用温开水中冲一下再装盘，能使饺子不粘在一起。

（5）煮饺子不露馅：将菜馅和肉馅放在不同的容器里，分别调制好。在菜馅中加入适量花生油、食盐调拌均匀。用干净的纱布挤出菜馅中渗出的汁水，放入肉馅中搅匀。然后把菜、肉馅混合在一起搅拌均匀即可。这样拌的馅儿可以避免煮饺子的时候破皮露馅。

高压锅做饺子的窍门

（1）煮饺子：在高压锅里加半锅水，置旺火上，水沸后，将饺子倒入（每次煮80个左右），用勺子搅转两圈，扣上锅盖（不扣安全阀）。待蒸汽从阀孔喷放约半分钟后关火，直至不再喷气时，开锅捞出即可。

（2）煎饺子：把高压锅烧热以后，放入适量的油涂抹均匀，摆好饺子，过半分钟，再向锅内洒点水。然后，盖上锅盖，扣上限压阀，再用文火烘烤5分钟左右，饺子就熟了。用此方法煎出来的饺子，比蒸的、煮的或用一般锅煎出来的饺子都好吃。

巧用高压锅烙饼松软可口

在高压锅底部擦上油后加热锅，然后把生面饼团放在锅中，盖上锅盖扣上限压阀，1分钟后打开锅盖将饼翻面，然后加盖再烤1分钟即可。用这种方法烙饼，面团受热均匀，饼酥软可口。其中在和面时加入一些啤酒，做出的葱油饼或甜饼，又香又脆，还有肉香味。

啤酒做饼味香

做葱油饼或甜饼时，在面粉中掺一些啤酒，饼又香又脆，还有点肉香味。

巧做面包

和面粉的时候，倒入适量的啤酒，揉搓均匀后发酵，再将打好的鸡蛋、牛奶、白糖放入已发好的面粉中，充分揉匀做成面包；在高压锅中均匀涂抹一层食用油，然后将面团放入锅内，盖上锅盖加热3分钟，然后放气翻转面团，再加热3分钟，即可烤出新鲜松软、可口美味的面包。

巧制春卷

(1) 将韭菜切成2厘米长的段，备用。肉丝放入盆内，用水淀粉、精盐上浆，下入温油锅内，滑散后捞出沥净油，再放入锅内，加酱油、盐、韭菜稍加热炒一下，制成春卷馅。

(2) 将鸡蛋打入小盆内，加入水、面粉调成稀糊，用炒勺摊成10张皮子，一切两半待用。将皮子放在菜板上，卷入馅，在封口处抹上面糊封口，制成20个春卷生坯待用。将油放入锅，烧至六七成热时，投入春卷，炸成金黄色捞出即成。

巧妙配制发酵剂

如果急于吃馒头却没有事先发面，可以将适量面粉、食醋和温水（面粉、食醋、温水按10∶1∶7的比例）拌匀揉搓，发面10分钟后加小苏打约5克，揉至面身无酸味。这样发面，不仅迅速，而且可以使得蒸出的馒头又白又大。

制作粽子的窍门

先将米盛放在盆中，加入充足的清水，浸泡3～4日即可。注意，清水需要每日坚持更换2～3次，并且水量要充足，以完全覆盖米为准。如果想吃水果粽子，先用白糖水熬煮菠萝肉、冬瓜条、梅子干各25克，取出后沥干水分，然后用白糖腌渍，24小时后取出，在其内加入葡萄干、瓜子仁等甜干果，做成粽子馅料。将粽叶折成酒斗装，放入糯米、水果馅，扎实煮熟即可。

巧用高压锅煮粽子

若是用高压锅煮粽子，先把包好的粽子放入锅中，锅中水要漫过粽子1～2厘米，盖上锅盖，加火煮，等开锅后再扣上限压阀，约10分钟粽子就熟了。

处理红豆的窍门

将红豆放在冷水中浸泡一小时，使红豆膨大发开，然后用小火煮2小时至红豆变烂，然后取出滤去水和豆皮，加入白糖、食用油和少量的水，一同放入锅中熬煮直至黏稠，取出后冷却即可。也可以加些红枣泥烹煮，味道更加香醇。如果在锅内放入1颗玻璃弹珠与豆沙同煮，可以使豆沙糖水不断地翻滚，并且能够避免豆沙被烧煳。注意，置入弹珠法不适用于砂锅。

煮绿豆的窍门

绿豆中有些“石豆”不易煮烂。如果将绿豆先在铁锅中炒10分钟，然后再煮，不论多么坚硬的绿豆都能很快煮烂。但注意不要炒糊，以免使绿豆汤（粥）有一股糊锅味。

油炸花生米保脆的窍门

一般的油炸花生米，放12个小时后，再吃就不酥脆了。若将油炸花生米趁热洒上少许白酒，搅拌均匀，稍凉后再撒上少许食盐。经过这样处理的花生米，放上几天都酥脆如初，不易回潮。

煮豆粥快速“开花”的窍门

煮豆粥时，很多人认为豆子提前用水泡，就可以很容易地煮烂，这其实是不正确的。正确的做法应该待水开锅时，兑入几次凉水，被凉水“激”几次，豆子就很容易开花了。

巧去菜籽油异味

菜籽油中含不饱和脂肪酸高达95%，最适合高血压、心血管疾病患者食用。

但是，有人对菜籽油的气味不喜欢。要除去这种异味很简单，可先将油倒入锅内，再将几粒芸豆或少量米饭放入锅里炸，待炸成焦糊状后捞出，油中异味便可消失。

炒菜放盐的窍门

（1）烹调后放盐的菜：烹制爆肉片、回锅肉、炒白菜、炒蒜苗、炒芹菜时，在旺火、热锅、油温高时将菜下锅，待食材煸炒透时放适量盐，可使炒出来的菜肴嫩而不老，养分损失较少。

（2）烹调前放盐的菜：蒸制块肉、烧整条鱼、炸鱼块时，先用盐腌渍一下再烹制，有助于咸味渗入肉中。烹制鱼丸、肉丸等，先在肉泥中放入适量盐和生粉拌匀打至起胶，挤成小丸子放入沸水中煮熟，使煮熟的鱼丸、肉丸鲜嫩可口，又十分弹牙。有些爆、炒、炸的菜肴，裹上炸浆前应先给原料加盐拌匀上劲，可使炸浆与原料粘得紧实，炸时不容易脱落。

（3）食用前放盐的菜：凉拌菜，如凉拌莴苣、青瓜等，放盐过量，会使其汁液外溢，失去爽脆感。应在食用前才放盐调味，腌渍一下沥干水分，放入其他调料调味，吃时会更加脆爽可口。

（4）烹调中放盐的菜：做红烧肉、红烧鱼块时，肉经煸、鱼经煎后，无须待其熟透，即应放入盐及调味品，然后旺火烧开，小火煨炖即成。

（5）烹熟后放盐的菜：肉汤、骨头汤、凤爪汤、猪脚汤、鸡汤、鸭汤等荤汤，应炖煮至肉烂骨脱离后，才可放盐调味，可使肉中蛋白质、脂肪较充分地溶在汤中，使汤味更鲜美；提前放盐会使肉变硬，不易炖熟炖烂。炖豆腐时也应熟后放盐，与荤汤同理。

切牛、猪、鸡肉的窍门

牛肉老韧，纤维粗，横切熟得快。猪肉较为细嫩，如果不顺着纤维的纹路斜切，在加热或上浆时，容易破碎，变成肉末。鸡肉比猪肉还要细嫩，切时应顺着纤维竖切，在切丝时，应切得稍粗些。

去羊肉膻气的窍门

（1）将羊肉用清水白煮，吃时加蒜及稀辣椒（辣椒油或者辣椒面和水搅拌成的稀糊）少许，可减少羊肉的膻气。

（2）将一只萝卜钻些孔，入锅和羊肉同煮；也可在锅中放几粒绿豆，这样都可以除去腥膻味。

（3）将羊肉洗净切好，放入开水锅中，然后倒上一些米醋。一般500克羊肉可放25克的醋、500克的水。煮到开锅，取出羊肉，膻气便可解除。

羊肉煮烂的窍门

（1）炖煮前先将羊肉用冷水浸泡，最少泡两小时，若是时间充裕，最好泡一夜，把肉中残留的血水浸出，就是人们通常说的“冷拔”。

(2) 把冷拔后的羊肉洗净控干。

(3) 必须等水滚开了再将肉下锅，切记千万不要冷水煮肉，这是能否将肉煮烂的关键步骤。

(4) 肉下到锅里后，要猛火急煮，不得少于30分钟。

(5) 最后放入味精和精盐，用勺轻拌，再稍煮片刻，全部炖肉工序就算完成。

嫩化牛肉的窍门

(1) 冰糖嫩化牛肉法：烧煮牛肉时放进一点冰糖，可使牛肉很快酥烂。

(2) 芥末嫩化牛肉法：先在老牛肉上涂上一层干芥末，次日再用冷水冲洗干净，即可烹调，这样处理后的老牛肉肉质细嫩，容易熟烂。

(3) 苏打嫩化牛肉法：牛肉丝切丝后，在放有少量小苏打的清水中浸泡几分钟，捞出沥干，再上浆烹调，牛肉丝就会变嫩。

炖牛肉的窍门

炖牛肉时，应该使用热水。用大火将水烧开后，打开锅盖20分钟左右去除牛肉膻味，然后改用文火熬炖。注意在熬炖过程中，热水一定要加足。炖肉时，也可以在锅内加少量的醋或白酒（按照1000克牛肉加2～3勺酒或1～2勺醋的比例），这样可以使牛肉熟烂得更快些，还能保持牛肉味道鲜美。

涨发干肉皮的窍门

(1) 油发：干肉皮和大量油一同入锅，用中火逐渐加热，皮下出现一颗颗小气泡时，将皮取出晾10几分钟，使气泡瘪了后，再将肉皮下锅炸发，待食用时再用沸水浸泡回软即可。

(2) 盐发：用旺火将大量精盐炒热，将肉皮下锅边焖边炒，到肉皮泛白全部膨起时，降低火温，继续翻炒至肉皮不卷缩、色泽白、涨发均匀、无黑斑即可。食用时，用沸水泡软漂去盐分。

巧切鱼片4步骤

(1) 必须选择新鲜的鱼，否则鱼肉质松弛无弹性，切片后容易断。

(2) 鱼宰杀洗净，切下鱼头，沿脊椎骨平刀顺长一剖两片，去掉全部鱼骨、鱼皮（小黄鱼可以不去）。

(3) 持刀平稳，用力均匀。

(4) 鱼肉横卧案板上，皮朝下，斜刀自上而下切成约3厘米的秋叶形片。切好的鱼片放在容器中，上浆挂糊，就可以炒出一些鲜嫩美味的鱼片菜肴来。

鱼变香的窍门

把收拾好的鱼放到牛奶里泡一下，取出后裹一层干面粉，再入热油锅中炸制，其味道格外香美。

烧鱼不碎的窍门

（1）烧鱼之前，先将鱼下油锅炸一下。如烧鱼块，应裹一层薄薄的淀粉再炸。炸时注意油温宜高不宜低。

（2）烧鱼时汤以刚没过鱼为宜，待汤烧开后，要改用小火煨焖至汤浓放香时即可。煨焖时要少翻动鱼，可将锅端起轻轻晃动。

煎鱼不粘锅的窍门

（1）如是鲜鱼，可不除鳞，将鱼洗净后，晾去水分，下热油煎。如是腌鱼，煎前应除鱼鳞，然后洗干净。

（2）将锅烧热后，倒些凉油涮下锅，马上倒出，再倒入凉油后微火慢煎。

（3）把鱼或鱼块沾一层薄面，或在蛋液中滚一下，放入热油中煎。

（4）将锅烧热后多放些油，鱼晾去水分，先将鱼放在锅铲上，再将锅铲放入油锅中。先使鱼在铲上预热，然后放入油中慢煎。

（5）煎鱼用锅一定要刷洗干净，坐锅后用一块鲜姜断面将热锅擦一遍，再将油倒入，用锅铲搅动使锅壁沾遍油，热后放鱼，煎至鱼皮紧缩发挺，呈微黄色即可。

（6）在热油锅中放入少许白糖，待白糖呈微黄时，将鱼放入锅中，不仅不粘锅，且色美味香。

（7）如能在鱼体上涂些食醋，也可防止粘锅。

使虾仁更爽口的窍门

将虾仁放入碗内，加一点精盐、食用碱粉，用手抓搓一会儿后用清水浸泡，然后再用清水洗净。这样能使炒出的虾仁透明如水晶，爽嫩可口。

煎炸防粘锅的窍门

（1）冷油煎鱼防粘锅法：将炒锅洗净烘干，先加少量油，使油布满锅面后将热的底油倒出，另外加上已经烧熟的冷油，形成热锅冷油，再煎鱼就不会粘锅了。

（2）姜汁防粘锅法：焖饭、炸鱼前，先在锅内底面抹上姜汁，能有效地防止粘锅底。

（3）煎蛋防粘锅法：先把锅烧热再加适量的油，然后用中火煎蛋，就不会粘锅。

（4）葡萄酒防鱼粘锅法：煎鱼时，在锅里喷半小杯葡萄酒，可防止鱼皮粘锅。

巧用香辛料烹兔肉

野兔肉土腥味较大，是影响它成为上等佳肴的重要因素。想要吃到味道香美的兔肉，在烹调前请先用清水浸泡，使血水出净，泡得时间要长一点，烹调时多用香辛料，产生特殊的香味，可以去除兔肉的土腥味。

鸡肉去腥的窍门

刚宰杀的鸡有一股腥味，如将宰好的鸡放在盐、胡椒和啤酒的混合液中浸 1 小时，再烹制时就没有这种异味了。

姜汁巧除冻鸡异味

从市场上买来的冻鸡，有些从冷库里带来的怪味。在烧煮前先用姜汁浸 3～5 分钟，可能起到返鲜作用，怪味即除。

炖鸡应注意的常识

（1）先爆炒：在炖鸡时，可以先用香醋爆炒鸡块，然后再炖制，这样不仅使鸡块味道鲜美，色泽红润，而且能使鸡肉快速软烂。

（2）不要放花椒茴香：鸡肉里含有谷氨酸钠，这是“自带味精”。烹调鲜鸡时，只需放适量油、盐、葱、姜、酱油等，味道就会很鲜美。如再加入花椒、茴香等厚味的调料，反而会把鸡的鲜味驱走或掩盖掉。

（3）炖好再加盐：炖鸡过程中加盐，既会影响营养素向汤内溶解，也影响汤汁的浓度和质量，且煮熟的鸡肉会变得硬、老，吃来感到肉质粗糙，肉无鲜香味。应等鸡汤炖好后降温至 50℃～90℃，再加适量盐并搅匀，或食用时再加盐调味。

煮鸡蛋的窍门

（1）泡水：在煮鸡蛋之前，最好先将鸡蛋放入冷水中浸泡一会儿，再放入冷水锅中煮沸，这样蛋壳一般就不会破裂。

（2）火力：煮鸡蛋时如果用大火，很容易引起蛋壳内空气急剧膨胀而导致蛋壳爆裂；若使用小火，又延长了煮鸡蛋的时间，而且不容易把握蛋的老嫩程度。煮鸡蛋以中火最为适宜。

巧煮裂缝蛋的窍门

将有裂缝的蛋放在较浓的浓盐水中煮，可使蛋白、蛋黄不流出来。

煎荷包蛋的窍门

将鸡蛋打入油锅，在蛋的上面和周围滴几滴热水，可使蛋嫩、四周光滑。

切皮蛋的窍门

松花蛋要怎么切才能又快又均匀？用一根细线来切松花蛋，这样又快又均匀。超市有一种切蛋器卖，上面四五根钢丝像弦一样，只要将松花蛋剥好放上面纵横压竖压三次就行了，简单方便。若是用刀切皮蛋，可以在切皮蛋之前用热水将刀烫一下，或者将刀浸在食醋里，这样都可以避免切皮蛋的时候沾上蛋黄。

刀烫热切蛋可保不碎

要把煮熟的鸡蛋、鸭蛋切开，而且不切碎，可将刀在开水中烫热后再切。这样切出来的蛋片光滑整齐，而且不会沾在刀上。

吹气巧剥松花蛋

松花蛋营养丰富，适于制成拼盘和凉菜，但松花蛋并不好剥。因为鸭蛋蛋白经腌制以后变得透明松软，一不小心就剥不成完整，从而影响菜肴的美观。

若将蛋的大头剥去泥和壳，在小头敲一小孔，然后用嘴吹气，随着气流的力量，完整而不碎的松花蛋就会从壳中脱出。

炒鸡蛋的窍门

想要炒出松松嫩嫩的鸡蛋并不难。方法一，在炒鸡蛋的时候，向打好鸡蛋的碗中加入适量温水搅匀，再倒入锅中炒，炒至半熟时放入数滴白酒，可以使炒出的鸡蛋松软可口，颜色鲜亮。方法二，打好鸡蛋很关键，打鸡蛋的时候一定要力道足够，鸡蛋打入碗中，碗稍微倾斜用筷子用力打，打至鸡蛋全部呈现白色泡沫状。这样炒出来的鸡蛋就会松软可口了。

注意：炒鸡蛋时不宜放味精，如果放味精，不但不能增加鲜味，还会破坏鸡蛋的营养成分。

做豆腐不碎的窍门

（1）将豆腐放在开水中煮几分钟后，取出再炒，可以防止豆腐在烹炒时候炒成碎渣。

（2）把豆腐放在盐水中浸泡 20～30 分钟再烹炒，也可以防止破碎。

除去豆腐卤水味的窍门

豆腐一般都会有一股卤水味。豆腐下锅前，如果先在开水中浸泡 10 多分钟，便可除去卤水味。这样做出的豆腐不但口感好，而且味美香甜。

处理做菜小“故障”的窍门

（1）退咸：菜汤做成了，用布包一把米饭放入汤中，汤就由成变淡了。

（2）迟熟：快速搅动可以使食物迟熟。做调味汁和汤时，用画圆动作搅动，而且圆圈越画越大，就是这个道理。

（3）灭油锅火：如果油锅起火，应立即盖上锅盖。由于和空气隔绝，油火即自行熄灭，如有青菜在旁，放入几片青菜叶，油火也会自行熄灭。

（4）除焦糊味：炸过东西的油经过滤后再滴入几滴柠檬汁，即可除去焦糊味。将烧糊了的食物即刻倒入干净的锅里，蒙上一块餐巾，上面再撒些盐，然后在火上烧一会儿，也可除去糊味。

烹调蔬菜的窍门

（1）烹调蔬菜时如果必须要焯，焯好菜的水最好尽量利用。如做水饺的菜，焯好的水可适量放在肉馅里，这样既保存了营养，又使水饺馅味美有汤。

（2）烹调蔬菜时，加点菱粉类淀粉，使汤变得稠浓，不但可使烹调出的蔬菜美味可口，而且由于淀粉含谷胱甘肽，对维生素也有保护作用。

（3）蔬菜尽可能做到现炒现吃，避免长时间保温和多次加热。另外，为使菜梗易熟，可在快炒后加少许水焖熟。

炒青菜脆嫩的窍门

在炒黄瓜、莴笋等青菜时，洗净切好后，撒少许盐拌和，腌渍几分钟，控去水分后再炒，能保持脆嫩清鲜。

炒菜省油的窍门

炒菜时先用少许油翻炒，待快熟时，再放一些熟油在里面炒。这样，菜汤减少，油也到了菜里，油用得不多，但油味浓，菜味香。

茄子烹调省油的窍门

茄子切好后先用盐腌一下，挤掉水分后再烹制。将切好的茄子先放入锅中，用小火干煸，煸掉水分，待肉质变软后，再加油烹制。

炒菜误放醋巧补救

在炒菜时，当你错将食醋当作酱油加入锅内炒菜时，请不要着急。可根据加入食醋的数量多少，马上就在锅内加入适量碱面（苏打粉亦可），这样就可解除醋的酸味。但要注意，以口试不酸不涩为原则。其原理在于，醋的化学成分主要是乙酸，通常显酸性。而碱面的化学成分主要是碳酸钠，水解后显碱性。酸碱相遇就会发生中和反应，所以，适当加入碱面，可以中和酸味，又无碱味。

食用蜂蜜的窍门

稀释蜂蜜最好使用60℃以下的温开水或凉开水，这样可以保持蜂蜜特有的香味，并抑制细菌，还能消暑解热，是很好的保健品。蜂蜜适用人群广泛，但一周岁以下的婴儿不要服用，会造成肉毒杆菌污染。食用蜂蜜时，不宜与豆腐同食，易导致腹泻。

处理牛奶的窍门

（1）煮煳：在煮煳了的牛奶中，加入少量的食盐，可以去除牛奶的糊味，冷却后食用，不仅奶香四溢，而且口感更好。

（2）不粘锅：把锅用清水冲一下再煮牛奶，可以防止牛奶粘锅底。

巧除羊奶膻味的窍门

在煮羊奶时放少许杏仁或一小撮茉莉花茶，煮开羊奶后，将杏仁或茶叶渣滤去，可去除羊奶膻味。还可以在煮羊奶的时候放入少量的食醋，这样也可以清除羊奶膻味。还有一种方法，是在煮羊奶的时候放入少许绿豆，这样不但可以去除膻味，而且羊奶还有着绿豆的香味。

四、食物储存

防止米生虫的窍门

在米袋的中间或两头各放几瓣大蒜，或者用布或纸包些花椒放在盛米的容器内。平时要把存米的缸或桶清扫干净，以防止过冬的虫蛹隐藏在里面。一旦发现米生虫，可将米放在阴凉处晾干，让虫子飞走或爬出，生虫的米除虫后还可食用。切忌将米放在阳光下暴晒。

储存面粉的窍门

（1）存放在干燥密封的容器中。将花椒粒用小布袋包好放入，或放上用花椒溶液浸泡过的干纸，就不易生虫。

（2）每次取面后，将剩余的面粉摊平、压实，上盖一张牛皮纸，其上撒几粒花椒，然后密封。

（3）入春后，将储面橱或柜彻底清洗或清扫一次，除去其表面的虫卵，并移放在干净通风的地方。

（4）经常抖动清洗装面粉的口袋，用花椒30～40粒，水加热，待凉后，浸泡面袋5分钟，晾干后装面，不会生虫。

巧防饭菜变质的窍门

夏秋季节，天气炎热，饭菜非常容易腐烂变质。我们在这里向您介绍几种防止饭菜变质的简便易行的方法，供您参考。

（1）剩饭可加水煮成粥，开锅以后不要马上揭锅盖，不要摇动，放在阴凉通风处，可以隔夜不变质。

（2）将饭锅或饭菜放在盛有凉水的盆子里，上面盖上纱罩，放在阴凉通风处，可保次日不变质。

（3）用生苋菜或新荷叶，洗干净以后覆盖在饭上，可取得上法同样的效果。

（4）煮饭时，可按1.5千克米加2～3毫升醋的比例，在米中加适当的醋，既可使煮熟的米饭不易变质，而且保持新鲜。

（5）找一个较大的容器，放一些食盐。盐与水溶化成浓度较大的盐水，放在容器里（容器的稀释液必须占整个容器的一半），然后将没吃完的饭菜，装在餐具里，再将餐具放入有浓盐水的容器里，上面盖好盖子就可以了。这样，饭菜可以保存2～3天不变质。

（6）煮饭时，找一小块生姜放进锅里，煮出的饭可以放置一天多而无酸味。因生姜性微温、味辛，与饭放在一起来煮，煮出的饭非常好吃，而且还可以防治呕吐、咳嗽和夏季流行的感冒风寒等病症，效果非常好。

保存剩菜的窍门

吃剩的炒菜倒掉既可惜又浪费，把菜汤倒掉，如果在里面放上几瓣剥去皮的生大蒜，留到下餐再吃，菜不会酸坏。

豆腐防酸的窍门

（1）夏天，豆腐容易变味，不好存放，可用盐水使豆腐保鲜。取少量盐放在开水中使其溶化（500 克豆腐需 50 克食盐）。等盐水放凉后，把当天吃不完的豆腐放在凉盐水中浸泡，盐水能浸没豆腐就行。这样，可使豆腐保持一个星期不变味。用豆腐做菜时，可不再放盐或少放盐。

（2）将买来的豆腐装入搪瓷杯等耐冷热容器内，放入开水中浸泡 1 分钟左右，以杀灭附在豆腐表面及容器壁上的细菌。接着倒掉浸泡的水，重新加入开水或高温热水，待水充满容器后将容器密封。然后用凉水急速均匀冷却容器，使容器内成为真空状态，这样能使豆腐数日不变酸。注意，如发现容器已有漏气现象，应立即打开查看。

（3）可用 50%的食用热碱水，将豆腐泡 12～20 分钟，再用清水漂洗干净，可几天内防止豆腐变酸。

（4）还可将豆腐泡在泡菜里，这样放四五个月，豆腐也不会变质，而且味道可口。注意不要让泡菜发霉。

食用油储存的窍门

在锅中放入花生油、豆油，待锅加热后加入少许花椒、茴香，几分钟后关火冷却，将油倒进容器中存放即可。注意，最好使用搪瓷或陶瓷容器储存。如果是猪油，就将熬好的猪油，在未凝结时，加入少量白糖或食盐搅拌均匀，然后密封保存，可久存而不变质。

小磨香油保存的窍门

将新鲜香油装入一个小口玻璃瓶中，加入精盐（精盐与香油比例为 1∶500），然后把瓶口塞紧，摇晃均匀，令食盐充分溶化，然后放在避光处，3 日后，将沉淀后的香油倒入洁净棕色玻璃瓶中，塞紧瓶盖，放于避光地保存，随吃随取即可。需要注意的是，装油的瓶子切勿用橡皮塞等有异味的瓶塞。

存放果酱的窍门

瓶装的果酱打开之后，可用铝箔纸加在瓶口上封好来保鲜。在果酱的上面撒一层砂糖，这样果酱的味道就不会改变。

存放醋的窍门

将醋瓶塞塞紧后，放到水中煮 20～30 分钟，然后和热水一起放凉保存，可使醋长时间不坏。在醋瓶中放入少许食盐，可久存不生霉花。在 500 毫升食醋中加入几滴酒，以无酒味为宜，再放少许食盐，醋就会变香，而且不会变质生白霉。

存放酱油的窍门

在酱油中加入几滴麻油或者其他植物油，这些油浮在酱油表面，隔绝酱油和空气接触，从而使酱油不变质。在酱油中适当加点盐，以增强其防腐能力，一般酱油的含盐量在30%时，可以防止其生霉花。在酱油瓶内加少许白酒，可以防止！酱油发霉。将酱油放在锅里煮开，并且在煮时加放少许醋在芥末中，可长久存放。

存放淀粉的窍门

将淀粉晒干后，装入密闭的容器中，置于阴凉干燥处即可。并注意勿与其他异味物品放在一起，以防串味。

处理元宵的窍门

好的元宵外形颜色自然，松软新鲜，没有酸味，表皮上一般带有新浮粉，有米粉香气。注意，元宵要随买随吃，久置易变质。煮元宵的时候先将需要煮的元宵蘸上一些清洁的冷水，再放入沸水中煮，可以有效地防止煮出的元宵相互粘黏和破皮的现象。

保存猪肉的窍门

将肉切成肉片，放入塑料盒后喷上一层黄酒，盖上盖再放入冰箱的冷藏室，可储藏1天不变味；若是将肉片平摊在金属盆中，置冷冻室冻硬，然后再用塑料薄膜将冻肉片逐层包裹起来，置冰箱冰冻室储存，保存1个月肉质都不会变。用时取出，在室温下将肉解冻后，即可进行加工。

肉馅保鲜的窍门

肉馅如一时不用，可将其盛在碗里，将表面抹平，再浇上一层熟食油，可隔绝空气，存放不易变质。

保鲜腊肉的窍门

可将腊肉放入一口未用过的缸里（要用陶器，缸的大小根据贮藏的数量决定），上面用布蒙好，再盖上一块木板。选择一个干燥的地方，先在地上铺上一层6～7厘米厚的生石灰，然后将放好腊肉的缸压在石灰上。这样可使腊肉的干燥期延长到4个月以上。

存放咸肉的窍门

在咸肉上面撒些丁香、花椒、生姜和大豆粉，可以防止咸肉变味。将咸肉放入容器内，加进渍肉原卤（汤），这样保存咸肉可长期不坏。

存放香肠的窍门

香肠含油脂较多，很容易产生异味。如果想较长时间存放，可在存放香肠的坛子里放一杯白酒，将香肠平码在装有酒的杯子周围，码满后在上面再喷洒些白酒，最后把坛口封起来。这样可保一个夏季香肠都不变质。

还可以直接在香肠上涂一层白酒，放入容器中密封，一般 6 个月也不会坏。

存放熏肠的窍门

熏肠在高温季节存放，可在肠表面划几道刀痕，放在金属盘上，进冷冻室冻硬后放入塑料食品袋中，挤出袋中空气，扎紧袋口，置冷藏室上层存放。

存放火腿的窍门

（1）将切开的火腿切口处涂上葡萄酒，然后包好放进冰箱，这样做可以保持火腿新鲜不腐。

（2）吃剩下的火腿，将其切面用蘸浸酒精的脱脂棉擦拭，可防止腐坏，便于存放。

（3）火腿切开后，对暂不吃用的部位，将切面上涂上香油，用食品袋扎紧包好。存放时，刀口面朝上，以免走油和虫蛀，产生哈喇味。

保鲜畜肝的窍门

猪肝、羊肝、牛肝等由于件头较大，家庭烹调一次难以食用完，食用不完的鲜肝放置不好就会变色、变干。此时，可以在鲜肝的外面涂少许油，放入冰箱之中，再次食用时，仍可保持原来的鲜嫩。

牛肉保鲜的窍门

将牛肉的表面用色拉油涂抹一遍，装进密封容器内可保鲜。家庭存放牛肉，冬天要避免忽冷忽热，防止受风吹使肉发干变黑。牛排之类的肉，可涂少许盐和胡椒，用保鲜袋装好，放入冰箱冷冻。

羊肉保鲜的窍门

新鲜的羊肉在 0℃时，可存放 4～5 天；在 2～4℃时，可存放 2～3 天；在 15～20℃时，可存放 1 天左右，存放时要防止温度忽高忽低。羊肉以现购现烹食为宜，暂时吃不了的可放少许盐渍 2 天，能保存 10 天左右。

鱼保鲜的窍门

（1）在炎热的夏天，将冲淡的醋洒在鱼肉上，这样处理后，鱼隔日不会变坏。

（2）将鱼除去内脏，不要去鳞也不要用水洗。用干布擦干污血，然后烧一锅盐开水（含盐量约 5%），待冷却后，将鱼投入浸泡约 4 小时，取出晾干，再涂些植物油挂在风凉处，可保存几天而不失鲜鱼风味。

冰箱存鱼保鲜的窍门

买到鱼后，及时打鳞掏腮去内脏，洗净用塑料袋或布袋包严，长期贮存的放入冰箱冷冻室，近日食用的放入冷藏室。用塑料包装可避免鱼体水分不断蒸发，以保其鲜度，同时也避免了鱼腥味对其他食物的影响。

家用冰箱存鱼，保鲜期在4个月以内，时间过长虽不至于腐烂，但其鲜香度将逐渐减低。用油炸过的鱼经冰箱冷冻后再制作成菜，其鲜度也大为减小。

存放鲜虾的窍门

将鲜虾洗净收拾好，放在锅中用适量的盐炒热，盛在小箩里，用水洗去浮盐并晒干，可以存放较长时间而不会变质。

存放虾仁的窍门

虾仁挤出后，应放在清水中，用竹筷顺着同一方向搅打，并反复换水，直到虾仁发白，再将虾仁捞出控干水分，用清洁干布将虾仁中的水吸干，并加入少许食盐和干淀粉（同时加少许料酒），顺同一方向搅打，直到上劲为止。这样处理过的虾仁，既便于烹制菜肴，又可贮存待用。

存放虾米的窍门

淡质虾米可摊在太阳光下晾晒，待其干后，装入盛器内，保存起来。咸质虾米，切忌在阳光下晾晒，只能将其摊置在阴凉处风干，再装进盛器中。两种虾米都可在盛器中放适量大蒜，以避免虫蛀。

存放海蜇的窍门

从市场上买来的海蜇，不要让它沾上淡水或污物，要用盐一层一层地将它放在干净的坛子或缸中，表面的一层要适当多放一点盐，密封即可。

将海蜇皮放在冷却的盐开水里浸泡，半年内基本无蚀耗，并能保持原有的色、味。

存放海带的窍门

把剥开的大蒜瓣铺在存放海带的容器底部，再放上海带，密封容器口不使其漏气，这样存放就不易变质。

养活蛏、蛤、蚶的窍门

蛏、蛤等要在清水中酌量掺入食盐。蛏、蛤在这种近似的海水中生活，可养殖数天不死。蚶必须保持壳外原有的泥质，并装入蒲包内，投入一些小冰块，这样可保持其数天鲜活。

保存贝类的窍门

贝类在130～180℃的食用油中浸湿，稍加煮沸，使其表面形成一层食用油的薄层，然后冷冻，可长期保存贝类。

存放海参的窍门

家庭少量存放的海参，首先要将其晒至干透，装入双层食品袋中，用拎襻束口，悬挂于高处干燥的地方，可不致变质，如夏天宜暴晒几次。

泡发好又不能及时吃掉的海参，可倒入盐水中烧开，捞出晾凉后，仍装在盆里，用新开水加点食盐泡上，可延长保存时间。

存放干海货的窍门

干鱼、干虾等干海味存放时，可将其晾干、晾透，再取一个干净的罐子，把剥开的大蒜瓣铺在下面，然后把干海货放进去，将盖盖紧，可贮藏较长时间不变质。

放葱储食品可防蝇叮

将洗净的鱼、肉或豆制品晾干后，在上面放几根洗净的葱。苍蝇很怕葱味，这样就可避免食品被苍蝇叮咬。

鸡蛋保鲜的窍门

（1）蛋类不易保存，尤其是夏天易腐败变质，在鲜蛋的壳面均匀地涂抹一层食用油，可防止蛋壳内的碳酸和水分蒸发，阻止外部细菌侵入蛋内，蛋壳上涂一层凡士林或石蜡，可阻止细菌进入蛋壳。

（2）石灰水本身能杀菌，而且石灰水与鸡蛋呼吸时呼出的二氧化碳作用生成碳酸钙堵塞蛋壳小孔，使细菌无法进入，还可减慢鸡蛋的呼吸消耗，所以为了防止腐败还可以把鲜蛋浸没在盛有澄清石灰水的坛内即可保鲜。

（3）用泡花碱溶液储存鲜蛋也可起到保鲜作用，可防止虫咬或细菌侵入，能保存三个月，且食用时没有异味。

（4）把鲜蛋埋在盐里，或者将蛋的尖端向下，埋在谷糖或草灰中，也能久藏不坏。

（5）蛋黄浸泡在盛有清水的容器内，容器上加盖密封，放入冰箱的冷藏室里，可保持3～5天。

保存咸鸭蛋的窍门

鸭蛋腌得过久，不仅太咸，而且蛋中水分流失，空头变大，蛋清变硬，蛋黄发黑，味道也变得苦涩。长期不坏的方法是：把腌好的咸鸭蛋全部捞出煮熟，晾干后，重新放回原来的咸水中随吃随取，甚是方便。熟蛋在咸水中，既不变质，也不会增加咸味。可以保存两年以上。

辣椒保鲜的窍门

选用无损伤、虫残的辣椒，放在温度为15℃的地窖里，一层椒，一层湿土，重复叠放。土干时，适当洒些水。也可将鲜辣椒均匀地埋在草木灰中。这样可长期保持新鲜不腐烂。

熔化蜡烛油，把每只精选青椒的蒂把梢部在蜡中蘸一下，晾干后装进薄膜袋中密封袋口，在10℃的环境中，可储存2～3个月。

大葱贮存的窍门

秋后家庭贮存大葱，应挑选葱白粗壮无烂伤的葱，散开在阳光下略晒几天。待叶晒蔫时，七八棵为一捆，用叶子挽成一个结，在干燥、阴凉、避风处排开，可贮存到来年。

巧存蒜黄的窍门

将蒜黄捆起来，让蒜黄蔸朝下，放入水盆内，可以保持较长时间不干不腐烂。此法也适用于葱、韭菜、芹菜等。

存放香椿的窍门

将嫩香椿洗净，用开水略烫一下，拌入细盐，装入干净无毒的小塑料食品袋内，置于冰箱冷冻，随用随取，可保终年不变质。香椿干在常温下不宜保鲜，可用盐渍后保存，存放1年左右不变质，不走味，可随用随取。

存储菜花的窍门

将挑选过的优质菜花留2～3张外叶，闲摊晾几小时，待花球温度下降、水分适当蒸发，外部叶片稍转次后，再装入薄膜袋。处理过程要防止生水与菜花接触，也可将选出的菜花去叶、修整，取出菜花芯，把成块的菜花分成单个的小花瓣，清洗后将菜花侵入3%的普通食盐水和0.1%～0.2%柠檬酸的混合溶液中烫漂，这样有利于获得白颜色。之后将处理的菜花放入容器内加入食盐水速冻，注意只有非常坚硬、密实的白头菜花适于速冻。

储存黄芽菜的窍门

在黄芽菜的根部穿上一根筷子，吊起来就可以。也可以用铁丝做成“S”形钩子，一头扎进菜根，然后利用另一头把菜挂在竹竿、铁钉等物上。挂的地方空气要流通，以防止腐烂，但不能挂在风口处。在挂藏时，菜叶边的老叶起保护作用，不要剥去。食用时可按次序一片一片剥来吃。

保存香菜的窍门

可以将香菜浸泡于盛有适量清水的盘子中，可以保持香菜翠绿6天左右。清水不要放多，以免香菜腐烂。或者把新鲜香菜用绳子捆成若干小份，用报纸包裹起来，然后用塑料袋将香菜根部稍微扎起后，将其根部朝下放置于阴凉通风处保存，可以保存香菜一个星期左右，再次取出依然翠绿如初。

注意：塑料袋不要扎紧香菜根，以免香菜根部腐烂。还有一种方法就是将香菜清洗干净，用刀切成小段，和白萝卜放在一个塑料袋里，一同放入冰箱中冷藏，可以保存两个星期左右。

保存韭菜的窍门

将新鲜的韭菜整理好后，用绳子捆好，然后再用大白菜叶把韭菜包裹在里面，放在阴凉处。用这个方法可以使新鲜的韭菜和蒜黄存放3～5天。

首先将新鲜的韭菜码放整齐，然后用绳子将码好的韭菜捆好，最后把韭菜的根部朝下放在清水盆中浸泡。用这种方法可以使韭菜保鲜3～5天。

保存芹菜的窍门

用报纸将芹菜包裹起来，用绳子将报纸扎捆结实，然后把芹菜根部朝下垂直放入水盆，存放于阴凉通风处，这样芹菜一般可以保鲜大概7天时间，不会变干、脱水，食用时口感依然新鲜爽口。也可以将芹菜叶摘除，用清水洗净后切成大段，整齐地放入干净的保鲜袋或饭盒中，封好袋口或盒盖，放入冰箱冷藏室，随吃随取。

保存豆角的窍门

保存豆角可以将买回的新鲜豆角，摘去筋蒂，放置在锅内蒸一下，取出后用剪子剪成长条；然后把它挂在绳子上自然晾干，用精盐将干豆角拌匀装入干燥的塑料袋中，存放于阴凉处。食用时，将干豆角洗净浸泡干净即可。

或者用清水将新鲜的豆角洗净，抽去丝盘，放入6%的小苏打水中煮5～6分钟捞出立即放入3%的苏打凉水漂洗，再捞出晾干，到食用时，再用温水泡开。

保存番茄的窍门

将一些青红的番茄，装入食品袋中，将塑料袋口扎紧后放置在通风阴凉处，隔日打开一次口袋，通气5分钟，然后再扎紧塑料袋。以后可以陆续把熟透了的番茄取出食用，等到番茄全部变红熟后，就不用再扎口袋。用此法可以储存番茄1个月，但要间隔2～7日清理、换气一次。

储存胡萝卜的窍门

将胡萝卜去掉尖头和叶子，用水浸一下，取出控干；再用一张无毒的聚乙烯塑料薄膜包裹紧实，并用玻璃胶纸密封，然后放在潮湿的地方，可以保持一冬不坏，还可以保持萝卜原味。也可以用一个塑料袋把胡萝卜装起来，然后把口封好，放在阴凉的地方，这样也可以储存很久。

储存白萝卜的窍门

把萝卜削顶后，放到泥浆中滚一圈，使萝卜表面均匀地凝结出一层泥壳，然后堆放到阴凉的地方即可。将表面上盖有15厘米厚湿土的萝卜，堆放在盛满水的水缸旁，也可长时间保存萝卜。也可以用湿沙裹住放在阴凉干燥处，这样也可以保存萝卜。若是短期保存，只需要用保鲜袋包好放入冰箱即可。

巧晒妙存萝卜干的窍门

先将萝卜洗净，用刀切成条，拌适量精盐去水，然后放在干净的木板子或布上摊开，放在阳光下晒干，这样就制成了萝卜干。

把萝卜干装入布袋或塑料袋，放在阴凉通风处。吃时用温水浸泡10分钟，再用清水洗净，拌上一些香油，然后放在锅里蒸一下。出锅后按自己的口味加入调料，便可以吃了。

如果用青萝卜晒的萝卜干，可不必上锅蒸，只要直接用开水洗净、烫软，加入调料即可食用。用同样的方法还可以晒茄子、豆角、香菜、西葫芦等。

保存半个冬瓜的窍门

冬瓜性寒味甘，有很高的药用价值，亦是极好的减肥瓜蔬，人们都很喜欢食用。人口少的家庭，一顿只需半个冬瓜，剩下的半个怎么办？

整瓜切开以后，稍过一会儿，剖切面上便会出现密密麻麻的点状黏液。这时，可取一张与剖切面差不多大小的干净白纸贴在上面，用手抹紧，能够保存4天左右也不会变烂。用干净的无毒塑料薄膜贴上，存放时间会更长。此法同样适用于南瓜、西瓜等。

储存苦瓜的窍门

将苦瓜用纸或保鲜膜包裹紧实，放入阴凉通风处，可以减少瓜果表面的水分流失，能保持较久的时间，还可以保护柔嫩的瓜果，避免擦伤，损及苦瓜品质，最重要的是可以保持苦瓜的原味。也可以用保鲜膜将苦瓜包裹起来放入盐水中，这样也可以保存一段时间。

黄瓜保鲜的窍门

（1）在水桶里放入食盐水，把黄瓜浸泡在里面，这时如果从底部喷出许多细小的气泡，从而增加水中或气泡周围水域的含氧量，就可维持黄瓜的呼吸。如果水源充足，还可以使用流动水，如河水、溪水等。此法保存黄瓜在夏季 18～25℃的温度下，可使鲜度保持 20 天。

（2）秋季，将完好无损的黄瓜摘下，放在大白菜心中，按白菜和黄瓜的大小，每棵白菜内放两三根黄瓜为宜，然后绑好白菜，放入菜窖中，保存到春节，黄瓜仍然新鲜，瓜味不改。

储存冬笋的窍门

（1）沙藏法：取木箱、纸箱或铁桶，木桶底部铺 2～3 寸厚黄沙，冬笋尖头朝上，排列在箱或桶里。将湿沙倒入并拍实，埋住笋尖 2～3 寸，置阴暗、通风处，可储存 30～50 天。

（2）封藏法：取酒坛、罐或缸，将冬笋放入，用双层塑料薄膜将盖口扎紧，或取不漏气的塑料袋，装笋后扎紧袋口，可保鲜 20～30 天。

（3）蒸制法：将冬笋剥皮，洗净，个儿大的对半切开。放蒸锅中蒸熟，或放入清水锅中煮至五六成熟后捞起，摊放在篮子里，挂放在通风处，可保鲜 1～2 周。这种方法适宜于保存有破损的冬笋，或准备近期食用的冬笋。

储存土豆的窍门

把需要储存的土豆放入纸箱内，里面同时放入几个青苹果，然后盖好放在阴凉处。由于苹果自身能散发出乙烯气体，故将其与土豆放在一起，可使土豆保持新鲜不烂。或者将土豆放入干燥的麻袋、草袋中，再在上面盖一层干燥的沙土，放在阴凉干燥处，可以延缓土豆发芽。还可以将土豆浸泡于盐水（水和盐比例为 100：1）溶液中，15 分钟后取出，再储存土豆，可以储存一年时间。

储存大葱的窍门

将葱根部朝下，垂直插在水盆中，不但不会烂而且会继续生长。如果发现冻葱后，要将冻葱小心取出，将其放在室内一段时间后，自会慢慢解冻。冻葱千万不可以用热水泡，否则鲜味将丧失。

储存茄子的窍门

储存茄子的方法不少，比如，可以蒸熟后速冻起来或是晒成茄子干。储存的茄子都要挑选鲜嫩、成熟度适宜、没有损伤、没受病虫害的茄子，最好逐个挑选再储存。储存茄子前一定不能用水洗，这是因为茄子经水洗后，外表皮上的蜡质就会被破坏，微生物容易进入使茄子腐烂变质。茄子削皮或切开后，应立即放进淡盐水中浸泡，至烹制时再取出沥干，即可有效防止茄子被氧化而发黑发褐。

储存白菜的窍门

储存大白菜的时候可以将大白菜放置在院子中晾晒，至白菜帮、菜叶变白、发蔫，才可取下；晒干以后，将大白菜摆在楼道、过厅或阳台阴凉通风处，每隔5～6天要翻动一下白菜，防止白菜受冻影响口感。注意，白菜帮可以防止白菜被冻坏，晒干后尽量不要剥去。储存白菜时夜晚冷了要将白菜盖严实，而白天的时候将白菜通风放置。

巧存豆芽的窍门

（1）变成褐色的根须要掐掉，因为上面易沾细菌，若不去除会加速豆芽腐变。

（2）把豆芽用清水洗净，放入开水中焯1分钟至2分钟后捞起，这样更能保住水分。控干水后，再把豆芽放入保鲜袋中，尽量排出袋内空气，密封保存。

（3）放入冰箱冷藏。需要提醒的是，不同豆芽保存时间也不同。黄豆芽保存时间较长，绿豆芽则较短，但最好都不要超过3天。

巧存生姜的窍门

（1）在一个大口瓶子的瓶底上铺一块浸水的洁净棉花，将新鲜生姜放在棉花上，盖上瓶盖即可。

（2）将生姜放入塑料袋中，扎紧袋口，吊挂在冰箱内的隔架子上，可长时间保持生姜不坏。

（3）将新鲜生姜清洗干净，放入食盐坛子里，可以防止生姜失去水分。

（4）将没有削皮的生姜用报纸包紧后放在通风处，可以保存两个月以上。

大蒜头保鲜的窍门

（1）可将大蒜头在石蜡液中浸一下，使大蒜的表面形成一层石蜡薄膜，从而隔绝空气并防止水分散失。处理后的大蒜头能够长期保存，不发芽，不干瘪，无异味，不变质，另外还能防虫蛀。

（2）可用鲜白菜叶包住大蒜，捆好后放在阴凉处，千万不要碰着水，这样可保鲜数日。

（3）先在箱、筐或坑的底部铺一层厚约2厘米的稻壳，层层堆至离容器口5厘米左右时，用糠覆盖，不使蒜头暴露在外面。这种方法也可将蒜头保鲜时间延长。

储存竹笋的窍门

如果竹笋储存不当会很快失去水分，食用效果就会下降，可以采用下面几种方法来保存竹笋。

（1）将完好无损的竹笋笋尖朝上排列在垫有6厘米到10厘米湿沙的容器中，再将不粘手的湿沙子埋住竹笋的6厘米到10厘米，然后将容器放在阴凉干燥处，这样可以保鲜两个月以上。

（2）将无破损的竹笋放在缸中，然后扎紧，可使竹笋保鲜20天以上。

（3）先将竹笋蒸熟，然后放在通风处，可以保鲜10天左右。

鲜蘑菇保存的窍门

（1）盐水浸泡：将鲜蘑菇根部的杂物除净，放入1%的盐水中浸泡10～15分钟，捞出后沥干水分，装入塑料袋中，可保鲜3～5天。

（2）清水浸泡：将鲜蘑菇洗净放入容器中，倒入清水淹没蘑菇，如蘑菇上浮可压上重物。此法宜于短期存放，要注意不要采用铁制容器，以免鲜蘑变黑。如数量较多，可将鲜蘑菇晾晒一下，然后装入非铁质容器中，一层鲜蘑菇撒一层盐，此法可存放一年以上。

储存梨的窍门

将无破损的梨果，放进装有1%淡盐水溶液的陶瓷缸、坛内，不要装得太满，以便留出梨果自我呼吸的空间和余地。然后，用塑料薄膜密封，放阴凉处。可存1～1.5个月，且味道独特，口感极佳。

保存香蕉的窍门

找一根绳子，然后把绳子的一头绑在香蕉的柄上，另一头绑在一个衣架上，把它挂到阴凉的地方。或者将买回来的香蕉放入干燥的塑料袋中，扎紧袋子，使之不透气，可以保持一个星期以上。需注意，塑料袋的密封性一定要好，若是发现其中的一个香蕉变质发黑了，就要赶紧把那个香蕉摘下来吃掉或分开保存，以免传染其他的香蕉。

保存龙眼的窍门

龙眼比较适合在4～6℃的环境下冷藏保存，如同动物冬眠一样，在这个温度下，龙眼有生命可以呼吸，却消耗很少的能量。但是不能放在密封塑料袋中保存，而要用网状的保鲜袋来保存，这样有利于它的呼吸。若是家中没有网状塑料袋，可将保鲜袋打几个洞。用这种方法，新鲜龙眼可以保存15天左右。

保存荔枝的窍门

选一个四面镂空的盛器，比如可以透水的塑料篮，淘米的筐等，装上挑选过的，没有虫眼、破皮，洗干净、晾干了的荔枝，然后放到冰箱的冷藏室，千万不要用保鲜袋密封，一定要让荔枝处在冰箱冷藏室的“自然”环境中。用这种方法保存荔枝15天。

西瓜保鲜的窍门

将成熟的西瓜，浸泡在浓度为15%的食盐水溶液中，半小时后取出，擦干西瓜皮。然后将西瓜密封在塑料袋中，放置于地窖保存。一年后，西瓜仍然鲜嫩，味道香甜可口。因为溶液中的盐，浸入西瓜表皮，形成了防腐保护膜。

取吃剩的其他西瓜的瓜皮或瓜枝蔓，挤出其汁液，涂在浸过盐的西瓜表面，便形成防腐加强膜。这样可保存一个月左右不变质。

取无疤痕、无损伤、带瓜蒂、七八成熟的西瓜，放在阴凉、干燥、通风的地方。用绳子把瓜蒂串起来捆扎牢固。

保存葡萄的窍门

（1）准备一个干净的坛或缸，将缸内壁洗净晾干，然后用干净的棉布蘸浓度为70%的酒精均匀擦拭内壁。将完整优质的葡萄一层一层地轻轻放入缸内，每层15～20厘米厚，每层之间放入竹帘，然后用塑料膜密封，放置于阴凉处。

（2）将葡萄用干净的纸包好，放在冰箱里储存，不可以使用塑料袋，那样会使葡萄表面结霜，很容易就会引起腐烂。还可以将葡萄放进纸箱，再放入冰箱，因为纸箱可以吸潮，使得葡萄不容易因受潮而腐烂。

保存板栗的窍门

在一个纸箱或木箱的底部铺放一层6～10厘米厚的湿沙（含水量8%～10%，以不粘手为度），将栗子（栗子与湿沙比例为1∶2）放入均匀混合，然后在上层再覆盖一层6～10厘米的湿沙，拍实后，放置在通风处。注意，上层沙极易干燥，应定期加湿翻堆；或者将优质板栗放入水桶中，加入冷水，水要高于板栗35～70厘米，放置一周时间左右，将取出的板栗用篮子盛放在通风处，使其自然晾干，食用时取下即可。也可以将板栗放入干净的土罐中，并用塑料膜将罐子口封紧扎实，放置在阴凉通风处，每隔半个月时间定期检查，挑拣处理变质的板栗，可以储存至第二年春季。

乌梅防潮的窍门

储存乌梅时要置于阴凉干燥处，防潮。如果把刚采下来的梅子用火炕焙烧两三天，再闷两三天，就成了中药里可以入药的乌梅。注意，乌梅一般不宜单独食用，可以熬粥或者和其他食物一起食用。

糕点储存的窍门

若需要储存糕点，可以将平时所购买食品包装袋里的干燥剂存储下来，放置于饼干盒、点心盒等容器中，就可以起到很好的防潮作用。其中切蛋糕的时候先将刀子放入开水中浸泡，然后用加热后的刀子切蛋糕，可以保证蛋糕外形美观，不易破碎。

保存蜂蜜的窍门

将盛有蜂蜜的瓶子放入冷水锅中加温至70℃，取出冷却，可以消除蜂蜜久置的沉积物，这样不仅使蜂蜜取用更加方便，而且味道更加醇厚鲜美。将新鲜生姜洗净切片，然后放入盛有优质蜂蜜的罐子中，密封好储存于阴凉处，可以使蜂蜜久放而不坏。注意，存放时应该每隔500克蜂蜜加盖一层姜片。

巧存月饼的窍门

在一个竹篮中铺上几层纸，然后将剩下的月饼置于竹篮中摆放好，再盖上一层纸，每隔1～2日，翻动一次。这样可以保持月饼10～15天新鲜不坏。注意，摆放月饼时，尽量不要堆叠，以免月饼破皮和发霉。食用放置了一段时间的月饼，可以先把月饼放入瓷盘中，在月饼表面喷洒些清水，然后覆盖上微波炉的专用保鲜膜，放入微波炉中，用中火烘烤2分钟后取出即可。烘烤后出炉的月饼，又香又软，醇厚软糯。

存放面包的窍门

如果在面包上包裹几层保鲜纸，再放入冰箱中，即可保持面包新鲜，松软不干燥。对于隔夜的面包可以在蒸锅内放入清水，开火煮至温开时加入少量食醋，然后将隔夜面包放在笼屉内上锅蒸，未等水开，面包就可以取出食用。

防止饼干受潮的窍门

在开封的饼干袋子里，放入几块方糖，扎进袋口，常温下即可保持饼干香脆。也可将饼干袋扎紧后，存放于冰箱冷藏，食用时取出饼干清凉香脆，口感更好。还可以将受潮饼干摊开在盘子里，然后放入微波炉内，低火加热3分钟，这样也可以使饼干变得松脆爽口。

防止糖结硬块的窍门

（1）将结块的糖结放在湿度较高的地方，然后在糖结上加盖2～3层厚拧干的干净棉布，糖块过几日即可散开。

（2）糖结硬结后，不能敲砸，可以将新鲜苹果切块放入糖结瓶子中，2～3日后，糖结块会自动松开。放入干净的水果核也可以使砂糖松散开。

储存糖果的窍门

（1）糖果在储存时一定要注意其怕热、怕潮等特点，保管时注意调节温度和湿度。一般室内温度为25℃～30℃，湿度为65%～75%为好。其中巧克力糖果的保管温度在15℃左右为宜。

（2）糖果不能放在阳光照射的地方，亦不能与水分过大的食品同时存放。

（3）一般来说，糖果储存时间不应过长，铁盒子储藏硬糖不超过9个月，普通糖果不宜超过半年，含脂肪蛋白较多的糖果的存放期一般为3个月左右。储存时间过长就容易出现返潮、发沙、酸败、变白等几种变化现象。

牛奶保鲜的窍门

（1）食盐保鲜法：在新鲜牛奶中加少量的食盐，可以使牛奶保鲜时间延长。

（2）冰箱保鲜法：瓶装牛奶盖好牛奶瓶盖，以免牛奶里串入其他气味，影响牛奶品质和口感。袋装牛奶存放前先将牛奶袋外表清洗干净，擦干之后再放入冰箱中，并且尽量不要开口，以防吸附异味，若开了口，则需要将袋口封闭紧实。注意，牛奶不宜冷冻，放入冰箱冷藏即可。

（3）白糖保鲜法：在新鲜牛奶中加入少量白糖一起煮开，存放时间也可延长，取出仍然新鲜。

保存奶粉的窍门

（1）开罐后，请务必盖紧塑料盖，并存放在阴凉干燥处，于一个月内吃完。

（2）奶粉的保质期一般是两年，保存期内可保持新鲜，开封前请置于干燥、清洁处。请勿存放在高温或高照、潮湿之处，勿存放于冰箱内。

（3）量匙使用后不需再放入罐袋内，宜另行保存，请务使用沾水的量匙量取奶粉。

新茶存放的窍门

（1）木炭：将木炭装入小布袋中包裹好，放入瓦坛或小口铁箱的底部，然后将茶叶分层排列在坛子中，装满、密封，可以使茶叶储存很久。注意，木炭袋需要一个月更换一次。

（2）暖水壶：在未用过的暖水瓶中放入新茶，然后用蜡封口，裹上胶布即可。

（3）冰箱：将新茶放入铁制或木制的罐子中，密封好后储存于冰箱冷藏室，可以保存很久。注意，新茶最好含水量在6%以下，冰箱温度调至5℃，效果最好。

（4）牛皮纸：将新茶用牛皮纸包裹扎紧，并放置在于燥、封闭的陶瓷罐里，然后将生石灰包好放入茶包中间，密封存储于阴凉干燥处，可以使茶叶久存而不潮不变质。注意，石灰袋最好1～2个月更换一次。

巧存咖啡的窍门

夏季将瓶装速溶咖啡放入冰箱中储存，可以防止咖啡结块。将咖啡与饼干等干性食品放在一起，这样干性食品就会吸收水分，咖啡也就可以防潮防湿了。咖啡豆的保存期限常温保存约一周，冷冻室保存约半个月；咖啡粉常温保存约三天，冷冻室约一周。

第五章

时尚美容——靓丽生活需要“妆”点自己

对美的追求是每一个人的权利，而美容则是对美最直接的体现，我们的先祖在远古时期，就知道美容的重要性。现代人，对美的要求更高。关于如何“妆”点自己，生活中的这些小窍门，将会让你的美更加环保、更加自然。

一、护肤

清洁面部的窍门

清洁面部皮肤有两层含义：第一层，是表层皮肤的清洁，就是平时用清洁乳的洁肤过程，这是很多人都能做到的；另一层，是人们常常忽视但却非常重要的深层洁肤——用磨砂和面膜对皮肤进行深层清洁。

油性皮肤的人每周需做深层清洁2～3次，中、干性皮肤的人每周需1～2次。当皮肤看上去晦暗易产生皮屑时，就是需要深层洁肤的时候。做深层清洁时，尤其需要注意T形部位，因为这个部位是脸部皮脂分泌最旺盛的地方，也是老化细胞最容易堆积的地方。使用面膜做深层清洁需注意以下几点。

（1）涂抹的厚度要盖过毛孔，最好从两颊开始涂抹，然后是额头、鼻子（鼻翼部位要涂匀）、下巴（避开眼睛和嘴巴），这样做的好处是使面膜变干的时间比较一致，有利于面膜中的活性成分均匀发挥功效。

（2）做面膜前通常还有一道工序，就是用适量磨砂膏在脸上轻轻打圈按摩，然后洗净，这是为了去除皮肤上的角质层和死皮，使面膜的营养成分更易被肌肤吸收。

（3）洗去面膜前等待的时间也有讲究：春夏季皮肤温度较高，面膜敷15分钟即可；秋冬季节的时间则需久一点，以30分钟为宜。

祛除青春痘的窍门

（1）选择含有抗菌成分的洁面产品和护肤品，可防止暗疮的产生并具有消炎作用。

（2）做好防晒的工作，因为紫外线会使暗疮进一步恶化，可选择质地轻薄的防晒产品。

（3）保持愉快的心情，可预防压力导致的暗疮。

（4）避免经常用手触摸有青春痘的地方，因为手上的细菌比较多，容易形成感染，所以要经常清洁双手。

（5）尽量不要穿高领的衣服，以保持脸与衣服接触部位的清洁，不要用双手托下巴。

（6）不要挤压青春痘，避免青春痘部位发炎、形成痘印等。

保护皮肤和健康的食物

1. 鱼肝油

鱼肝油中含有皮肤及黏膜需要的维生素，如果缺乏这种维生素，皮肤将变得干而粗糙，容易出现皱纹。

2. 粗粮

粗粮包括用面粉做的面包、麦糠、酵母及麦粒，这些食物富含帮助新陈代谢的维生素，为保护皮肤所必需。

3. 新鲜水果

新鲜水果含有人体所需要的维生素 C，可使皮肤保持平滑并有生气。

4. 含蛋白质食品

瘦肉、鱼肉、鸡鸭、禽蛋、牛乳制品等是含有丰富蛋白质的食物，可保养皮肤，避免出现皱纹。

5. 养颜食品

葵花子和南瓜子富含锌，人体缺锌会导致皮肤皱纹。每天吃几粒葵花子或南瓜子可使皮肤光洁。

猕猴桃富含维生素 C，每天早晚各吃 1 个，有助于血液循环，为皮肤输送养分。动物肝脏等含有大量维生素 A，可使皮肤更有弹性。

6. 养发食品

鸡蛋富含硫，每周吃 4 个鸡蛋，可使头发亮泽。锌和维生素 B 可延缓白发生长。头发 97% 由角质蛋白组成，高蛋白食物如肉、鱼等再配上生菜，对护发养发起重要作用。

7. 明目食品

胡萝卜富含维生素 A、E，每周吃 3 次用植物油烧制的胡萝卜能增强视力。麸皮面包富含硒元素，可保护眼睛。经常吃柑橘类水果能改善视力。

8. 秀甲食品

酸奶含有促进人指甲生长的蛋白质，每天喝 1 瓶大有好处。核桃和花生是指甲坚固的生长素，常吃可预防指甲断裂。

9. 固齿食品

每天吃 150 克奶酪并加 1 个柠檬，奶酪里的钙能坚固牙齿，维生素 C 能杀死造成龋齿的细菌。多吃鱼和家禽肉有益于保护牙齿，这些肉类中含有固齿的磷元素。

简易护肤的窍门

许多年轻的女性视护肤为一件痛苦的事情，其实，只要掌握了技巧，烦恼也能变成乐趣。

（1）每天晚上在手指尖上取少许凡士林油脂，轻轻地在脸上一圈一圈按摩，将其揉入皮肤，并持续 1 分钟。然后用薄卫生纸将多余油脂擦去，但不要全部擦去，这是此项技巧的关键所在，直至抹到皮肤手感光洁为止。

（2）每天早晨使用防晒剂，如果在野外，则需整天都使用。做日光浴时也要切记，始终不要晒黑脸部。

（3）每日不间断地做 2～3 分钟的按摩最见效果。按摩时首先要注意沿着肌肉生长的方向进行。眼睛与口部周围的肌肉是圆形，两颊的肌肉向外侧生长，鼻肌向下生长，额头的肌肉则向发际做辐射状生长。按摩眼睛周围时，力量要特别轻，以免生出小皱纹。

鸡蛋美容的窍门

（1）在用洗面奶洗净皮肤后，用蛋清敷面部 15～20 分钟，此间应保持沉默和安静。然后用清水洗净，拍上收缩水，擦上面霜，可使皮肤收紧，光泽柔滑。

（2）用 1 个鸡蛋黄的三分之一或全部，维生素 E 油 5 滴，混合调匀，敷面部或颈部，15～20 分钟后用清水冲洗干净。此法适用于干性皮肤，可抗衰老，除去皱纹。

（3）用蛋清加 5 滴柠檬汁调匀，敷面 15～20 分钟。洗净后，可使皮肤润白，减淡雀斑色素。油性皮肤适宜采用此法。

（4）用三分之一或二分之一个蛋黄，再加 5 滴橄榄油，调匀涂于面部和颈部，15～20 分钟后用清水冲洗干净。此法适用于中性皮肤。

（5）炒鸡蛋时，可将挂在蛋壳内的残余蛋清收集起来，加 1 小匙奶粉和蜂蜜，调成糊状，晚上洗脸后，涂在脸上，过半小时洗去。此法坚持下去，可使面部皮肤润泽，皱纹减少。

大米饭美容的窍门

用煮熟的不太硬的米饭，趁热而不太烫的时候，用手揉捏成团，贴到脸上不停地揉搓，直至搓成黏腻的污黑小团为止，再用清水把脸洗净。这样，米饭便可将皮肤汗孔的油脂及污物都粘出。

如此坚持半年，你会发现自己面部的皮肤要比过去洁白得多。

红糖养颜的窍门

红糖养颜的常用方法是：将 3 大匙红糖放在锅里加热，待熔化至黏稠的浆状时熄火，冷却到 15℃左右后，涂在洗净的脸上，15～30 分钟后洗掉，每周两次。此外，还可以用红糖来制作面膜。

祛斑面膜：将 300 克红糖放入锅内，加入少量矿泉水、淀粉，文火煮成黑糊状。稍凉后搽于脸部，5～10 分钟后用温水洗净，可使皮肤变得光滑美丽。

增白面膜：红糖 300 克，鲜牛奶或奶粉适量。将红糖用热水溶化，加入鲜牛奶或奶粉，冲调后涂于面部，30 分钟后用清水洗净。每天一次，使用 3 个月左右，可减少皮肤中的黑色素。

白萝卜美容的窍门

白萝卜性平和，除痰润肺。将白萝卜皮捣烂取汁，加入等量开水，用来洗脸，可以使皮肤清爽滑润。

西瓜皮美容的窍门

将西瓜皮切成条束状（以有残存红瓤为佳），直接在脸部反复揉搓 5 分钟，然后用清水洗脸，每周两次，可保持皮肤细嫩洁白。

黄瓜美容的窍门

黄瓜平和除湿，可以收敛和消除皮肤皱纹，对皮肤较黑的人效果尤佳。

(1) 将黄瓜（皮、肉及籽）榨成汁，用棉球蘸汁擦脸，对皱纹处可反复多次擦用。

(2) 黄瓜捣碎绞出汁，加 1 个鸡蛋清，搅和在一起，洗脸后擦在脸上，静卧 20 分钟（此法适于湿性皮肤的人），然后用清水冲洗干净。

南瓜美容的窍门

将南瓜切成小块，捣烂取汁，加入少许蜂蜜和清水，调匀擦脸，约 30 分钟后洗净。每周 3～5 次，能消除皱纹、滋润皮肤。

苦瓜美容的窍门

将苦瓜捣烂取汁，外擦皮肤，可祛湿杀虫，治癣除痒。

丝瓜藤汁美容的窍门

秋季，在丝瓜藤叶枯黄之前，从离地面约 60 厘米处，将藤蔓切断，此时切口便有液汁滴出。把切口插入干净的玻璃瓶（为防止雨水或小虫进入瓶内，应把瓶口封好），这样经过一段时间就可收集到一定数量的丝瓜藤。用此液擦脸（如能滴入几滴甘油、硼酸和酒精，更能增加润滑感，并有杀菌作用），对皮肤的养护效果十分显著。

西红柿美容的窍门

将西红柿捣烂取汁，加入少许白糖，涂于面部等外露部位皮肤，能使皮肤洁白、细腻。

盐水美容的窍门

每天早上用30%浓度的盐水擦脸部，然后用大米汤或淘米水洗脸，再用护肤品混合擦面，半个月后，皮肤可由粗糙变白嫩。

饮料美容的窍门

自制美颜饮料与进补美容食品类似，也可达到使皮肤光滑、滋润的美容效果。下面介绍两种配方。

1. 蜂蜜柠檬茶

取新鲜柠檬，洗净、切开、榨汁，对入适量蜂蜜搅匀。夏季调凉白开加冰块饮用，冬季调温开水加枣汁饮服，是最滋补的美颜饮料，长期饮用可使皮肤洁白晶莹。（另外，将榨汁剩余的柠檬放入浴盆中洗澡可使皮肤漂白增香。）

2. 绿豆薏米汁

绿豆有清火漂肤的功能，薏米有祛除脸部雀斑、粉刺的功效。将二者洗净加水煮汁后，加适量冰糖和蜂蜜饮用，是营养价值很高的美容圣品。

自制蜂蜜面膜的窍门

蜂蜜的亲肤性相当高，蛋白质分子大小与皮肤组织相近，吸收渗透力好，可迅速为皮肤补充营养。蜂蜜中所含的氨基酸可在皮肤表面形成一道天然保护膜，防止水分流失。柠檬汁所含的维生素C和果酸是淡化色斑所不可缺少的。

（1）用料：蜂蜜15毫升，鸡蛋一个，脱脂牛奶50毫升，柠檬汁一茶匙，面粉少许。

（2）制作方法：步骤一、面粉中加入鸡蛋，搅拌均匀。步骤二、加入牛奶、蜂蜜以及柠檬汁再次搅拌即可。

（3）功效：可滋润肌肤，使肌肤变得白皙透明、柔软细致。

（4）使用方法：步骤一、将面膜均匀涂于脸部，避开眼部及唇部。步骤二、15分钟后先用温水冲洗干净，再用冷水洗脸。温水、冷水可反复交替数次，有助于收缩毛孔。

自制食品面膜的窍门

自制食品面膜针对性强，现用现调十分方便且面膜新鲜、质量好。以下是适用于不同性质的皮肤的面膜配方。

1. 油性皮肤

（1）将黄瓜、西红柿等研磨成泥汁后加藕粉1茶勺敷于脸部，有收缩毛孔的作用，适用于皮肤毛孔粗糙者。

（2）取蛋白 1 个，调打至充分起白色泡沫后，加入数滴柠檬汁，再加入 2 茶勺面粉调和均匀，有防止肌肤产生细小皱纹的作用，适用于有皱纹者。

2. 中性皮肤

奶粉 1 茶勺、藕粉 2 茶勺，水果汁数滴，收敛性化妆水数滴，有滋肤、祛斑的作用，适用于皮肤较黑者。

3. 干性皮肤

（1）奶粉 1 茶勺，蜂蜜 2 茶勺，面粉 1 茶勺，有滋肤、养肤，消除皱纹的功效，适用于皮肤干燥者。

（2）取 2 茶勺橄榄油加热后，倒入 2 茶勺面粉调匀，再加入 1 个蛋黄，调好后均匀地涂于脸部，15～20 分钟后擦去即可，有滋肤、养肤，防止或消除皱纹的功效，适用于皮肤粗糙者。

（3）取猪蹄入高压锅煮到胶状，待晾凉后加入一茶勺蜂蜜调匀后，涂抹搓擦，可滋肤，防止或消除皱纹，适用于皮肤衰老者。

（4）葵花子（去壳）20 克，黄芪 50 克，粳米 100 克，清水适量，文火煎煮，每日一剂，1～2 个月后可使面色红润。

（5）核桃仁 100 克，蚕蛹（微炒）50 克，清水适量，放瓦盅内，隔水炖熟。每日一剂，20 日为一疗程，2～3 疗程后可见明显美容效果。

制作酸奶面膜的窍门

（1）增白祛斑面膜：半茶杯纯酸奶加半茶杯柠檬汁混匀。均匀涂布在面部保留过夜，用清水洗去。

（2）用于油性皮肤的面膜：3 茶匙纯酸奶，1 个鸡蛋清，1 茶匙蜂蜜混匀。均匀涂布在面部和颈部，10～15 分钟后用清水洗去。

（3）用于干性皮肤的面膜：3 茶匙纯酸奶，1 个鸡蛋黄混匀。均匀涂布在面部和颈部，10～15 分钟后用清水洗去。

控制面部油性的窍门

（1）食疗法：适当补充维生素 B6 可以减少皮脂的分泌。所以平日多摄取一些富含维生素 B6 的水果，譬如香蕉或鱼类等。

（2）按摩法：洁面后，用一点盐放在手心里，用水融化，轻轻按摩面部，可改善面部出油的情况，适合油性肤质。

（3）急救法：用凉水或冰箱里的冰可乐冰一下脸部，让毛孔立即缩小，再使用控油品，效果更好。

（4）面膜法：控油的同时一定要补充水分，自制的黄瓜面膜补水效果就不错。把燕麦片同牛奶调成膏状，敷在脸部，10～15分钟后用温水洗去，再用冷水漂清，也可以祛除脸上多余的油分。

（5）香水法：用半勺青柠檬和黄瓜的混合汁液敷脸，特别爱出油者，再加入几滴纯正的法国古龙香水。

（6）酒疗法：洗脸时在水里加一些清酒，可以起到控油效果。

巧使皮肤变白的窍门

1. 用西瓜籽仁250克，桂花200克，白杨柳皮（或橘皮）100克，一起研成粉末，饭后用米汤调服。每日3次，每次1匙，1个月后脸部皮肤开始呈白色，50天后手脚也会变白。

（2）天门冬和蜜捣烂，放入洗脸水中，每天洗脸，皮肤也会变白。

（3）将一只熟木瓜去掉皮及籽，把木瓜肉切成粒，加一倍的水，放少许白糖或冰糖一起煮，待水开后捣烂木瓜粒，加入200克鲜牛奶煮开饮用。长期饮用可以使皮肤变白。

（4）用醋冲水洗浴，时间长了，会使皮肤变白。但洗面部时，一定要紧闭双眼，以免伤害眼睛。

防面部早生皱纹的窍门

（1）不吸烟。吸烟时吸入的一氧化碳会与体内的血红蛋白结合，造成皮肤组织缺氧，使皮下毛细血管的血液循环缓慢，导致皮肤失去光泽和弹性，产生皱纹。

（2）合理使用护肤品。不要经常使用碱性皂洗脸，否则会洗去皮脂腺分泌的皮脂，使皮肤干涩。使用化妆品一定要适量适时，否则会阻碍汗腺和皮脂腺的分泌。

（3）坚持冷水洗脸。冷水可使皮肤收缩后扩张，促进血液循环，改善营养代谢，从而增加皮肤的功能和弹性。

（4）长时间的阅读、工作或看电视，会使眼睛疲劳，易使眼部四周出现皱纹。用棉布蘸点橙汁，敷在眼上，约30分钟，可使眼部皮肤吸收橙汁的营养成分，长期坚持可达到防皱的目的。

（5）为了使眼睛看起来灵活而有光彩，最有效果的方法便是做下眼睑的敷面。涂上敷面剂时，皮肤表面似乎抓紧了一层膜，具有紧张感，此时毛孔深处的废物便会被吸出来。敷面时，上眼睑不必做，离开眼睛约0.5厘米处涂敷面剂。敷面之后，除去敷面剂，在眼睛周围抹上营养霜或眼霜，使皮肤获得充分的营养。

沙拉酱可除皱纹

一般家庭常用的沙拉酱，有消除皱纹的作用。

美容专家建议，可以只使用沙拉酱，而不用其他的化妆品，直至皮肤改善为止。1年后，粗糙的皮肤可以变得白里透红。经常在厨房打转的家庭主妇，不妨试一下，一天3～5次把少量沙拉酱在脸上抹匀，其他的化妆品一概暂停使用。

维生素 E 减皱纹

到药房买液体维生素 E，用 5 滴分量加一个鸡蛋及四分之一杯蜜糖混合，以它作为面膜，敷在脸上 30 分钟后用温水洗去。

轻拍皮肤可抗皱

正确的拍面法能改善皮肤血液循环，促进老化细胞脱落及新细胞的生成，淡化皱纹，修护肌肤，使肌肤回复白嫩、爽滑。

具体方法是：法洗脸后，用温热毛巾敷面几分钟，使毛孔张开，涂些营养蜜。然后双手手指并拢，自下而上，由脸部中心向外，轻轻地拍打面部肌肤。

拍面时应注意，手指与脸方向是垂直的，力量不必过大，以中度为好。每日操作两次，每次约 3 分钟即可。

巧防颈部皱纹

按摩是预防颈部皱纹的好办法。方法是：先将乳液涂到脖颈后，使用拇指下面鼓起的部分，如同滚筒似的将手旋半转，上下做 10 次左右的按摩。按摩脖颈左边时可使用右手，按摩脖颈右边则使用左手。

鲜芦荟治晒伤

芦荟中含有丰富的脂肪酸和维生素 E，而这两种成分是表皮细胞所必需的营养，它们可以及时修护晒后受损的肌肤。如果外出忘记采取防晒措施而把皮肤晒红、晒肿或晒伤，那么当天用芦荟进行护理，可以收到很好的效果。剪下一小段芦荟，再剪去两边的小刺，并从中间切开，将切开的小段芦荟中的胶状物质涂在发热的皮肤上。经过固定后保留一晚，使芦荟成分充分渗透。第二天早晨，皮肤发红发热的现象就会消失。但需要注意的一点是，易过敏者不宜使用芦荟。

中老年妇女美容的窍门

1. 蒸汽美容法

取一盆开水放在合适位置，俯身低头，用毛巾尽力将脸部和脸盆连为整体，根据水温和自己的忍耐能力调整脸部至水面的距离，让热的水蒸气熏蒸面部。水凉后休息片刻，换热水重复熏面。每月 2 次，可以刺激面部皮肤并向皮肤提供大量水分以促使毛孔受热扩张，软化皮下腺内的污垢，使淤积于皮肤毛孔内的污垢排除，并促进皮层的血液循环和新陈代谢，抑制雀斑和褐色斑的产生，使干燥、粗糙的皮肤逐渐变得滑嫩、柔软。

2. 自我按摩法

先用湿热毛巾热敷面部2分钟，待毛孔扩张、鳞质脱落后，涂抹护肤油脂，用双手指肚沿额头经双颊至下巴汇合，然后转向下唇，左右夹击绕嘴唇按摩至人中穴汇合，左右分开沿双侧鼻翼上行到眼角处，各自绕眼眶运行于额头汇合。

3. 温水浸泡法

长年操持家务，不知不觉中会使双手皱纹横生。做完家务后，将双手浸泡在干净的温水中，可软化皮肤。擦净后，涂上润肤膏，双手不断地相互摩擦，使油脂渗入皮肤，使双手逐渐恢复柔嫩，富于弹性和光泽。

滋润皮肤的窍门

皮肤粗糙者可将醋与甘油以5∶1比例调和涂抹面部，每日坚持，会使皮肤变细嫩。在洗脸水中加一汤匙醋洗脸，也有美容的功效。

睡前用最便宜的化妆棉加上化妆水完全浸湿后，敷在脸上20分钟，每周3次，您的皮肤会有意想不到的水亮清透。

冬季防皮肤干燥的窍门

冬季寒冷干燥，人体皮肤毛孔收缩，干性皮肤的人会觉得皮肤紧绷不舒服，甚至起皱脱皮。

造成这些现象的原因是由于皮肤的水分被户外干燥的空气吸收，加之冬天皮肤新陈代谢缓慢，尤其是眼睛四周皮脂腺少，极易缺水，产生皱纹，所以冬季皮肤护理就显得尤为重要。

一般在冬季到来之前就应当开始皮肤护理，以经络穴位按摩为主，促进血液循环和新陈代谢，辅以蒸汽和营养霜补充水分和营养，这样既恢复皮肤的张力和弹性，又能令皮肤滋润光泽。眼睛四周用眼霜保养，可防止皱纹的产生。如果已有了稍严重的皱纹，平时用专用眼部精华素保养，效果很好。

自制护手油的窍门

要想有一双秀丽的手，可常涂调入醋汁的甘油。方法是：1份甘油、2份水，再加5～6滴醋，搅匀，涂双手，可使双手洁白细腻。

奶醋消除眼肿

如果眼皮肿时，可用适量牛奶加醋和开水调匀，然后用棉球蘸着在眼皮上反复擦洗

3～5 分钟，最后用热毛巾捂一下，即可消肿。

刮胡子的窍门

常刮胡子、刮脸，可保持皮肤洁净，有助于常葆青春容貌，延缓面部皮肤衰老。为不损伤皮肤，又易刮干净，在刮胡子前宜先用温热皂液湿润一下，或用清洁的热毛巾敷一下，涂上剃须膏，软化胡须根部和润滑皮肤，减轻刀口与皮肤的摩擦力。胡须越长，刮时带起的皮肤越多，皮肤就越痛，对皮肤的伤害就越大，所以要勤刮胡子。切忌用手指或夹子拔胡子，以免细菌侵入，引起毛囊炎疖肿等疾病。

祛除暗疮的窍门

番茄汁加柠檬汁和酸乳酪搅匀，用来敷脸，可治过度分泌油脂，保持皮肤干爽，消除暗疮。

处理粉刺的窍门

一旦生了粉刺，治疗的方法就是抑制其感染的程度，使之不致蔓延到皮脂腺。轻度粉刺一般不需治疗。如果严重或形成脓疱，对身体、心理造成障碍，则应请医生治疗。

在日常护理上，要注意避免化脓，千万不能随便用手挤压，以免感染，留下疤痕；不要用化妆品来遮掩粉刺：洗脸不宜过勤，最好用凉水洗，一般 1 天 2～3 次为宜。洗脸时，最好不用肥皂，而用较温和的洗面奶等。

巧治红鼻子的窍门

红粉 5 克，梅花 4. 3 克，薄荷冰 3. 7 克，香脂 100 克。将 3 味药研成细末，与香脂调和，抹患处少许，1 日 2～3 次。1 副药用不完即可见效。

胡萝卜牛奶除雀斑

每晚用胡萝卜汁拌牛奶涂于面部，第二天清晨洗去。轻者半年、重者 1 年即愈。

二、选化妆品

根据肤质选用化妆品

干性皮肤者在选用洁肤类化妆品时，应尽量避免用皂类，而应选用性质温和的洗面奶、清洁霜等中性或弱酸性洁肤剂，使之在皮肤的 PH 范围内进行去污。如清洁霜，靠原料中的矿物油溶解油溶性污垢，对皮肤刺激小，使用后还能在表皮留下一层滋润性的油膜，特别适合干性皮肤者使用。常用的洗面奶是一种氨基酸活性剂，含有各类营养素，洗后皮肤光润舒适，是常规净面的理想用品。

干性皮肤者在选择护肤品时，秋、冬季应选有微碱性膏霜，因为它有滋润皮肤、防止皮肤干裂粗糙的功效。夏天则应选用蜜类产品。在化妆水的选用上，碱性营养水比较适宜，它能调整皮肤表面的酸碱度和溶解老化的角质层。油性皮肤的人平时亦应用洁肤力较强的清洁剂，如香皂、乳化卸妆油等。同时，也宜选用微酸性膏霜，特别是夏季宜用含水较多的蜜或乳液类化妆品，并可用酸性收缩水来预防油脂过多引起的掉妆。中性皮肤介于二者之间，可酌情选用。

敏感性肤质挑选化妆品的窍门

首先，含有酒精成分和过酸成分的皮肤下层的组织都不要选。另外，敏感肌肤不要去角质，不要做桑拿，使用精油也要注意。

同时，敏感肌肤要慎用美白类功效性的护肤品，否则会伤害到原本就脆弱的皮肤。应选择纯植物、无刺激的护肤品。

建议使用芦荟产品，不过敏，也不刺激，而且芦荟是来源很多的植物，常用也有美白的效果。

识别变质化妆品的窍门

识别和检查化妆品是否变质，通常有以下方法：

（1）查看化妆品是否出现气泡和怪味。

（2）观察化妆品的颜色是否发黄。

（3）观察原来透明的化妆品是否产生混浊的沉淀物。

（4）观察化妆品是否变稀，出现水、油分层。

（5）使用后是否感到异常刺激。

（6）瓶盖或瓶内是否生有霉菌。

（7）化妆品是否超过保质期。

如果出现上述情况之一，那么化妆品就属于劣质化妆品或过期化妆品。

保管化妆品的窍门

在家中存放或随身携带化妆品时，必须注意以下几点：

（1）防晒：化妆品中含有的药物和化学物质，极易因阳光中的紫外线照射而发生化学变化，使其效果降低。所以，化妆品不要置于太阳容易晒着的地方。

（2）防热：存放化妆品的适宜温度为35℃以下，如果温度过高不仅会使其中的水分挥发、膏体干缩损耗，而且使膏霜内的油水分离，发生变质。

（3）防冻：如果化妆品存放处温度过低，易造成冻裂，解冻后也会出现油水分离，对皮肤有刺激作用。

（4）防潮：有些化妆品中含有蛋白质和蜂蜜，受潮后易发生霉变，滋生微生物。也有的化妆品是用铁盖包装的，受潮后铁盖易生锈，会腐蚀瓶中的霜膏，使其变质。

（5）防摔：化妆品应放置在平稳的地方，一旦包装瓶有了裂缝或漏出，化妆品常常被污染，影响使用。

（6）防污染：化妆品应存放在清洁卫生的地方，瓶盖要拧紧或将包装封紧，防止灰尘或其他东西落入瓶内，污染化妆品。

（7）防漏气：膏霜类化妆品都有较浓的香味，用后应拧紧盖，防止香味失散。

（8）防串味：各种化妆品各有其特殊的气味，为了防止串味，存放时不要离得太近或置于同一个盒内。

（9）防失效：一般化妆品的使用期限为1年，最长也不超过2年，启用后勿再长期存放，以免失效。

防止化妆品感染的窍门

选择包装完善，有产品原有的香味，无臭、无其他异常刺激性气味；无冒烟（气）现象；无破损、无变形，有出厂日期等。

打开盒盖后，颜色正常，为产品的原本色。凡颜色不均匀或变色的最好不使用。

溢水，非水剂化妆品有水分溢出时，多系变质或细菌繁殖，不能再用。

化妆品一旦启开使用，一般使用期在1年以内，多数只能使用3个月左右。在使用前应洗净手，以防污染化妆品。日用化妆品应个人专用，不宜家人合用，以免化妆品污染后，经皮肤和黏膜传播，感染传染病，尤其是有皮肤病的人。

凡皮肤破损、感染化脓、发炎生疥的部位，均不可擦涂化妆品。

夏天汁液排泄旺盛，皮肤抵抗力较差，不宜多用化妆品，以免堵塞汗腺口和毛囊皮肤腺引起毛囊炎和疖子等。

使用某种化妆品后若出现异常感觉，应到医院诊治，以免贻误病情。

选购精油的窍门

精油能加速细胞的新陈代谢，帮助伤口愈合，增强皮肤的抵抗力和组织力，有效延缓肌肤老化。

一般来讲，纯的精油通常会标示“100%或Pure Essential Oil”，并且用深色的瓶子盛装。瓶盖打开是国际标准的滴口，每次可滴一滴。如果产品的标示为“Aromatherapy Oil”、“Environmental Oil”或“Fragrant Oil”等时，大部分为掺和油或合成油，其中精油的含量可能只有2%或3%，其余通常为基底油。即使购买的是这种掺和油，也要注意一下掺和油的成分。这种油有的价钱较便宜，且用于按摩时不再用基底油稀释。这种掺和油不适合香薰或沐浴，因为其混杂了基底油，在气味方面会大打折扣，精油本身的功效也会受到影响。

纯精油忌光、忌高温、易氧化，所以必须用深色瓶子盛装，并放在室温18℃的阴暗处。

只有纯精油才具有医疗效果，人工合成的精油是无法提供疗效的。

一般的精油应该清澈透明，只有少数精油会有黏稠不透明现象，如檀香、没药、岩兰、乳香等。多数精油为透明或呈淡黄色液体，少数呈现特殊的颜色，如德国洋柑橘会呈现美丽的深蓝色。

纯质精油滴于水中，会形成一片片薄膜并漂浮于水面上；不纯的精油会聚集成一点一点的油滴。

纯质精油挥发后不会留下任何痕迹，反之，质地不纯的精油则会留下油渍印。

纯精油气味自然，没有酒精、合成香料的刺鼻的气味。

选购香水的窍门

选购香水时，首先应弄清楚香水的香型和浓度，根据自己所处的环境和将要去的场合购买适合自己的香水。

选购香水的方法：人们对香水按其香味的主调将其分为东方香型、合成香型、花香型等。但无论香水属于哪一类香味，它们大致可分为香精、香水、淡香水和古龙香水四种。选择香水的一般方法是喷一点淡香水在手腕内侧，轻挥手腕，过1～2分钟，让香水完全干透，先闻一下，10分钟后再闻一下，这时是香水的体香，接近香水的主调，是保持时间相对较长的香味，至于香水的尾香（也即留香），则要待到几小时以后去品味了。若要选择令人满意的香水，需要仔细品味各阶段香气是否谐调平和，当然最终要看香味是否合心意，是否能体现自己的个性。

选购香水的时间。香水不同于其他物品，选择要通过人的嗅觉。而人的嗅觉在白天，尤其是早晨和午后最迟钝，此时辨别香水的气味欠准确。

应注意的是，不能同时使用两种以上香型的香水，这样既失去了原有的纯香味，又易变质。

即使是非常适合自己的香水，也不宜一次选购太多，一浓一淡即可，浓的香水在冬天或晚上赴宴时使用，淡的香水宜在夏天或白天使用。

选用洗面奶的窍门

购买洗面奶时要根据自己皮肤是油性、干性还是过敏性来选择。

洗面奶与香皂不同步使用。洗面奶大多呈酸性，而香皂呈碱性，两者同时使用，酸碱中和，会大大影响洗面奶的洗面效果。

洗面奶是一种呈弱酸性的面部清洗剂，使用次数过多，会侵蚀人的皮肤。正常皮肤每日使用一次即可，在晚上睡觉前使用为宜。

用洗面奶洗面后，要及时用清水冲洗干净，防止剩余洗面奶对面部皮肤产生侵蚀作用。

选购粉底霜的窍门

选购粉底霜要根据自己皮肤的性质、状态以及季节确定。粉底霜一般可分为以下 3 种类型。

（1）雪花膏型粉底霜：雪花膏型粉底霜的油分比重大，富于光泽，遮盖力强，适宜于出席宴会、集会等大场面郑重化妆时使用。但由于它遮盖力强，最好选用与自己的肤色相近颜色的，以免造成不自然的感觉。

（2）液体型粉底霜：液体型粉底霜含水分较多，使用后皮肤显得滋润、娇嫩、清淡，如果您的皮肤比较干燥或希望化淡妆，这是最佳的选择。

（3）乳剂型粉底霜：乳剂型粉底霜的特点是，用水化开后涂在皮肤上所形成的薄膜有斥水性，很少掉妆，适用于夏季或油性皮肤。

选购定型产品的窍门

（1）护发造型摩丝：这种摩丝有护发和定型作用，可令头发富有弹性，充满光泽，尤其适用于电烫后和天生较细的头发。

（2）油护发摩丝：这种摩丝富含维生素 E 及多种高级植物油，能有效渗透到头发表层，可起到补充养分，修护受损发质，防止头发开叉、折断、变色等作用。

（3）貂油摩丝：其含有天然丝蛋白质及貂油成分，有去屑、止痒等作用。

（4）防晒摩丝：它不含乙醇成分，对头发无损害，且湿亮而无油腻感，对染发、电烫、干性及受损发质等有很好的滋润作用。

此外，发蜡、发胶、啫喱等也是不错的定型产品。

选购腮红的窍门

1. 根据肤质选购腮红

干性皮肤应选用霜或膏状腮红，这两种剂型，特别是膏状的油性较大，更适于干性皮肤；油性皮肤宜用粉状或粉饼状腮红；中性皮肤可随意选择。粉剂型宜初学化妆者使用。

2. 根据肤色来选购腮红

肤色白的人应涂浅色或粉红色、玫瑰红色腮红；肤色偏黄（褐）者可用橘红色腮红；肤色较深者则应用淡紫色或棕色腮红。粉红色给人的感觉是温柔体贴，甜蜜亲切，最宜婚礼化妆；大红色则流露出朝气勃勃，热情奔放的气息，适于盛大宴会化妆。腮红上脸前，要先在手背或前臂屈侧做试验，审视哪种颜色最合适。方法是用腮红刷蘸上腮红粉涂于试验处。

3. 根据年龄来选购腮红

年轻妇女选择腮红的范围大一些，略带圆形，可显示青春活力；中年妇女要把腮红涂得高一些，形状拉长点，以表现端庄稳重。

4. 腮红的质量要求

粉质细腻，无粗粒；色泽鲜艳，香味芬芳，没有异味；附着力强，涂在脸上不易脱色和褪色；粉块结实，不破碎。

5. 腮红膏的质量要求

（1）膏体细腻，色泽均一，不得缩裂或渗油；

（2）色、味宜人，无油脂酸败气味或其他气味；

（3）对皮肤无刺激性和其他不良反应。

选购口红（唇膏）的窍门

1. 根据年龄来选购口红

年轻而皮肤较白嫩者，口红色彩可略鲜明些，如淡红和变色口红及桃红色；中年妇女宜选用深红、土红和润唇膏等庄重色彩。

2. 根据肤色来选购口红

（1）肤色白皙的人，适合任何颜色的口红，但以明亮度较高的品种为最佳。

（2）肤色较黑的人适合赭红、暗红等亮度低的色系。

（3）粉红色给人以年轻、温馨、柔美的感觉。若用粉红色口红，搭配一套相同色调的服饰，会使您的仪容绽放出春天般的色彩。

（4）红色给人以鲜艳而醒目的感觉，所以您若涂上鲜红的唇膏，整个人会变得神采飞扬、热情奔放。

（5）赭红色系是一种接近咖啡色的颜色，涂上这种色系的口红，会显得端庄、典雅，颇具古典的韵味。

（6）橘色有红色的热情与黄色的明亮。涂上橘色唇膏，给人以热情、活跃的感觉，非常适合年轻活泼的姑娘使用。

3. 选购时注意口红的质量

（1）外观：金属管表面光洁，塑料体应美观光滑，不变形走样。

（2）膏体：表面滋润平滑，附着力强，不易脱落；不因气温变化而发生膏体变色、开裂现象。

（3）颜色：鲜艳、均匀，用后不化开。

（4）气味：口红的香味应纯正，不应有任何怪味。

（5）管盖：应松紧适宜，管身与膏体应伸缩自如。

选购眼妆用品的窍门

（1）眼影刷：眼影刷有两种，一种是用小马的毛制成的，其毛质柔软而富有弹性，适用于敷粉质眼影；另一种是海绵头眼影刷，适用于敷霜质及液状眼影，选购时最好多选几把，以便各颜色专用一把刷子。

（2）睫毛夹：应检查橡皮垫和夹口吻合是否紧密，应选择松紧适度的为好。

（3）拔眉镊子：镊嘴两端里面应平整，如夹紧后仍存有细缝，则无法吻合，无法将眉毛夹紧

（4）眼线笔：笔头应长短适中，笔毛柔软而富有弹性，无杂毛，含液性能好。初学者可选用硬性笔。

（5）眼影：选购时，应注意眼影块形状应完整无损，颜色均一，粉粒细滑。宜于搽涂，对眼皮应无刺激性，黏附耐久，易于卸除。

（6）眉笔：要求眉笔软硬适度，描画容易，色彩自然，使用时不断裂，久藏后笔芯表面不会起白霜。此外，眉笔的色泽有黑、灰、棕等不同种类，按不同的肤色来选用。

（7）睫毛膏：膏体应均匀细腻，黏稠度适中，在睫毛上易于涂刷，黏附均匀，可使黑色加深，光泽增加，不使睫毛变硬且有卷曲效果。干燥后不沾下眼皮，不怕汗、泪水和雨水的浸湿。具有一定的黏附牢固性，而又易于卸除。色膏对眼部安全无害，无刺激性。

选购指甲油的窍门

（1）容易涂擦，附着力强，其光泽和色调不易脱落。

（2）干燥速度快，固化及时，能形成均匀的涂膜。

（3）有良好的抗水性。

（4）颜色均匀一致，光亮度好，耐摩擦。

（5）指甲油颜色的选用一般应与手部肤色、服装保持统一和谐。

选购男士化妆品的窍门

男用化妆品和女用化妆品一样，具有美容、护肤、祛臭、杀菌等功效，正确使用，可使人显得精神饱满，生气勃勃。

（1）根据男士的皮肤选择：一般来说，干性皮肤毛孔较细，不冒油，经不起风吹日

晒；油性皮肤一般毛孔较粗，易分泌油脂，造成毛孔堵塞，脸部斑疹、粉刺等炎症。所以，前者应选择油质的护肤化妆品，如蜜类、奶液、冷霜、人参霜、香脂、珍珠霜等，有了这层油脂保护膜，经得起风吹日晒；而后者最好选用水质化妆品，如含水较多的蜜类、奶液。中性皮肤则选择刺激性小的含油、水适中的化妆品。

（2）根据男士的年龄选择：青壮年新陈代谢旺盛，皮下脂肪丰富，宜选用霜类和蜜类。

（3）根据男士的职业选择：常在野外作业的人，宜用防晒膏或用紫罗兰药用香粉施于面部皮肤，以防紫外线的过度照射，预防日光性皮炎的发生。一些重体力劳动者，工作时出汗多，汗味较重，则可在劳动后洗完澡涂些健肤净。此品为中草药配方，对出汗较多者有抑制出汗过多、祛除汗臭的良好效果。

老年人选购化妆品的窍门

老年人的皮肤特点是松弛、皱纹，皮下脂肪减少，汗腺及皮脂腺萎缩，皮肤干燥，变硬变薄，防御功能下降。

因此，老年人宜选择适当的营养性化妆品，方可延缓皮肤老化，保持肌肤活力。常见的营养性化妆品有以下几类。

（1）珍珠类：珍珠类化妆品即在一般化妆品中添加珍珠粉或珍珠层粉。珍珠中含有24种微量元素及角蛋白肽类等多种成分，能参与人体酶的代谢，促进组织再生，起到护肤、养颜、抗衰老的作用。

（2）人参类：人参其化妆品即在一般化妆品中加入了一些人参成分。人参含有多种维生素、激素和酶，能促进蛋白质合成和毛细血管血液循环、刺激神经、活化皮肤，起到滋润和调理皮肤的作用。

（3）蜂乳类：蜂乳中尼克酸含量较高，能较好地防止皮肤变粗。另外，蜂乳含有蛋白质、糖、脂类及多种人体需要的生物活性物质，可滋润皮肤。

（4）花粉类：花粉中含有多种氨基酸、维生素及人体必需的多种元素，能促进皮肤的新陈代谢，使皮肤柔软、增加弹性，减轻面部色斑及小皱纹。

（5）维生素类：维生素A可防止皮肤干燥、脱屑；维生素C可减弱色素，使皮肤白净；维生素E能延缓皮肤衰老、舒展皱纹；添加几种维生素，如维生素A与维生素D、维生素E与维生素B，或加维生素C，效果更好。

（6）水解蛋白类：水解蛋白类可与皮肤产生良好的相溶性和黏性，有利于营养物质渗透到皮肤中，并形成一层保护膜，使皮肤细腻光滑，皱纹减少。

（7）黄芪类：黄芪含有多种氨基酸，能促进皮肤的新陈代谢，增进血液循环，提高皮肤抗病力，使皮肤细嫩、健美。

三、化妆技巧

使用化妆品的窍门

（1）用前巧皮试：用新的化妆品一定要进行皮试，以防面部受刺激而过敏。皮试方法：在耳后或臂内皮肤较细腻处均匀涂擦一小片化妆品，最好用纱布盖上，以防蹭掉。待一天一夜后与其他处皮肤进行对比，若发现起红疙瘩或发痒，则不宜使用。

（2）化妆品与护肤品分开：单纯的化妆用品与护肤用品分开使用是护肤美容的窍门。比如，在晨起化妆时，先用早霜打底，再用口红、腮红之类纯化妆品化妆，可使皮肤与化妆层隔开，起到既美容又护肤的作用。晚上卸妆后，可用护肤的营养霜或晚霜滋润保养面部皮肤。

化生活淡妆的窍门

（1）巧画眼影：眼影可使眉眼之间轮廓清晰，使眼神显得深邃迷人。涂好眼影还可修饰眼窝的大小和凸凹：凸眼窝者，宜涂淡湖蓝或橄榄绿色，以使眼窝显得深一点；凹眼窝者，宜涂紫红或胭脂红等色，以提高眼窝亮度，使眼窝显得凸一点。

（2）巧画眼线：完成眼影晕染后用眼线笔画眼线，可使双目更加妩媚有神。为避免手颤画出非圆滑的眼线，可将肘部靠放在桌面上稳定手臂，同时以持握眼线笔的手的小手指支在脸颊上，使手有稳定支点便可顺利描画了。另外，画下眼皮眼线时，手持小镜子位于眼睛上方，张开眼睛向上看；画上眼皮眼线时，手持小镜子位于眼睛下方，眼睛半张向下看，可画得更理想。

（3）巧画眉毛：标准眉形为眉头位于眼角正上方，眉梢位于上唇中央与该侧眼眉连接的延长线上，眉峰位于距眉梢 3/5 眉长处。在化妆前，可结合自己脸型和标准眉形修眉。画眉毛时，先用棕褐色眉笔淡描出轮廓，然后用橄榄绿或黑色画好。另外，眉头颜色要浅而柔和，眉毛中间稍浓些，眉峰和眉梢略浅，眉梢自然淡出，这样两条眉毛在刚劲活泼中透出妩媚与温柔。

（4）巧涂睫毛膏：睫毛膏可使睫毛加长、增黑、变弯，使眼睛更加明亮有神。为了防止发生睫毛膏粘住睫毛，涂刷睫毛膏时宜由内向外，顺着睫毛的生长方向呈“Z”字形轻轻操作，待睫毛膏干后用干净的笔刷疏松一下，睫毛即可达到预期效果。

（5）巧画鼻线：鼻线从眉头下方开始画起，至鼻翼上方结束，且应浓淡适宜，与鼻线两侧皮肤的底色融在一起，起到突出鼻子轮廓的作用。注意不要让外人看出鼻线来，尤其对圆脸人而言，鼻线从眉头一直画到鼻翼，起到修长衬托的作用，更不应过浓过重。对长脸人而言，可适当缩短鼻线长度，使鼻线下弯，在颧骨平处转淡，视觉上鼻子就显得短了。

按脸型化妆六法

1. 椭圆脸型

椭圆脸型者化妆时，眉毛要顺着眼睛修成正弧形，位置适中，不要过长，眉头应与内眼角齐。胭脂应抹在颧骨最高处，向后向上化开。嘴唇要依自己的唇型涂成最自然的样子。发式采用中分路，左右均衡的发型最为理想。

2. 长脸型

长脸型者可用化妆来增加面部宽阔感。眉毛的位置不可太高，眉尾尤不应高翘，胭脂要抹在颧骨的最高处，然后向上向外抹开，嘴唇可稍微涂得厚些。两颊上陷或窄小者宜在该部位敷淡色粉底做成光影，使其显得较为丰满。发式可采用七三或更偏分的头路，这样使脸看起来显宽。

3. 圆脸型

圆脸型者化妆时，眉毛不可平直和起角，亦不可太弯，应为自然的弧形和带少许弯曲。胭脂的涂法是从颧骨一直延伸到下颚部，必要时可利用暗色粉底做成阴影。唇部画成阔而浅的弓形，切勿涂成圆形小嘴，发式以六四偏分最好，这样可使脸不显得那么圆，两侧要平伏一点。有刘海，则必须弄厚些，并要有波浪纹。

4. 方脸型

方脸型者化妆时，要注意增加柔和感，以掩饰脸上的方角。这种脸型的人，两边颧骨突出，因此要设法加以掩饰。眉毛要稍阔而微弯。胭脂不妨涂得丰满一些。可用暗色粉底来改变面部轮廓。头发四六偏分或中分均可。

5. 三角型脸

三角型脸，额部较窄而两颊大，显得上小下阔。此类脸型者的化妆秘诀跟圆脸、四方脸差不多。眉毛宜保持原状态，胭脂由眼尾外方向下涂抹，两腮可用较深的粉底来掩饰。唇角应稍向上翘。头发应以七三比例来偏分，使颊部看起来宽阔。

6. 倒三角型脸

倒三角型脸即人们所说的瓜子脸，特点是上阔下尖。眉毛眉形应顺着眼睛的位置，不可向上倾斜。胭脂要涂在颧骨最高处，然后向上向后化开。嘴唇要显得柔和。脸的下部用淡的粉底，前额宜用较深的粉底。头发应以四六偏分法来使额部显得小一点。发型应成发卷而蓬松，并遮掩部分前额。

巧用胭脂改变脸型的窍门

一般说来，椭圆形的脸庞被认为是最富魅力的。我们可以利用胭脂使自己的脸型变得美丽些。

(1) 方形脸：将胭脂由颧骨底略微向上，抹成略大的三角形，可将方形脸变为杏形脸。

(2) 长形脸：将胭脂轻轻往上抹成一圆形状，同时在下巴处加上胭脂，产生阴影作用，令脸型趋于圆形。

(3) 圆形脸：在颧骨下，将胭脂作横条状略斜往上轻涂。

(4) 腮骨突出：将胭脂在面颊上涂成略大的三角形，由颧骨到腮骨。不过面颊处色调要略浅，而腮骨处要采用较深色的。这样，过大的腮骨会给掩盖住。

(5) 尖形脸：用较深色的胭脂抹在下巴处，面颊的胭脂要涂成圆形横条状，并且距离鼻翼要稍远一点，使脸显得短些。

中年女性化妆的窍门

中年女性化妆时，要注意时粉底不可选用深棕色，应选择和肤色相近的粉底，这样看起来比较自然。

(1) 眼影不可用有闪光的粉底，不要用油质眼影膏。这两种化妆品均会使眼部显得浮肿，使笑纹更加突出。

(2) 不要画唇线，不要用太深的唇色，应用较柔和的色，使唇部自然。多用润唇膏滋养唇部。嘴唇的皱纹，在使用润唇膏后，能保守年龄的秘密。

(3) 眉毛切忌画得太深，浓眉只适宜年轻人。

(4) 发型不宜太时尚，否则会给人一种另类的感觉。多用护发素，让头发显得更健康。

(5) 眼镜框最好选择两侧向上微挑的款式，能更显得年轻。

(6) 衣服的颜色避免太过鲜艳，大红大紫的衣服令人带点“戏剧化”，如欲显得年轻，可考虑穿粉色系列。

(7) 颈部也是一个容易透露年龄的地方，适宜衣领较高的衣服，或用护肩、围巾、项链转移别人的视线。

快速补妆的窍门

化好的妆面，很容易被外界的环境损坏。因此，随时补妆对保持妆面的完整是非常必要的。当然，快速补妆也是有一定窍门可循的：

(1) 随身备带吸面油纸，方便迅速除去分泌的面油。

(2) 若没有带眼线笔，可用湿扫子蘸眼影粉来替代。

(3) 喷射矿泉水在面上，再用面纸吸干，可代替爽肤水。

(4) 要使化妆保持更长久，可用润肤膏擦在干燥处，油脂分泌特多处则应擦爽肤品。

(5) 擦唇膏要省时而效果好，可先用自然色唇膏擦上唇，然后再用同色唇笔描出唇型，最后才擦上陪衬衣服的颜色唇膏。

(6) 在化眼妆之前，先在眼下扑一层粉，眼部化妆的粉屑若跌到眼下，只需要用扫子一扫便成，不会弄污脸及所有化妆。

涂用睫毛膏的窍门

同涂眼影一样，不同形状、不同大小的眼睛，涂用睫毛膏的方法也不相同。

(1) 圆形的眼睛，可从眼睛中央开始，逐渐加浓向外侧伸展，使眼尾部的睫毛显得更长更浓密，令圆形眼睛变为杏形。眼睛太小的人，不能平均地在睫，毛的每一部分涂睫毛膏，只要涂在睫毛的尖端部位即可。

(2) 大眼睛不宜更加突出睫毛，以免使眼睛显得更大，只要轻轻涂抹上眼皮的睫毛即可。

(3) 对于短而直的睫毛，可先用睫毛夹弯曲睫毛。使用睫毛夹时，一定要格外小心，切勿钳得太紧、太深，然后再涂上睫毛膏。

使用假睫毛的窍门

(1) 使用假睫毛前，可将新的假睫毛放入温水中浸泡几分钟，以溶解存在的胶水。根据自己睫毛的状况，选择是否全部粘贴或部分粘贴。

(2) 若是全部粘贴，首先要量一下假睫毛的长度，从内眼角侧开始到外眼角，不应超过外眼角，长的部分可用刀片裁去。用牙签蘸胶水，沿假睫毛根部涂一道线令其有黏性。用手拿起假睫毛，尽量靠近自然的睫毛根部贴住，并用牙签压住睫毛，令真假睫毛合一。然后，可用眼线来填补睫毛的空隙，并遮掩多出的胶水。还可用睫毛膏修饰一番。

(3) 若是部分粘贴，先用刀片裁切出所需的长度，再把假睫毛绕着手指卷一圈，贴时就可顺着眼睛的弧度附在眼上。

(4) 取下假睫毛时，应先从外眼角开始撕起，取下的假睫毛应放入温水中清洗，若能用特定的液剂冲净最好，晾干后用干净薄纸包好，卷在笔上。

使眼睛更大更明亮的窍门

俗话说“眼似秋波”，眼睛大且明亮可以给人留下明目生辉、顾盼有神的美好印象。怎样才能使眼睛看起来更大更明亮呢?

(1) 先确认哪一种眉形最适合你，然后用眉夹在你的眉尾处钳出最理想的眉弓。注意，在两条眉毛之间交替地钳眉，一次钳掉一两根，以便使两条眉形极为对称。

（2）重要的是要选择合适的眉笔画出自然的形态，用轻柔的笔法画出最自然的眉形才是最完美的。

（3）如果你有较娴熟的技巧，用睫毛夹夹卷曲睫毛会产生绝妙的效果，它会使你的眼睛看上去更大些。尽可能地把睫毛夹放在睫毛根部，轻轻夹紧，小心不要移动睫毛夹，否则会弄伤眼睑。握住睫毛夹约10秒钟，然后松开。

（4）打上眼影，让色彩有渐渐的变化。选择色调自然的，在眼睑处涂上中性色作底色，再在眼窝处涂上较深暗色的眼影。

（5）强调了眼睛上部之后，现在你需要注意你眼睛下部的形态。用柔软的睫毛笔在眼的下部睫毛根处画眼线。

（6）最后一步是上睫毛膏，使每一根睫毛变得又浓又长。

掩饰眼睛浮肿的窍门

（1）眼影掩饰法：眼睛皮下脂肪较多的人，化妆时可在上眼皮的中央涂以稍浓的眼影，周围的眼影则描淡些。眼影颜色以棕色为佳。描眼线就沿上眉毛轮廓细细地画，并要画成自然的曲线，这样可以掩饰眼睛浮肿的缺陷。

（2）化妆水掩饰法：闭上眼睛，用浸泡过温和收敛性化妆水的面纸盖住双眼，休息10分钟后取下。如果只用冷水拍洗脸部，涂上粉底或灰褐色等有掩饰效果的化妆品，只会更显现眼部的浮肿。

掩饰眼角皱纹的窍门

（1）粉底掩饰法：将乳液状粉底薄涂面部，然后在小皱纹处以指尖轻敲，使粉底有附着力地填进去，减缓其凹陷程度，并可突出重点化妆。如施眼影膏时，选颜色应避免暗色，以免眼睛色沉而不突出重点，应选用鲜艳的暖色系并有珍珠感的。

（2）眼线掩饰法：眼周的小皱纹最好再用眼线来掩饰一下。画眼线时，上眼睑不画，下眼睑画以清晰线条但不要画全长，只在眼尾处画全长的即可，眼线笔为0.2～0.5毫米，颜色开始用棕色，以后可用黑色。

戴眼镜者化妆的窍门

（1）“近”浓“远”淡：戴近视镜者的眼部化妆宜浓艳一些，这样才能达到强调和突出的化妆效果。比如，用黑色眼线笔或眼线膏适当扩大眼睛轮廓，用睫毛膏使睫毛变得浓黑修长，加深眼影颜色等。相反，如果戴的是远视镜，化妆以柔和淡雅、朦胧模糊为宜，并将睫毛、眼线画得更细致。此所谓“近”浓“远”淡。

（2）戴镜化妆，巧加修饰：眼镜本身也是一种装饰品，如果佩戴平光眼镜，不受度数等客观条件限制，戴上眼镜后，镜边不应遮住眉毛。对着镜子观察，若肤色较白，镜框和镜片颜色较浅，化妆时应以清淡为主；若二者皆较深，化妆时可浓深一些。涂抹唇膏时，宜视镜框和镜片颜色的深浅而变化。如果双眼较小或间距较近，在两侧太阳穴处涂抹适量胭脂与眼镜相配，可给人以美好的视觉印象。若脸型瘦长，在两颧处涂抹稍浓的胭脂，既显出青春活泼之美，又可从视觉上缩短脸庞。

使用香水的窍门

香水通常洒在耳后、衣领、手帕等处。如在手腕、颈部、发线下洒香水，则其香味随肢体转动而飘溢散发，使环境空气倍加清新。

香水不可洒得太多、太集中。最好在离身体20厘米处喷射。

头发、腋下、额头等多脂多汗处以及鞋袜、裤衩内忌洒香水，以免怪味刺鼻，适得其反。

为了保证添香除臭，在正确使用香水的同时还要注意香水品牌类型的选择。

淡化香水味道太冲的窍门

为避免香水气味太冲而带来的不必要的尴尬，可在出门前30分钟喷香水，并用蘸过酒精的棉布擦拭涂了香水的皮肤，然后再用不带香味的化妆水涂抹滋润肌肤，这样即可有效地促进香味扩散。

正确涂抹指甲油的方法

正确涂抹指甲油的步骤如下。

（1）基本层的涂抹：基本步骤为“先中间，后两边”。如果出现不均匀的间隔纹，须在中间与两边的色层间再涂抹一遍，使各部分颜色融合。指甲边缘也要涂抹，色彩才不会从指尖剥落。涂抹指甲表面之前，应该先涂抹指甲边缘。在瓶口轻轻理顺笔尖，调节液量，沿指尖边缘慢慢滑过。另外，在涂抹基本层之前先洗手，这样能够去除指甲周围的油腻，使效果更佳。

（2）色彩的涂抹：落笔点要在指甲根部上方，与周围皮肤保持一段适当的距离，基本步骤与涂抹基本层时相同。色彩须涂抹两遍。第一遍稀薄，第二遍要蘸取较大用量，将第一次涂抹时留下的不均匀痕迹完全覆盖。

（3）覆盖保护层的涂抹：顺序和之前先中间、后两边相同，但关键在于指甲边缘的涂抹。涂抹时，笔尖须从指甲表面一直滑向指甲背面。这样经过“包裹”的色彩才能更持久。

掩饰雀斑、疤痕或胎记的窍门

脸上长了雀斑、胎记或留下了疤痕的确非常令人讨厌，严重影响了自己的形象。怎么办呢？这里介绍一种非常有效的掩盖方法，可以试试。

（1）在抹普通粉底时，应将长有雀斑等斑痕的地方突出不抹，然后在这些地方涂以较浓的油性粉底，并以之为中心向周围伸展，使颜色自然地、不留痕迹地由浓转淡。采用这种手法时，应注意先抹的普通粉底与用来掩饰的浓粉底一定要相融合，不留痕迹。打完粉底后，可用香粉扑面，以达到更好的效果。

（2）如果斑痕的颜色与肤色相差不大，可选用与粉底颜色相似的盖斑膏：若斑痕为红色或黑色，要用较浅色调的盖斑膏遮掩；白色的疤痕等则可用较暗的盖斑膏，涂在所要掩饰的部位，轻轻揉匀，令其边缘与粉底相融合。脸色较深者，可使用控制色来调整皮肤的色彩。控制色可用补色或调整色，如绿色、灰色、粉红色，通常用绿色。

四、美发护发

护发七诀

1. 积极防治全身性疾病

影响健康的一些疾病以及内分泌障碍、感染、中毒和皮肤病等都可能引起头发变色或脱落。尤其是用脑过度、精神紧张或受到刺激时，会加快头发变白和脱落的过程，导致早衰。因此，采取防病措施，是保持头发健美的首要条件。

2. 平时要保护好头发

雨天避免雨水淋湿头发。戴工作帽时，应将头发理顺后再戴。女性在晚上睡觉前应取下发夹，使头发处于放松状态。

3. 洗发和烫发不要过勤

洗发太勤，会洗去有抑菌作用的皮脂，招致细菌或头皮感染。一般来说，干性头发10～15天洗一次；中性头发7天洗一次；油性头发5天洗一次。洗发的水不要太热，过热的水易烫伤头发，而水太凉洗不干净。所以，温水洗头最好。烫发以半年一次为宜。

4. 合理选用洗发剂

青年人最好用脱脂的，中老年人宜使用不过分降低皮脂的洗发剂；干性和中性头发应用含碱量少的，油腻重的人可用专供油性发质使用的洗发剂。

5. 头发宜常梳理、按摩

梳理头发是按摩头皮的良法，能使气血疏通，头发光润。每天晨醒、午休、晚睡前以十指缓慢柔和地自额上发际开始，由前至后地梳理发际，边梳理边揉擦头皮，每次按摩10分钟左右。梳头用力要均匀，勿硬拉，梳子勿太尖、太硬或太密，否则会使头发因受到过分牵拉而断裂或早脱。

6. 增加头发营养

防止早年白发可食豆类、瓜果等含维生素B较多的食物，还有番茄、马铃薯、菠菜等含铜、铁、钴元素高的蔬菜。防止头发变黄可食含碘、钙、蛋白质丰富的海带、紫菜、鱼、鲜奶、鸡蛋、花生等，这些都是促进头发健美的天然保健食物。

7. 戒除不良饮食习惯

酗酒、暴饮暴食、偏食厚味等都不利于头发生长，也不可滥服某些药物，例如维生素A不可服用太多，因为其会干扰身体新陈代谢机能，使头发逐渐稀疏。

护发的窍门

（1）不用条状肥皂洗发，以免留下皂膜，使头发干涩。

（2）使用含有动物蛋白质的护发素，能改善头发的开叉情况。

（3）吹风时，把热度调至最低。

（4）使用梳齿上有圆头的梳子，可避免扯断头发。

（5）不时更换头发分界处，以免一处渐渐稀疏。

护理干性头发的窍门

洗头时，水的温度很重要，太冷或太热均要避免，不管春夏秋冬，温暖水四季皆宜。干性头发的人，洗头时可加些蛋白、蜜糖等在头发上，轻轻按摩，然后用水洗干净，这时头发便会既柔软又有光泽。

治疗“少白头”的窍门

头发健康与否，与营养是密切相关的。有些青少年即出现白发，从中医理论而言，除了遗传因素以外，与肾亏及色素也有关。

因此，这些“少白头”患者可采取补肾壮阳的食疗法，平时可多吃些含有大量氨基酸和微量元素的食物，这对促进头发生长和白发变黑都有良好的效果。这类食物主要有黄豆、玉米、黑豆、花生、蚕豆、豌豆、海带、黑芝麻、蛋类、奶粉、葵花子、胡桃肉、马铃薯、龙眼肉等。

头发变稀怎么办

有的人头发很少，或者说是秃顶，造成这样的原因是多方面的。这里介绍一种非常有效的方法，可以试一试。

用1茶匙蜂蜜、1个生鸡蛋黄、1茶匙植物油（或蓖麻油）、2茶匙洗发水和适量葱头汁兑在一起，充分搅匀，涂抹在头皮上，戴上塑料薄膜帽子，在帽子上部不断用湿毛巾热敷。过一两个小时，用洗发水洗头。每天1次，过一段时间，头发稀疏的情况就会有所好转。

盐水洗头治脱发

100～150克食盐投入半盆温水中溶解，然后将头发全部浸入水中，揉搓几分钟，而后加适量的洗发精，继续洗，洗净油污后，再用清水洗两遍。每周洗一次，二三次后，脱落情况会有所好转。

去头屑的窍门

（1）盐硼砂洗头：食盐、硼砂各少许，放入盆中，再加水适量，溶后洗头，可止头皮发痒，减少头屑。

（2）陈醋溶液洗头：取陈醋150毫升，加温水1公斤，充分搅匀。用此水每天洗头1次，可去屑止痒，对防止脱发也有帮助，还能减少头发分叉。

（3）使用阿司匹林：在一整瓶的洗发水中溶解一片阿司匹林，然后按正常程序洗发、护发，能有效除去恼人的头皮屑。

保持发型的窍门

（1）多梳理：每天早晚至少梳刷两次，把顶部轮廓梳松，帮助发根挺立，自然保持头发丝纹清晰，鲜泽柔润。

（2）勤盘卷：烫过的头发要经常盘卷。晚上睡觉前，应先将头发梳理通顺，如头发局部变形，可按需要的卷曲方向束起来，第二天早晨拆开，稍加整理，即可恢复原样。

（3）要防潮：烫过的头发对温度非常敏感。烫发后，毛孔松软，吸湿性强，弹性小，失去原来的形状。因此，在洗脸时最好将头发朝上夹起来，遇下雨或潮湿天气，可适当搽些发蜡、发油之类的防护物，以削弱和减少水气对头发的软化。

（4）慎洗发：烫过的头发，一般10天左右洗一次。洗好后，用卷发筒盘起，过3小时放开，用小吹风机吹干即恢复原样。

自制天然健康洗发水的窍门

1. 柑橘类洗发水

用四分之一杯市售洗发水和水、2汤匙新鲜的柠檬汁、1汤匙新鲜的柑橘类果皮做原料，混合所有的原料，并将混合物慢慢加热，但不要煮沸（或是用高温微波加热1～2分钟），等它冷却后装进有密封盖的塑料瓶里保存。柠檬汁对发丝有保养和增亮的效果，能轻易除去多余的皮脂。

2. 啤酒洗发水

用1杯啤酒、1杯市售的洗发水就行。把啤酒倒进小平底锅里，用中火加热至沸腾直到啤酒浓缩到原来的四分之一。再加入市售洗发水搅拌均匀，倒进干净的空罐中。啤酒能改善发质，促进头发发出光泽。

夏季修护受损头发全攻略

1. 防晒

夏季阳光强烈，紫外线直射你的头部，从而对头部皮肤产生很强的刺激，容易造成头发损伤脱落。外出时，最好是戴遮阳帽或撑遮阳伞。当头发被曝晒以后，回家后应立即让头皮和头发冷却下来。最佳的选择是用凉开水洗发。

2. 清洗

夏季气候炎热，人体容易出汗，再加上灰尘多，炎热的夏季应该保持每周 4～7 次洗发。油性头发，更应天天洗头。洗头后，用 1 瓶啤酒的八分之一均匀地涂抹在头发上，15 分钟后，再用清水洗干净即可。

3. 营养

蛋白质是生成和营养头发所必需的重要物质。因此，夏天应该注意对蛋白质的摄取，以及多吃些含铁、钙和维生素 A 等对头发有滋补作用的食物，如牛奶、鸡蛋、鱼类、豆类及豆制品、芝麻等。

4. 防病

夏季气候炎热，人体非常容易出汗，再加上空气中灰尘多，病菌繁殖快，头部一旦发生皮肤病，便会出现严重的脱发现象。因此，在夏季应注意头发的清洁，洗头时不可用指甲抓挠，以免抓伤头皮。清洗时应彻底清除头发上残留的洗涤液。一旦发现头皮疾病，应及时上医院治疗。

烫发后保养头发的窍门

（1）多吃海藻类食物：头发的光泽度很大程度取决于体内甲状腺素的作用。海藻类食物中的碘极为丰富，这种元素是体内合成甲状腺素的主要原料。因此，常吃海藻类食物，对头发的生长、滋润、乌亮具有特殊功效。

（2）保证绿色蔬菜及黄色水果的摄入：维生素 B 具有促进头发生长，使头发呈现自然光泽的功效，维生素 C 可活化微血管壁，使头发能够顺利地吸收血液中的营养。

第六章
医疗保健——健健康康每一天

每一天我们都会面对病毒的袭扰，有些病毒被我们的自身免疫力抵挡住了，有些病毒却突破了我们免疫力的防线，进入我们的身体内部，给我们带来痛苦。有效预防病毒的袭扰，必须提高自身免疫力，当然在生活中还会遇到一些突发的状况，这个时候我们就应该运用所学的知识进行补救。

一、疾病预防

健康体检的窍门

（1）起床：口臭可能是胃病。

（2）洗脸：感觉脸色发黄，应注意是否是黄疸。

（3）工作时：健忘可能是动脉硬化；眼睛痛可能是青光眼；手发抖可能是甲亢。

（4）上楼梯时：心跳加速，多为心脏功能较弱。

（5）清洁：沐浴后皮肤出现红斑，可能是肝病前兆；剪指甲时出现指甲反翘，可能是贫血。

（6）睡眠：感觉噩梦不断，可能是心脏功能不佳。

身心健康标准的窍门

（1）身材：体重适当，身材匀称，肌肉丰满有弹性。

（2）面容：皮肤光洁有弹性，眼睛明亮，牙齿清洁，头发有光泽。

（3）身体：反应能力强，能够适应外界环境气候，睡眠好。

（4）心情：自我感觉良好，情绪稳定；能够保持正常的人际关系，有积极乐观的心态。

心理减压的窍门

（1）帮助别人：可以使自己忘却烦恼，确定自我价值，提高信心，获得友谊。

（2）做事专心：在一段时间内只做一件事，可以减少自己的精神负担，缓解精神压力过大的情况。

根据面色辨病的窍门

（1）面色发黄：可能是由于肝脏细胞受损或胆道阻塞，而造成血中胆红素超过正常范围，渗入组织和黏膜，导致皮肤发黄。而且长期慢性出血，容易造成面色枯黄。注意，患有严重贫血症，肿瘤或慢性肾病的人，脸色多泛黄。

面色发白：儿童面色苍白多为虚寒症。若是面部出现淡白色的斑点，呈单发或多发，可能是体内有蛔虫。成年人面色苍白多为失血，阳气暴脱，惊惧造成。大出血造成体内血容量减少；寒冷、惊恐刺激毛细血管收缩，也会出现面色苍白。

（2）面色铁青：脸色发青大多由于惊风症候，也可能是由于呼吸器官或循环气管障碍导致缺氧造成。注意，若唇部、鼻子、耳朵都变成青紫色，则可能是肺病、心脏病的体征表现，应多加防治。

（3）面色发红：面色潮红多为局部毛细血管扩张充血或血液加速所导致。注意，平时脸色泛黄而脖子粗短的人易得脑溢血，而下午时间脸色泛红且伴有低热的人容易患肺结核。

（4）面色灰黑：灰色说明身体缺氧，肺功能较差，应多增加蛋白质、矿物质和纤维素的摄入。黑色肾上腺皮质功能减退症、慢性肾功能不全、肝硬化、肝癌等疾病患者多出现脸色发黑，应及时注意保养。

巧观指甲颜色辨病的窍门

（1）浅色：指甲呈黄色，可能是甲癣、黄疸，甲状腺功能减退，肾病综合征等疾病；指甲若呈绿色，则可能是由于染上绿脓杆菌。

（2）深色：指甲呈灰色，多为营养不良、类风湿性关节炎、偏瘫等疾病；若为棕褐色或黑色指甲，则多为肾上腺皮质功能减退症、黑色素斑、胃肠息肉综合征等病症。

（3）紫色或苍白色交替出现，多为指端动脉痉挛症。

巧据咳嗽辨病的窍门

（1）咳嗽，吐痰中带血丝，经常发生低热乏力盗汗现象，多为肺结核。

（2）反复咳嗽，发热，吐痰多且带血，多为支气管扩张或阻塞性肺炎。

（3）干咳伴有胸痛，有血丝，极易发生肺癌。

（4）咳嗽声嘶，表明有炎症。

（5）儿童发生呛咳多为异物入气管，或百日咳导致。

巧防感冒的窍门

（1）鸡汤：鸡肉中含有人体所需的氨基酸，能增强机体对感冒病毒的抵抗力，常喝鸡汤可以抑制咽喉及呼吸道炎症，消除感冒引起的鼻塞、流涕、咳嗽、咽喉痛等症状，对于保持呼吸道通畅，清除呼吸道病毒，加速感冒痊愈有良好的作用。

（2）大蒜：先将大蒜切片浸入凉开水中，放入密封容器中6～8小时，用于早晚漱口，即可预防感冒。

（3）水果：橙子所含的维生素C可以预防感冒。苹果中含有抗感染的物质，能够增强免疫力。可以保持身体组织器官的健康，提高免疫力。

（4）盐水：在流感高发季节，每日饭后用淡盐水漱口，可以清除口腔病菌，预防感冒，若是能够仰头含漱效果更好。

（5）冷水：洗脸时，用冷热水交替洗脸，最好掬一捧水洗鼻孔，让鼻孔吸入少量水再擤出，反复多次，不仅有助于紧致肌肤，而且能够预防感冒。

（6）生姜：将生姜、红糖煮水后代茶饮，隔几日服用1次，即可有效防治感冒。

入冬防感冒的窍门

（1）防治感冒要强身健体，室内需要保持通风换气，平常时多吃些清淡的蔬果，避免过饱引起食滞不化，外感风邪。

（2）感冒高发季节，在室内用艾叶或醋熏蒸以预防感冒；用白萝卜、青果、白茅根煎服可以预防感冒；也可以服用适量板蓝根冲剂，预防感冒。

（3）患感冒需要注意休息，要保持室内空气清新，多喝开水。

防胃肠疾病的窍门

入睡前，平躺在床上放松腹部，调整呼吸，然后将双手放于肋骨下方，手指指向肚脐方向，作相向运动按摩腹部，每回50～100次，长期坚持可疏通气血，增强胃肠蠕动功能，有效预防胃肠疾患。若是肠胃有疾病，平常就不应该咀嚼口香糖，这样会使肠胃得不到休息，加重病情。

预防消化不良的窍门

（1）进食时要保持轻松的心情，切忌匆忙进食，或边喝水边进食。

（2）定时进餐，避免吃辛辣和富含脂肪的食物。

（3）两餐之间喝一杯牛奶，可以避免胃酸过多。防腹泻与胃炎的窍门

（4）食用鲜桃，对于减轻和制止腹泻效果奇佳。

（5）每日就餐前，空腹食用8～10粒生花生仁，可以缓解胃酸分泌。

（6）口服一小杯食醋，也可以避免肠胃道疾病。

防癌的窍门

（1）油：鱼油可以调节体内的免疫系统，常服用高鱼油食物，对于预防肿瘤扩散效果好。

（2）鱼鳔：取少量鱼鳔，用香油烹炸至酥脆，用擀面杖研磨成碎末，每晚取少量用温水送服，可以预防和辅助治疗食道癌和胃癌。

（3）柑橘：经常食用柑橘，能够减少口腔、咽喉、胃和结肠癌症的危险。

防动脉硬化的窍门

（1）老醋花生：将生花生米放入食醋中浸泡，5～7日后即可食用，每次取出10～15粒服用，可以预防动脉硬化，降血压和胆固醇。

（2）海带：将海带、紫菜做成海带紫菜汤，每日2次喝汤吃菜，即可防止高血压和动脉硬化。

缓解肾病的窍门

（1）空腹喝两杯温开水，并在腰上系一条围巾，可以帮助清洗肾脏。

（2）感觉疼痛时，可以用双脚夹住热水袋坐40～50分钟，即可缓解症状。

缓解肝病的窍门

（1）将小茴香加水煎汤代茶饮，可以缓解肝病。

（2）平时将热水袋放在肝脏部，也可缓解。

保护眼睛的窍门

（1）食：常食用对于眼睛有益的牛奶、鸡蛋、花生、动物肝脏、瘦肉、胡萝卜、西红柿、玉米、南瓜等。

（2）防晒：长期在室外工作的人，应佩戴太阳镜或太阳帽，避免阳光伤害。

（3）近视：在工作闲暇时，经常仰起头，看看远方，能够有效地预防近视，缓解颈部压力。

（4）视力衰退：眼睛疲劳时，先将手心搓热，然后盖住双眼，将手指放置在额头上，掌部放在颧骨处，揉搓几次，长时间坚持，可以有效地防止近视。

鼻子健康的窍门

（1）鼻子上发生肿块，则多表明其胰腺和肾脏不好。

（2）鼻子感觉很硬，多为动脉硬化，或胆固醇太高，心脏脂肪多的缘故。

（3）红鼻头，多表示心脏和血液循环系统发生了毛病。

（4）鼻尖有棕色或有黑头面疮，表明脾脏和胰脏有问题，脂肪类和油性食物食用过多。

（5）鼻子易出血，擦涂在鼻孔内壁即可有效防治。特别是鼻中隔处，此处血管丰富，黏膜很薄易出血，可以在每晚睡觉前用棉签蘸少许香油。

通过口臭辨病的窍门

（1）口腔不洁容易引起腐败性口臭。

（2）化脓性鼻炎，副鼻窦炎和咽喉脓肿的疾病，易出现浓性口臭。

（3）儿童胃肠功能障碍多引起消化不良，易出现馊性口臭。

用酒精防耳朵发炎的窍门

耳朵进水后，可以先将耳朵清洗干净，然后向耳朵内滴入3～6滴医用酒精，待几分钟后酒精自然流出即可，可以避免污水滞留耳朵而造成耳朵发炎。也可以将患耳朝下，用力拉耳垂就可以使水流出。

防止洗澡晕倒的窍门

（1）为防止洗澡时出现不适，应缩短洗澡时间，特别是心脏病患者应避免长时间洗澡，另外洗澡前可以喝一杯温热的糖开水。

（2）提高体质，平时注意锻炼身体，稳定集体神经调节功能。

（3）浴室内要安装换气扇，这样可以保持空气新鲜。

防家用器皿“中毒”的窍门

（1）铁制器皿：长期使用可使舌、齿龈呈现紫黑色并出现恶心、呕吐症状。

（2）铜制器皿：易生绿色铜锈，可严重损害血管神经、肝肾，引起胃肠道、食道、口腔黏膜糜烂。

（3）铝制器皿：长期使用熟铝制品会导致人体对铝摄入的过量，影响智力发育。

（4）铅锡器皿：长期使用易出现慢性中毒。

预防睡觉打呼噜的窍门

日常生活中，睡觉打呼噜的人并不少见，很多人认为这是熟睡的表现，其实打呼噜不但可能导致窒息，甚至夜间猝死，而且影响他人的睡眠。那么怎样做才能预防睡觉打呼噜呢？下面为大家提供5条预防打呼噜的窍门：

（1）睡觉采取侧卧位，改变习惯的仰卧位睡眠。

（2）睡前将一条毛巾卷成卷，然后垫在脖子下，托起颈椎部位，仰睡或侧睡都可以使舌头后坠，就会避免打呼噜了。

（3）睡前尽量不要饮酒，不要喝浓茶、咖啡，也不要服用某些药物，因为酒精、镇静剂、安眠药以及抗过敏药物都会使呼吸变得浅而慢，并使肌肉比平时更加松弛，导致咽部软组织更容易堵塞气道。

（4）打鼾者如有吸烟的习惯则需立即戒烟。因为只有保持鼻咽部的通畅，才能减轻鼾声，而吸烟对鼻腔黏膜的刺激只会让已经堵塞的鼻腔和呼吸道变得更加糟糕。此外，打鼾者还应预防感冒并及时治疗鼻腔堵塞性疾病。

（5）养成定期锻炼的习惯，减轻体重，增强肺功能。

二、家庭小处方

巧治失眠的窍门

（1）大枣：将适量的大枣放入水中，加入少量白糖煎水，临睡前服用，可以缓解神经衰弱，心烦不安等症状。

（2）核桃：将少量的核桃仁捣碎浸入白开水中，10～15分钟后加少量白糖服用，可以缓解失眠症状。

（3）葡萄酒：老年人在醒后不易入睡，可以将饼干蘸少量葡萄酒，食用后即可轻松入眠。

（4）牛奶：临睡前喝1杯热牛奶，可以起到催眠的效果，牛奶中含有丰富的生化物质氨基酸，对于失眠、精神衰弱者效果好。

（5）按摩：先将两手搓热，然后揉搓脸部，再用中指按摩印堂穴，上下反复揉搓50次，再沿着两边的眉毛揉搓，反复30次至感觉酸胀为止。或者在热水烫脚后，按摩涌泉穴90次，可以调肝健脾，有助治疗失眠。

巧治虚汗的窍门

（1）二锅头：将少量枸杞子浸泡在二锅头酒中，密封至白酒颜色变黄为止，拿出饮用，每日1～2次直至一瓶白酒饮用完，效果佳。

（2）萝卜：将白萝卜和火腿（白萝卜和火腿的用量比为5∶3）放入锅中加水煮熟，然后加入少量食盐，坚持服用即可恢复健康。

巧防中暑的窍门

（1）生姜：取新鲜生姜切片用水煎煮，然后加入少量冰糖，待凉凉后服用，可以解暑。

（2）清凉油：当夏季发生轻度中暑时，应迅速将患者放置在阴凉处，在其太阳穴和人中穴处涂抹少量的清凉油，即可好转。

食疗止咳的窍门

（1）香蕉：将适量香蕉放入锅上蒸煮，待开锅后再用文火蒸15分钟左右趁热服用，对于风热感冒引起的咳嗽效果极佳。

（2）红萝卜：将红心萝卜洗净切片，然后放置在火炉上烤至焦黄，临睡前服用，2～3 日后即可见效。

（8）鸡蛋：将鲜鸡蛋打入热锅中，搅拌均匀翻炒至半熟，然后加入少量陈醋，趁热服用，每日 2 次，连续食用 3～7 日，即可止咳。或者将生鸡蛋、蜂蜜和少量白糖搅拌均匀，用沸水冲开服用，每日 2 次，对于咳嗽效果佳。

（4）按摩：在咳嗽时，用食指用力按压耳垂下的部位，可以缓解咳嗽。

（5）核桃：将核桃放在炉底处烧至表皮略带黑色，然后取出将核桃壳和果肉碾成粉末，加入少许白糖温水送服，每日服用 3 次，效果好。

（6）白萝卜：将白萝卜洗净捣烂，然后将白萝卜汁取出加入少量蜂蜜调拌均匀，每日 3 次，连续 3～5 次，即可有效止咳。

（7）鸭梨：将鸭梨切开一个小口。将梨核取出，然后放入适量蜂蜜，再将梨子放入锅中蒸 15 分钟，取下趁热服用，对于咳嗽效果甚佳。

（8）蜂蜜：将少量的紫菜研磨成粉末，然后加入适量蜂蜜（紫菜和蜂蜜用量为 4：3）放入锅中蒸炼成药丸，饭后取出药丸服用，每日 3 次，连续 2 日，对治疗吐浓稠痰液效果好。

巧治哮喘的窍门

（1）大蒜：将新鲜大蒜捣成蒜泥装入瓶中，闻大蒜味道刺激鼻部，每日 3 次，连续使用 3～4 日，即可见效，哮喘病症减缓。或者将春季的鲜嫩大蒜清洗干净，然后加入适量蜂蜜放入容器中密封保存，待秋冬时打开服用，每日 1 头，对于哮喘治疗效果好。

（2）豆浆：在煮沸后的豆浆中加入适量的味精和食盐调味，每日晨起空腹食用，长期坚持，对于哮喘效果好。

巧用治眩晕的窍门

（1）鸡蛋：将几个新鲜鸡蛋、鸭蛋和少量红枣放入砂锅中煮沸，加入适量冰糖服用，每日 1 次，4～6 天即可见效。

（2）天麻粉：将鸡蛋打碎搅拌均匀，然后放入锅中蒸至半熟时，加入少量的天麻粉搅匀，待蒸熟后服用，每日 1 次，连续服用 3～5 日即可见效。

巧治高血压类疾病的窍门

（1）海带：将海带清洗干净切块放入锅中，加入适量绿豆一起煎煮至绿豆烂熟，服用时加入等量红糖，每日 2 次，坚持服用对于高血脂、高血压症效果好，亦可清热养血。

（2）山楂：将适量山楂清洗干净后，放入锅中蒸熟凉凉，将山楂子挤出后，每日 3

次服用山楂肉，长期服用，即可有效降血压。

（3）西瓜：将西瓜皮放入锅中蒸10～15分钟，取出后加入适量白糖服用，坚持数日可降血压。

（4）黄瓜：将黄瓜先用盐水清洗，然后再用清水冲洗干净，饭后1～2小时服用，可降血压。

（5）鸡蛋：晨起后，将新鲜鸡蛋打入容器中，然后隔水加热至鸡蛋黄外硬内软时，用淡茶水服用，每日1个，坚持30日，即可见效。

（6）冷水茶：将茶叶放入杯中，用冷开水浸泡4～5小时，每日3～4次，坚持2～3个月即可见效。

（7）山药：将山药清洗干净后切块，放入锅中加水熬煮成粥，每日2次，坚持服用可以有效治疗糖尿病。或者将新鲜山药用冷水清洗干净后，放入锅中蒸熟，空腹食用，每日2次，长期坚持效果好。

（8）冷毛巾：将冷毛巾包住整个脚板，3～5分钟后可以有效地缓解糖尿病患者口渴症状。

巧治肝病的窍门

（1）茄子：将新鲜茄子清洗干净后切块放入锅中，加入适量糯米和清水一同熬煮成粥，每日服用1～2次，连续服用数日，可以有效治疗黄疸。

（2）鲤鱼：将鲤鱼清洗干净后与红豆一起加水炖熟，食肉喝汤，对于肝硬化有治疗作用。

（3）大蒜：将大蒜、砂仁捣碎，然后放入猪肚内加热炖熟，分次服用可以治疗肝硬化。

（4）糖水：将少量红糖、葡萄糖粉和白糖放入沸水中冲泡，待冷却时空腹饮用，连服15～20天，可使黄疸指数下降，肝功能恢复正常。

巧治胆病的窍门

（1）木耳：每日食用少量的黑木耳，可以有效地缓解胆结石病症。

（2）浓茶：在胆结石发作时，服用1杯浓茶汁，即可缓解疼痛。

（3）多吃一些清淡的食品。

巧治肾病的窍门

（1）西瓜：将小西瓜用清水冲洗干净后，用刀挖一个小口，然后放入适量大蒜，上锅蒸熟即可，连续食用5～7日，可以有效缓解病情。

（2）红糖水：将生蚕豆和红糖（蚕豆和红糖的用量比为3∶4）放入锅中加水煮烂，

连续食用可以有效治愈肾炎浮肿。

（3）红豆：将红豆、冬瓜加入适量水煎汤服用，可以缓解肾炎引起的水肿。

（4）羊腰：将羊腰去筋膜清洗干净后，同羊肉、糯米和枸杞放入锅中熬煮，长期食用可以有效治疗肾虚。

巧治胃病的窍门

（1）生姜：将新鲜生姜切成碎末，加入少量白糖（生姜和白糖使用量比例为 2∶1）浸渍，饭前空腹服用，每次 1 汤匙，每日 3 次，5～7 日即可见效。

（2）鸡蛋：将鸡蛋打散，倒入适量的二锅头白酒，然后将酒点燃待酒烧干后，即可食用。早上空腹服用，1～2 日后即可见效。或者将新鲜鸡蛋壳研磨成粉末，待胃病发作时用温开水将蛋皮粉末送服，即可见效。

（3）苹果：胃酸过多时食用苹果，可以减轻因遇阴冷天或饮食不当而造成的胃酸分泌过多。

（4）热敷：用热水袋或热毛巾敷于胸腹处，即可缓解胃痛。

（5）粗盐：将粗盐放入锅中炒热，然后用纱布包裹好趁热敷于患处，即可有效止痛。

（6）菌类食品：将糯米放入锅中熬煮，待半熟时加入少量蘑菇，米熟后服用可以治疗呕吐、食欲不振等症。将泡好的香菇切丝，然后同糯米、瘦肉一起蒸熟，服用可缓解慢性胃炎。

（7）桂圆：先将鸡蛋打散，然后将少量桂圆放入锅中加水煮沸，晾凉后的桂圆汁水冲入蛋中拌匀后，放入锅中蒸熟食用，对于治疗胃下垂有很好的效果。

巧治气管炎的窍门

（1）蜂蜜：在白酒中加入适量蜂蜜混合搅拌后用火加热，凉凉后服用，每日 1～2 次，长期服用对于治疗气管炎效果很好。

（2）柿饼：将柿饼、姜捣烂后加入适量蜂蜜拌匀，一同放入锅中蒸 90 分钟即可，服用时应避免食猪肉，每天 2 次，长期服用可以治疗慢性支气管炎。

巧治小儿遗尿的窍门

（1）晨起后，给孩子服用去除米油的小米粥，坚持 30 日左右，即可治愈小儿遗尿症。

（2）临睡前，给孩子服用 1 汤匙蜂蜜，连续 10～15 日，可以治疗小儿遗尿。

巧治烧心的窍门

（1）白菜帮：将少许白菜帮，煮沸后加入少许食盐、香油服用，效果佳。

（2）葵花子：感到烧心时，可以食用少量的葵花子，效果佳。

巧妙消肿的窍门

（1）柿子：取新鲜柿子皮贴于红肿处，连续几次即可消肿。

（2）白糖：在皮肤表面的肿块处，涂抹少量的白砂糖，即可消肿。

巧治咽喉肿痛的窍门

导致咽喉肿痛的原因主要是扁桃体炎和咽喉炎，倒风油精三至五滴于汤匙内，慢慢咽下，即可奏效。此法对于干咳引起的喉痛也有效。对于慢性咽喉炎，每天早起后，在左手掌心涂上3～4滴风油精，按摩（顺时针方向）咽喉部位20～30次。

巧治便秘的窍门

（1）橘子：每日晨起时空腹食用1～2个橘子，可以治疗便秘。注意，胃肠道疾病的患者应避免采用此法。

（2）香蕉：将香蕉去皮后蘸取少量的黑芝麻食用，可以治疗习惯性便秘。或者将香蕉去皮后装入容器中，加入适量冰糖蒸煮，趁热服用，每日2次，连服3日，即可见效。

（3）蜂蜜：将橘皮清洗干净后放入锅中煮沸，并加入少量蜂蜜，每日3次，每次1～2汤匙量即可，连续食用几次，可以治疗便秘。或者将适量牛奶、蜂蜜和葱汁放入锅中蒸煮，晨起后空腹食用，可以治疗习惯性便秘。

巧治腹泻的窍门

（1）将新鲜大蒜切片放入锅中，然后加少量茶叶一起煮沸，趁热服用可以治疗腹泻。

（2）将少量生姜、茶叶放入锅中加水煮沸，食用时加入适量米醋，连续服用几次，即可治疗腹泻、腹痛。

三、急救常识

止鼻子出血的窍门

流鼻血时，使头部保持正常直立或稍向前倾的姿势，使已流出的血液向鼻孔外排出，以免留在鼻腔内干扰到呼吸的气流。鼻出血的止血方法不少，大多可在家中进行，如用浸有冷水或冰水的毛巾敷在前额部、鼻背部等部位，冷的刺激可使鼻内小血管收缩而止血。也可用清洁的纱条、棉花等填塞在鼻腔内，如在纱条、棉花上沾一些肾上腺素或云南白药等填塞，效果会更好。

流鼻血的急救措施有以下几种：

（1）指压法。即让患者仰头坐在椅子上，并用拇指和食指捏紧鼻翼双侧，压迫鼻中间软骨前部，同时让患者张口呼吸，经过一段时间，即可止血。

（2）堵塞法。将纱布、脱脂棉或吸水好的纸卷用冷水或滴鼻药水浸湿，轻轻塞进鼻出血的孔，可起到止血作用。

（3）敷法。让鼻出血者尽快平卧于床上，然后用湿冷毛巾放在额部和鼻部，用药棉蘸醋或明矾水塞鼻，再用热水洗脚，两手高举，每 2～3 分钟换一次冷毛巾。这样做很快就可止住鼻血。

对出血较重者，有时可同时采用堵塞法和冷敷法进行止血。但最好是去医院检查流血原因。

处理异物入眼的窍门

（1）异物入眼后，切勿用手揉擦眼睛，以免异物擦伤角膜。正确的处理方法是，冷静地闭上眼睛休息片刻（如是小孩应先将其双手控制住，以免揉擦眼睛），等到眼泪大量分泌，不断夺眶而出时再慢慢睁开眼睛眨几下。多数情况下，大量的泪水会将眼内异物“冲洗”出来。

（2）如果泪水不能将异物冲出，可准备一盆清洁干净的水，轻轻闭上双眼，将面部浸入脸盆中，双眼在水中眨几下，这样会把眼内异物冲出。也可请专人将患眼撑开，用吸满冷开水的注射器或生理盐水冲洗眼睛。

（3）如果上述方法都无效，可能是异物陷入眼组织内，应立即到医院请眼科医师取出。千万不要用其他不洁物擦拭，以免损伤眼球，导致眼睛化脓感染。

异物取出后，适当滴入一些眼药水或眼药膏，以防感染。

去除肉中扎刺的窍门

（1）如果皮肤中扎进的是木刺或竹刺之类的硬刺，可先在扎刺处滴一滴风油精，再用针将刺轻轻挑出。这样既可防止伤处发炎化脓，又可以防止出血。另外，也可将小冰块放在刺入的部位，15 分钟后用经过消毒的针挑刺，很快就能将刺挑出来，并可减轻疼痛。

（2）如果扎入的是仙人掌一类的植物软刺，可用伤湿止痛膏或医用胶布贴在扎刺的部位，再用灯泡烘烤一会儿，然后快速将伤湿止痛膏或胶布揭去，刺就会被拔出。

（3）不慎将碎玻璃扎入皮肤中，或粘在伤口上，可用一块大小合适、清洁的医用胶布平整而缓慢地贴放在粘碎玻璃处，片刻后轻轻剥下胶布，碎玻璃就会被粘下来了。一次未能清除干净，可换一块新胶布再粘。

巧除耳朵异物的窍门

倘若不慎异物进入了耳朵，应立即将能看到的异物可用小镊子夹出，如是圆形小球，则不可用镊子取，应立即去医院取出。豆、玉米、米、麦粒等干燥物入耳不宜用水或油滴耳，否则会使异物膨胀，更难取出。可先用95%的酒精滴耳，使异物脱水缩小，然后再设法取出。原有鼓膜穿刺者，不宜用冲洗法。

家庭急救箱配置的窍门

（1）准备一些消毒好的纱布、绷带、胶布和脱脂棉。

（2）体温计是常用的量具，必须准备。

（3）医用的镊子和剪子也要相应配齐，使用时用火或酒精消毒。

（4）外用药可配置酒精、紫药水、红药水、碘酒、烫伤膏、止痒清凉油、伤湿止痛膏等。

（5）内服药大致可配置解药、止痛、止泻、防晕车和助消化等药物。

心脏病发作急救的窍门

心脏病发作的症状有：胸前有被压迫的疼痛感、心跳不规律、呼吸困难、焦虑恐惧、眩晕、恶心呕吐、大汗、口唇苍白或绀青、皮肤苍白青紫及意识丧失等。一旦心脏病突发，可通过以下几种方法进行急救。

（1）用拳头有节奏地用力叩击患者的前胸左乳头内侧（心脏部位），连续叩击2～3次。拳头抬起时离胸部20厘米～30厘米，以掌握叩击的力量。叩击后，患者的心脏受到刺激，有时可恢复自主搏动。

（2）如果通过叩击胸部后，患者脉搏仍未恢复，应立即连续做4次口对口人工呼吸，接着再做胸外心脏按压。一人施行心肺复苏时，每做15次心肺按压后，再做2次人工呼吸。心肺按压以每秒1次的速度进行，连做15次，人工呼吸的速度为每5秒钟做一次，连做2次，如此交替持续进行。两人合作为患者进行心肺复苏时，同样先连做4次人工呼吸，随后一人连续做5次心脏按压后停下，另一人做1次人工呼吸。如此交替持续进行，不要两人同时做。

（3）保持患者温暖。切记不要摇晃患者，或用冰水泼患者试图弄醒他，也不能给患者进食、喂水。

（4）当患者感到心跳逐渐平缓后，每隔3秒钟咳一次，心跳即可恢复。

（5）如果身边有急救药物，要让患者及时服用，并迅速拨打急救电话，请救护人员赶来处理，用救护车送患者去医院是最安全的。

窒息急救的窍门

抢救窒息患者，关键要及时。

（1）尽快将患者救离窒息环境，然后将窒息者平放在空气流通处，让其吸入新鲜空气。

（2）给患者松开衣领，将患者的下巴托起，使头部尽量后倾，让患者呼吸道畅通。

（3）或用手巾卷个小卷撑开口腔，清理口腔、鼻腔、喉部的分泌物和异物，以保持呼吸道通畅。

（4）轻度窒息者可给氧及对症治疗；中度或重度窒息者立即给予常压面罩吸氧，尽可能给予高压氧治疗。对于已停止呼吸的患者要马上进行人工呼吸。

中暑急救的窍门

先兆中暑者会大量出汗、口渴、头昏、耳鸣、胸闷、心悸、恶心、体温升高、全身无力等症状。

轻度中暑者除上述病症外，还会出现发热（体温38℃以上）、面色潮红、胸闷，继而发展为面色苍白、恶心、呕吐、大汗、皮肤湿冷、血压降低等呼吸循环衰竭的症状。

重度中暑者会出现昏倒、痉挛、皮肤干燥无汗、体温达40℃以上等症状。

一旦有人发生中暑，可通过以下方式进行急救：

（1）迅速将中暑者移至阴凉通风处；

（2）脱去或解松衣服，让中暑者平卧休息；

（3）给患者喝含盐清凉饮料或含盐0.1%～0.3%的凉开水；

（4）用凉水或酒精擦身，用冰凉毛巾敷在中暑者头部和颈部；

（5）给中暑者服人丹或十滴水，如果中暑者昏倒，可用手指掐压中暑者的人中或针刺双手十指指尖，等中暑者症状好转时再送往附近医院治疗；

（6）重度中暑者要立即送医院急救。

休克急救的窍门

休克多是因大量出血或者严重感染、中毒、脱水、外伤、剧烈疼痛、药物过敏、心脏病等原因导致的急性机体循环衰竭、全身组织缺氧而产生的症候群。急救时，可通过以下方式进行。

（1）保持周围环境安静，帮助患者松开衣扣，让患者平卧，头侧向一方。如果是心源性休克伴心力衰竭者，应取半卧位；严重休克者要将患者头部放低，脚抬高，以保证血液充分供脑。

（2）注意患者的保暖，可用毛毯或衣物盖在其身上，但也不宜过热。有条件时，可给患者一杯浓茶、姜汤等热饮。

(3) 还可用针刺患者的人中、十宣穴，或加刺内关、足三里，同时密切观察患者的心率、呼吸、神志变化情况。

(4) 对失血性休克患者，在送往医院的途中，将患者头部朝向与交通工具前进的相反方向，以免因加速作用导致脑部进一步失血，切不可紧急刹车。

巧止外伤出血的窍门

伤口较深、出血较多时，应立即用消毒纱布或棉花加压包扎伤口，并前往医院请医生处理。切忌涂过红药水后再涂碘酒，两者发生化学反应会产生有毒的碘化汞。

上下肢出血时可用橡皮带、布条等将出血点的上部扎紧，压迫血管，即可止血。但每隔 15 分钟应放松一次。

如果皮肤的表面或皮下出血，可用冰块敷在出血处，使血管收缩，减少出血。

如果是小伤口少量出血，可在伤口上垫一块消毒纱布，用手指或手掌压迫出血点上部的血管，即止血。

如果在野外受伤出血，可用各种野草花、禾苗花挤出的汁敷在伤口上，反复几次可止血，但一定要确认所用植物无毒，也可将头发燃烧后研成细末，涂在伤口处。

如果是软组织扭伤、挫伤后出血，要立即用冷水冲洗伤口，这样可消除疼痛，并防止出血。

如果发现暗红色的血不断从伤口流出，表明是小静脉出血，此时可用干净的厚纱布或毛巾包扎伤口，即可止血。

触电急救的窍门

发现有人触电时应立即拉闸停电。若距电闸较远时，可使用绝缘体挑开电源线，抓住触电者干燥而不贴身的衣服将其拖开。若是高压触电，应立即通知有关部门停电，迫使电源断开。

如果触电者出现心慌、四肢发麻、全身无力，应让患者就地平躺，暂时不要让患者站立和走动，并要对患者进行严密观察。如果触电者神志不清，但还有呼吸，应让其就地仰面平躺，为其解开衣扣和腰带，确保其气道通畅，并呼叫或轻拍患者肩部，以判定患者是否丧失意识，但严禁摇动其头部。

如果触电者呼吸和心脏跳动出现困难，应立即对其进行人工呼吸和胸外心脏按压等进行心肺复苏法急救。

有灼伤时，可用盐水或凡士林纱布包扎局部烧伤处。

救治食物中毒的窍门

生活中，如有人不慎食物中毒，可采取以下方法救治。

（1）催吐排毒：将一汤匙食盐冲汤服下，并刺激咽喉部，反复催吐，使体内的毒物排出，减轻中毒症状。

（2）中和解毒：如果进食了碱性毒物，可口服食醋、橘子汁等。如果是金属或者植物碱类毒物，可立即服用浓茶。另外，蛋清和牛奶也都具有解毒的作用，在不明中毒物性质时，可先服用一些。

（3）对症解毒：橄榄可解酒精中毒；橄榄汁可解河豚毒；生茄子可解细菌性食物中毒；胡椒可解鱼、蟹等引起的中毒；橘皮煎的汤可解食虾引起的中毒；南瓜煎汤可解贝类中毒；绿豆加水捣汁饮服，可解蘑菇中毒。

如中毒严重，应急时将患者送医院救治。

巧解蘑菇中毒的窍门

（1）绿豆：取少量绿豆煎熬成汤，代茶饮用，即可解蘑菇毒。

（2）黄豆：将适量黄豆放入锅中，煎熬成汁后，服用即可解蘑菇中毒。或者将适量生黄豆碾碎后加入清水（黄豆和清水的使用量比例为 1∶3）搅拌均匀，去渣饮汁，即可有效解除盐卤中毒。

以上的方法适用于轻微中毒而出现的身体稍有不适，如果中毒反应严应该立即送医院，以免耽误治疗效果。

巧解螃蟹对虾中毒的窍门

（1）大蒜：将适量大蒜去皮后，加入适量的水煎煮，取汁饮用，即可解除因食用螃蟹而中的毒。或者将适量的蒜头和马齿苋（蒜头和马齿苋的用量比例为 1∶4）放置在容器中，捣烂后用开水冲泡服用，即可解毒。

（2）橘皮：将新鲜橘皮用水煎服，即可轻松解除食用对虾后出现的中毒症状。

（3）冬瓜：将新鲜冬瓜榨汁后饮用，可以有效缓解因食用螃蟹而中的毒。

以上的方法适用于轻微中毒而出现的身体稍有不适，如果中毒反应严重应该立即送医院，以免耽误治疗效果。

处理狗咬伤的窍门

（1）若咬伤处只有齿痕，可用三棱针刺令其出血；若伤口较深，则应在伤口的周围用止血带紧紧勒住，然后用火罐将伤口内的瘀血吸取干净。

（2）用浓度为 20%的肥皂水反复冲洗伤口 30～50 分钟，然后用白酒涂擦。

（3）到附近医院肌肉注射抗狂犬病的免疫血清，狂犬病疫苗、破伤风抗毒素及抗生素。

处理猫咬伤的窍门

（1）应在伤口处紧紧扎上止血带，以免毒素扩散。

（2）用生理盐水冲洗伤口，并用浓度为5%的石碳酸腐蚀伤口皮肤。

注意：有些野猫带有狂犬病病毒，被咬伤后，局部出现红肿，淋巴管结肿大，皮肤上出现红线应立即请医生治疗。猫咬伤后病毒的潜伏期为10～20日。

巧治鱼刺卡喉的窍门

（1）取一小块窄条的橙子皮，慢慢咽下，即可化解鱼刺。

（2）取一片维生素C含在嘴中，并慢慢咽下，几分钟后鱼刺即会软化。

（3）喝一小杯食醋也可以获得一个好效果。

如果情况严重应立即去医院。

处理蚊虫咬伤的窍门

（1）热敷：蚊虫叮咬后，用热水瓶（水温为不低于90℃）的瓶子盖在叮咬处反复摩擦2～4秒，连续3～4次，即可减缓蚊虫叮咬的瘙痒，并且皮肤上不会出现红斑。

（2）冰敷：毒蜂、虫叮咬后，用冰块局部冷敷伤口，可以消毒止痛，并且可以有效防止毒素扩散。

（3）肥皂：蚊蝇咬伤时，先以肥皂及清水冲洗咬痕，然后涂一些杀菌剂。

处理误服药物的窍门

（1）催吐：用手指、筷子等刺激舌根催吐。

（2）洗胃：催吐后，服用大量清水，并继续刺激舌根，反复呕吐洗胃，并尽快送到医院抢救。

处理酒精中毒的窍门

（1）醉酒后服用适量的米汤，可以利用米汤中含有的多糖类及B族维生素来解酒，效果佳。

（2）醉酒后，服用适量的牛奶，可以解酒并且缓解酒精对胃黏膜的刺激。

（3）醉酒后不可以喝浓茶。

处理摔伤的窍门

首先要判断伤情，是开放型伤口（有破口的），还是非开放型的；是否有皮下瘀血，关节功能是否受到影响；局部是否出现肢体畸形，关节活动是否受到影响。

（1）开放型伤口：如果是开放型伤口，不论伤口大小，必须送医院进行治疗，并注射破伤风抗毒素。医务人员到来前，要及时止血，有条件的，可用消毒后的纱布包扎；如果没有条件，可用干净的布对伤口进行包扎，然后迅速送医院进行治疗。对于此类受伤，6～8小时之内是处理缝合伤口的最佳时机，千万不能耽误。如果摔伤的同时有异物刺入，切记不要自行拔除，要保持异物与身体相对固定，送医院进行处理。

（2）非开放型伤口：如果没有出现开放型的伤口，也不要自行或让非医务人员揉、捏、掰、拉，应该等急救医生赶到或到医院后让医务人员进行处理。尤其值得注意的是，如果受伤现场没有其他人，一定要呼叫急救人员前来救治，切不可自己坚持，这样，很可能出现继发伤。还有一点值得注意，有时自己感到受伤很轻，往往不去医院，这一点是不可取的。事实上，有些伤，自己的感觉并不是十分准确。正确方法是即使感到伤不重，也应到医院进行检查。

（3）肿胀：受伤初期如果出现肿胀，可以用冰块或冷水进行冷敷，只有到恢复期以后，方可热敷。

所有意外受伤，都不要自行在伤处涂抹有色的消毒剂（如碘酒等），否则会影响医生判断伤情。

紧急处理骨折的窍门

（1）锁骨骨折：应先用绷带兜臂，切忌活动手臂。

（2）盆腔、胸腰部位骨折：应先将病人轻缓地平托起，放置在硬板担架上，注意转送途中尽量减少震动。

（3）四肢长骨骨折：可用胶鞋、布鞋、粗一点的树枝或其他可作固定的东西临时固定，立即送医院治疗。

紧急处理脱臼的窍门

（1）肩关节：先用衣物托起前臂挂在颈上，然后用一条宽带缠住胸部和手臂以固定脱臼关节，并立即送入医院治疗。

（2）肘关节：先将肘部弯曲成直角，然后将前臂和肘部托起，送至医院治疗。

抽筋急救的窍门

（1）大腿：将膝盖部位直起后，一手放在脚跟下抬高腿部，另一只手向下按压膝盖部位，并轻轻按摩肌肉即可。

（2）小腿：将膝盖部位直起后，轻轻抬起腿，然后将脚向内侧推，轻轻按摩即可。

（3）腿肚子：伸直腿部，然后用手向身体方向扳动脚趾，扳几次即可轻松消除。

治疗烫伤的窍门

（1）大葱：将大葱叶劈开成片，然后将有黏液的一面贴在烫伤处，即可止痛，2～3日后即可痊愈。

（2）鸡蛋：将鸡蛋清和香油充分混合均匀后敷在烫伤处，可以消炎止痛。

（3）冰块：将洁净的冰块直接涂覆在烫伤的患处，可以止痛，并消除水疱的形成。

（4）冰箱：手脚被烫伤，可立即将烫伤的手脚伸入冰箱内，即可减轻疼痛，又能避免起泡。

（5）轻度烫伤：未形成水疱时，可以擦涂适量的豆油、清凉油等，消肿止痛；若已形成水疱，可以先用药用酒精擦拭周围消毒，然后将水疱处用肥皂水冲洗干净后，用手指将水疱挤掉，并涂抹烫伤膏。

（6）严重烫伤：创面用干净的纱布简单包扎后尽快送往医院。

（7）冰牛奶：将适量的冰水和牛奶（冰水和牛奶的比例为 1∶1）充分混合后，用一块干净的棉布浸泡在混合液中敷在烫伤处，即可有效缓解肌肤疼痛，消肿效果好。

误吞金属处理的窍门

（1）韭菜：将新鲜韭菜清洗干净后，直接用开水冲烫服用，尽量不要咬断，服用后，韭菜可以将金属裹住顺利排出体外。

（2）香油：误吞金属物品后，立即喝适量香油，可以润滑肠壁，排泄异物，效果甚佳。

（3）荸荠：若误吞金子后，立即用荸荠去皮榨汁，饮用完毕即可解毒，金子亦可随大便排出。

注意：急救过程中要注意中毒者需要充分吸氧和呼吸道的通畅。

鞭炮炸伤急救的窍门

（1）如果手指受伤出血，应包扎止血，并高举手指，用干净布片包扎伤口。

（2）止痛，服用去痛片或强痛定。

（3）必须及时清理伤口处的污染物。

处理儿童高热惊厥的窍门

（1）将孩子平放在床上，头部偏侧并揭开患儿的衣领，保证呼吸道畅通。

（2）用手掐人中穴 1～2 分钟，待孩子发出哭声为止，用湿毛巾反复擦拭全身。

（3）喂孩子退烧药和凉白开水以缓解症状，并及时送进医院进行抢救。

处理儿童抽风的窍门

(1) 迅速将儿童抱到床上，使之平卧，解开衣扣衣领裤带，采用物理方法降温，如让孩子躺在阴凉通风处，使体温很快下降。

(2) 用纱布或手帕裹在筷子或牙刷上，塞在儿童上下牙齿之间，以防止咬伤舌头，保障呼吸畅通。

(3) 解开儿童的领口，头偏向一侧，以免呕吐物吸入肺内，或痰液吸入气管引起窒息。患儿口腔内分泌物需要及时清除，防止分泌物堵塞气管引起窒息。

(4) 在进行急救处理后，应及时去医院就诊，以便明确诊断。

处理老年人脑溢血的窍门

(1) 迅速将患者平卧，将患者的头部偏向一侧，并用湿冷毛巾敷在患者的头部，以防止痰液、呕吐物吸入食管，并减少血管的出血量；若患者出现鼾声，则说明舌根下坠，应注意用手帕包住舌头，轻轻外拉。

(2) 在送患者去医院的途中，尽量避免路上颠簸，导致影响治疗。

巧施人工呼吸

(1) 病人仰卧，面部向上，颈后部垫一软枕，使其头尽量后仰。

(2) 挽救者位于病人头旁，一手捏紧病人鼻子，以防止空气从鼻孔漏掉。同时用口对着病人的口吹气，在病人胸壁扩张后，即停止吹气，让病人胸壁自行回缩，呼出空气。如此反复进行，每分钟约 12 次。

(3) 吹气要快而有力。此时要密切注意病人的胸部，如胸部有活动后，

马上停止吹气，并将病人的头偏向一侧，让其呼出空气。

心脏病发作急救的窍门

(1) 简单处理：应尽量解除患者的精神焦虑，然后将硝酸甘油或消心痛让患者服用，并采取半坐位，口服 1～2 粒麝香保心丸。

(2) 心跳过慢处理：最好让患者每隔 3～5 秒咳嗽 1 次，可使心脏恢复正常。

(3) 心跳骤停处理：应先用左手覆盖在患者的心脏前区，然后用右手握拳击打左手手背，并注意结合患者情况进行人工呼吸和心外叩击，立即送入医院抢救。

冠心病发作急救的窍门

(1) 发作时立即坐下或躺下，然后将 1～2 片硝酸甘油，含于患者口中，3～5 分钟后即可缓解。

（2）用拇指掐患者中指指甲根部，一压一放，持续5～7分钟，可以减轻症状。

心肌梗死急救的窍门

发生心肌梗死时，应注意切忌随意搬动病人，应让病人静卧休息，同时含1片硝酸甘油，即可有效缓解胸骨后的剧烈疼痛。

煤气中毒急救的窍门

煤气中毒的程度与病人在中毒环境中所处时间长短及空气中毒气浓度的高低有密切关系。当发现家庭成员煤气中毒时，应争分夺秒地进行抢救。

家庭急救应紧张有序，按照以下4个步骤进行：

（1）首先，打开门窗将病人从房中抬出，移到空气新鲜、流通而温暖的地方，同时关闭煤气灶开关，将煤炉抬到室外。

（2）检查病人的呼吸道是否畅通，发现口鼻中有呕吐物、分泌物时应立即清除，使病人自主呼吸。对呼吸浅或呼吸停止者要立即进行口对口呼吸。

（3）给病人盖上大衣或毛毯、棉被，防止受寒。用手掌按摩病人躯体，在脚和下肢放置热水袋。

（4）对昏迷不醒者，可用手指尖用力掐人中（鼻唇沟上1/3与下2/3交界处）、十宣（两手十指尖端，距指甲约0.1寸处）等穴位。对意识清楚的病人，可给其饮服浓茶水或热咖啡。

轻症中毒病人经过上述处理，状况可好转。对于中毒程度重的病人，在经过上述处理后，应尽快送往医院，在运送病人途中不可中断抢救措施。

四、食疗养身

十种健脑食品

（1）菠菜：有助于减缓由于年龄增长造成的认知障碍和中枢神经系统损坏。

（2）深色绿叶菜：有助于补充体内维生素。

（3）大蒜：可以促进葡萄糖转变为大脑能量。

（4）蓝莓果：可以清除体内杂质，提高记忆力，减少高血压和中风的发生概率。

（5）干果：杏仁和核桃含有丰富的抗氧化物质，美味健脑。

（6）葡萄汁或葡萄酒：常饮可以延年益寿，提高记忆力。

（7）热可可：暖身健脑，预防神经功能紊乱。

（8）橄榄油：其含有的多种不饱和脂肪酸，可以预防动脉粥样硬化。

（9）全麦制品：增强肌体营养吸收。

（10）三文鱼：鱼肉脂肪有助于健脑。

促进消化的八种食物

（1）白菜：含有大量的粗纤维，有利于胃肠道蠕动，帮助消化。

（2）番木瓜：未成熟的番木瓜可分解脂肪为脂肪酸，促进食物的消化吸收。

（3）西红柿：含有番茄素，有助于消化、利尿，能协助胃液消化脂肪。

（4）大麦：含有的尿囊素可促进胃肠道溃疡的愈合。

（5）苹果：苹果中含果胶和纤维素既能止泻，又能通便。

（6）橘皮：橘皮中含有的挥发油对消化道有刺激作用，可增加胃液的分泌，促进胃肠蠕动。

（7）鸡肫皮：又称鸡内金，含有胃激素和消化酶，可增加胃液和胃酸的分泌量，促进胃蠕动。

（8）酸奶：酸奶有轻度腹泻作用，可防止便秘。

适量吃肥肉有益健康

（1）热能作用：每日摄入30～40克肥肉，能够保持精力充沛。

（2）溶解维生素：人体需要的维生素需要脂肪溶解才能吸收。

（3）普通胆固醇：可以提高免疫力和白细胞活力。

（4）多健脑：油脂中的磷脂是细胞组成的部分。

（5）健美：脂肪有促使形态丰美，皮肤滑润，头发光亮等健美作用。

七种食物助排铅

（1）大蒜：可与铅结合成无毒的化合物。

（2）酸奶：刺激胃肠蠕动，减少铅吸收。

（3）茶：饮茶排铅，简单易行。

（4）果胶：可以抑制铅的吸收。

（5）蛋白质：能够取代铅与组织中的有机物的结合。

（6）维生素C：每日摄入150毫克维生素C，有助于人体排铅。

（7）铁质食物：可以取代铅与组织中有机物结合，加速铅代谢。

提高记忆力的食物

（1）菠萝：富含大量的维生素C，可以提高记忆力。

（2）油梨：富含大量油酸，是短期记忆的能量来源。

（3）胡萝卜：可以刺激大脑物质交换。

小米食疗的窍门

（1）小米粥：小米粥健脾和胃，有助于睡眠。

（2）小米焦巴：食用时佐以红糖，可以对于因过多食用谷类食物而造成的胃肠积滞、厌食有很好效果。

（3）小米和大米一起煮，可以帮助消化，健胃消食。

葱白炒豆腐去浮肿

将豆腐、大葱放入锅中烧煮，然后加入少量酒和调料，服用数日，可以益气生津、除寒除燥，对于体虚感冒、小儿伤风浮肿疗效好。

巧用鸡蛋白消炎

用鸡蛋白和荞麦粉混合均匀后，在临睡前用纱布将其涂抹在颈部和鼻梁上，对于肺炎、鼻炎和扁桃体炎治疗效果明显。

红糖食疗的窍门

（1）将适量红糖和乌梅放入锅中，加入清水煎汤代茶饮，长期服用，对于泻痢日久、腹部隐痛、不思饮食等症状的治疗效果甚佳。

（2）将生姜加水熬制，拌以红糖温水服用，可以治疗肺寒咳嗽、呕逆少食。

花生食疗的窍门

（1）将花生、甜杏仁和黄豆（三者用量相同）加水研磨成浆，滤取浆液煮沸饮用，每日 2 次，可用于治疗肺痨或久咳肺燥；脾胃虚弱、消化不良、消瘦乏力等症。

（2）将适量花生米、糯米和红枣放入锅中，加入适量清水和冰糖煎熬成粥，可以用于治疗脾胃失调和营养不良。

（3）将花生、赤小豆、大枣加水煮汤代茶饮，可用于治疗脾虚浮肿、食少乏力、便溏腹泻、精神倦怠等症。

（4）将花生、大枣各 30 克，加水煎服，可用于治疗脾虚血少、贫血、血小板减少性紫癜等症状。

（5）将花生、猪脚放入锅中，加水炖至烂熟，可以催乳。

菠菜食疗的窍门

（1）将新鲜菠菜清洗干净后放入锅中，加水熬汤服用，可以养阴升血。

（2）将菠菜和菠菜根用开水浸泡 2～3 分钟，然后加入麻油拌食用，每日 2 次，可以有效治疗高血压、头痛、目眩、便秘等症状。

（3）将菠菜籽、野菊花加水煎服，可以有效润燥，清理体内肠胃热毒。

白菜食疗的窍门

（1）将大白菜根洗净切丝，放入锅中后加入适量红糖、姜片用水煎服，长期饮用可以治疗感冒。

（2）将大白菜根洗净切片，加入冰糖熬煮成汁，每日服用 3 次，连续几日，可有效治疗小儿百日咳。

（3）将小白菜洗净切丝，加入少量食盐腌渍后取其汁水，并加入适量白糖服用，空腹每日 3 次，可缓解消化性溃疡出血。

芹菜食疗的窍门

（1）将新鲜芹菜清洗干净，然后浸入开水中 2～3 分钟，取出切细捣汁，每日 1 杯，每日 2～3 次，可以降压。

（2）将新鲜芹菜、茜草、六月雪放入锅中用水煎服，可以治疗妇女月经不调，或小便出血。

油菜食疗的窍门

（1）将新鲜油菜用水煎服，饮用数日，可以治疗劳伤吐血、丹毒等症。

（2）将油菜叶洗净，下锅煸炒，服用数日，可以治疗劳伤吐血、热疮、产后恶露不净等症状。

西红柿食疗的窍门

（1）西红柿炒鸡蛋：可以补脾养血，补肾利尿，滋阴生津。

（2）西红柿炒猪肝：对于夜盲症的疗效甚好。

（3）西红柿粥：长期服用可以生津止渴、健胃消食。

橘子食疗的窍门

（1）饮用：常食用橘子汁，可以健脾和胃、清肺热，治疗口渴烦热，提高免疫力。

（2）擦面：常用橘子汁擦面，可以使面部皮肤光滑柔嫩。

（3）将新鲜橘皮用水煎煮，加入适量白糖调服，可以治疗因感冒和消化不良而引起的腹胀。

（4）将橘子核、杜仲（橘子核和杜仲等量）烘焙干燥后研磨，用酒送服，每次 3 克左右，长期坚持可以治疗肾虚腰痛。

雪梨食疗的窍门

（1）将新鲜雪梨去壳后，加入麻黄盖严蒸煮，取汁服用，每日2次，可以治疗小儿百日咳。

（2）将新鲜雪梨的外皮加水煎煮，取梨子汁水代茶饮，长期食用可以清心润肺、止咳化痰、滋肾益阳。

（3）将新鲜雪梨捣烂后加入冰糖调服，可以治疗声音沙哑。

（4）将川贝母捣碎，加入雪梨、冰糖煎水服用，可以治疗头痛头晕、耳鸣眼干等症状。

石榴食疗的窍门

（1）将石榴剥去外皮，然后将果肉捣烂用开水过滤取汁，饮用石榴汁水，可以生津止渴、润燥利咽。

（2）将石榴皮、大白用水煎服，小儿服用可以驱除肠道寄生虫，效果好。

（3）将石榴皮晒干研磨，然后加入红糖调服，可以治疗腹泻。

（4）将少量冰片用蒸汽水调匀后涂抹在口腔溃疡处，每日2次，连续2日可治愈。将石榴皮烧水，每日2次，连续使用3日，可以避免口腔溃疡复发。

猕猴桃食疗的窍门

（1）降血压：将新鲜猕猴桃清洗干净后，榨汁饮用，长期食用猕猴桃汁可以防癌、降血脂，对于高血压、心血管、肝脾肿大等疾病，效果显著。

（2）消化不良：将猕猴桃干果加水煎服，每日2次，长期坚持，即可有效治疗消化不良和食欲不振。

西瓜食疗的窍门

（1）西瓜皮，虽生津止渴之力不及西瓜瓤，但清热利尿之功则胜过西瓜瓤，多用于治疗暑热尿赤、目赤红肿、小便热痛、肝硬化腹水等症。

（2）西瓜子有清热降火、润肠和中、止血的功效，用于治疗大便干燥、鼻衄、齿衄、便血等症。

（3）西瓜霜即为西瓜皮和皮硝混合制成的白色结晶用于治疗咽炎、喉炎、白喉、口疮等症。西瓜虽为佳果良药，但糖尿病患者及素体脾胃虚寒、胃疼泻泄的患者，少用或慎用为宜。

山楂食疗的窍门

（1）将山楂加水煎煮饮汁，即可用于治疗肉食积滞、消化不良的症状。

（2）将山楂打碎煎汤，并用少许糖拌服，空腹食用可以用于治疗产妇恶露不尽、腹部疼痛。

（3）将适量山楂、决明子，加水煎汤服用，对于高血压、高血脂效果甚佳。

柿子食疗的窍门

（1）将柿子蒂、冰糖放入锅中，用水煎服，服用汤汁可以缓解孕妇妊娠呕吐。

（2）将柿子的干果，煮烂后当点心食用，可以缓解大便干结，对于痔疮出血也有很好效果。

（3）将柿子霜外擦，可以治疗口角生疮。

红枣养脾胃的窍门

吃枣既可以健脾养胃，又可补益肝脏。煮熟的红枣味甘性温，有养血安神、补中益气的功效，适合倦怠无力、腹泻、脾胃虚弱的人经常食用。春初、冬末或冬季气温不高时，取一些红枣，放在锅里煮，水开了以后，将上面的一层白沫撇掉，随后滤出水，再加水没过红枣，大火煮沸后再用小火熬。经 3 小时左右，红枣的皮变黑，此时锅底只剩下从枣内渗出的像糖稀一样的液体，这时红枣就变得特别香甜可口，容易消化吸收。

苹果治病的窍门

（1）日食用苹果，可以利用苹果纤维清除牙齿间的污垢，减缓患口腔疾病的概率。

（2）经常食用苹果泥，可以有效刺激肠道，利便并能治疗轻度腹泻。

（3）经常食用苹果，可以促进胆汁分泌和胆汁酸浓度的增加，降低血液中的胆固醇含量，减少血管壁的脂肪堆积。

（4）苹果中富含维生素和锌，常食可以有效避免患上缺锌症。

樱桃食疗的窍门

（1）将樱桃浸泡于白酒中，1～2 日后，每日饮用樱桃酒 3 次，每次 5～10 毫升，对于肝肾虚弱、筋骨不健，治疗效果甚好。

（2）取龙眼肉、枸杞子 10 克，加水煮至膨胀后，放入鲜樱桃煮沸，加白糖调味服食，可用于治疗血虚头晕、心悸。

（3）用棉花蘸取适量樱桃水，涂于烧烫伤处，能立即止痛。

甘蔗食疗的窍门

（1）治尿血衄血、高血压：白茅根150克，甘蔗500克（切片），水煎代茶饮。

（2）治肺结核、慢性支气管炎久咳：新鲜甘蔗绞汁半碗，淮山60克捣烂成粉，混合一起同蒸熟食用，每日2次。

（3）治咽干痰稠、肺燥咳嗽：梨汁50毫升，甘蔗汁50毫升，两汁混匀服，每日2次。

（4）治妊娠恶阻：甘蔗汁1杯，加生姜汁少许，频频缓饮。

（5）治反胃呕吐、烦热口渴、虚热咳嗽：大米100克，甘蔗榨汁100～150毫升。先煮粥，煮至半熟时，倒入甘蔗汁同煮熟食用。

（6）治发热口渴：甘蔗250克去皮食之，咽汁吐渣，每日2～3次。

鸡肉食疗的窍门

（1）将老母鸡、猪蹄用砂锅慢火炖烂后服用，可用以有效治疗缺乳。

（2）产后孕妇，经常食用母鸡熬汤可以有效缓解体虚。

（3）将鸡肉、香菇、红枣一起放入碗中蒸煮，15分钟后取出食用，即可健脾补肾虚，防病保健，延年益寿。

鱼肉的特殊功效

（1）鲫鱼：利水消肿，益气健脾，清热解毒。

（2）带鱼：暖胃补虚，妇女、肝炎和癌症病人食之很有好处。

（3）鳜鱼：益脾胃、补虚痨，对年老体弱，小儿消化不良、肺结核病人十分有益。

（4）黄鳝：补中益气，降血糖，适合妇女产后、阳痿、糖尿病人食用。

（5）鲤鱼：将新鲜鲤鱼去鳞清洗干净，然后将大蒜去皮后放入鱼肚子中，加油盐上锅蒸熟，每日服用1次，连续5～7日，对于身体虚弱效果显著。或者将新鲜鲤鱼、冬瓜和少量葱白煮熟后，吃鱼喝汤，可以有效治疗水肿。还可以将新鲜鲫鱼去鳞洗净，然后将适量砂仁面、甘草末放入鱼腹中，用线缝好后上锅清蒸至鱼熟烂，分次服用，对于治疗全身浮肿效果好。

（6）泥鳅：将泥鳅和鲜豆腐放入锅中，加入适量清水煎煮，待熟烂后服用，每日1次，坚持食用，对于慢性肝炎效果好。

食虾妙处多

（1）将河虾和韭菜一同放入锅中煸炒，加入少量食盐炒熟食用，对于肾阳不足、阳痿、遗精、遗尿有很好的治疗效果。

（2）将河虾放入锅中煸炒后，取出嚼食，以黄酒煨热送下，每日 3～5 次，可用于产后乳汁分泌不足或无乳。

猪蹄食疗的窍门

（1）猪蹄汤：将猪蹄粗切放入锅中，加水煮熟，饮汤连续食用 7～10 日，可以治疗产后女性乳汁较少的症状。

（2）猪蹄通草汤：将猪蹄放入锅中，加入适量通草同煮，对于治疗乳痈效果佳。

（3）葱煮猪蹄：将猪蹄加入适量葱白煮熟，食用时加入少许食盐拌佐，分数次服用，可以治疗疮毒、毒攻手足肿痛症状。

食猪肝、猪腰的窍门

（1）将猪肝、干菊花和适量的糯米放入锅中熬煮至肝熟粥烂，然后吃肝喝粥，长期服用可以有效治疗干咳无痰或痰少而黏、潮热盗汗的症状。

（2）将猪腰、枸杞子、山萸肉一同放入砂锅中熬煮至猪腰子熟，吃腰子喝汁，可以有效缓解头晕目眩、耳聋耳鸣、腰肾酸软等症状。

巧用猪肉食疗的窍门

（1）气血不足：将猪肉和适量的花生放入锅中，加入葱姜炖汤食用即可。

（2）遗精：将猪肉、菟丝子（两者的比例为 1∶1）炖汤饮服，可以有效治疗遗精。

（3）呃逆：将猪肉切片后蒸熟，食用时加入生蒜，搅拌后服用可以有效地缓解呃逆。

（4）体虚：将精猪肉、黄芪放入锅中，加水炖烂，食肉喝汤，长期服用可以缓解病后体虚。

巧用猪骨食疗的窍门

（1）猪骨汤：将猪骨打碎煎汤，可以治疗佝偻病，有助于骨折后修复。

（2）猪骨灰：将猪骨烧毁研磨成粉末，取少量服用，2～5 日后可以治疗小儿消化不良和腹泻。

羊肉食疗的窍门

（1）羊肉粥：将羊肉洗净切块放入锅中，加入适量大米和清水熬煮成粥，食用时加入少量食盐、生姜、花椒调味即可，长期服用，有助于健脾和胃，促进食欲。

（2）羊肉片：将新鲜羊肉切片煮熟，然后拌以适量大蒜、香油和食盐，长期食用可以治疗肾虚阳痿、腰膝酸软、尿频等症状。

（3）羊肉汤：将羊肉洗净切块放入锅中，加入适量当归、生姜煎熬至熟，去渣服用，连续食用3～5日，对于脾胃虚寒、气不足、产后腹中冷痛有很好效果。

第七章
节能环保——珍爱资源是一种美德

资源是有限的，倡导节能环保的生活，利国利己，是一种贡献也是对生活负责的一种态度。其实，生活中很多我们认为的废物废料，只要我们稍微进行改变，就能再利用。本章所涉及的一些窍门，都具有极高的实用性。

一、资源再利用

淘米水的再利用

1. 用淘米水洗浅色衣服易去污，而且颜色鲜亮。

2. 沉淀后的淘米水再加热水，可以用来浆衣服。

3. 用淘米水洗手，可以起到滋润皮肤的作用。

4. 用淘米水漱口，可以治疗口臭或口腔溃疡。

5. 将带腥味的菜，放入加盐的淘米水中搓洗，再用清水冲净，可去腥味。

6. 把咸肉放在淘米水里浸泡半天，可除去咸味。

7. 用淘米水洗腊肉要比用清水洗得干净。

8. 用淘米水洗猪肚，比用盐或骨矾搓洗省劲、省事，且干净、节约。

9. 常用淘米水洗泡的菜刀不易生锈。生锈的菜刀泡在淘米水中数小时后，容易擦干净。

10. 用淘米水擦洗后的油漆家具，比较明亮，而且能除去臭味。

11. 淘米水中有不少淀粉、维生素、蛋白质等，可用来浇灌花木。作为花木的一种营养来源，既方便又实惠。

保鲜膜内筒再次利用的窍门

（1）领带挂架：用一根橡皮筋从卷筒的一端穿入，从另一端穿出，然后再穿到下一个卷筒里。以此类推，穿到最下方一个卷筒时，再返回向上一一穿过，这样就做成了。

（2）毛巾架：只要有一只坚而质地又好的卷筒芯，就可以做一个挂毛巾用的毛巾架。

面袋子再利用的窍门

用完的面袋子可是很好的抹布，把它剪成大小合适的块，用来擦洗菜盆。这样不用洗涤灵就能擦得很干净，又不伤手，多好！

橘子皮妙用

（1）防晕车：在上车前1小时，用新鲜的橘子皮，向内折成双层，对准鼻孔，用手指挤捏橘子皮，皮中就会喷射出无数股细小的橘香油雾并被吸入鼻孔。在上车后继续随时挤压吸入，可有效地预防晕车。

(2) 治冻疮：将橘皮用火烤焦，研成粉末，再用植物油调均匀，抹在患处。

(3) 治慢性支气管炎。橘皮5～15克，泡水当茶饮，常用。

(4) 治咳嗽：用干橘皮5克，加水2杯煎汤后，放少量姜末、红糖趁热服用。也可取鲜橘皮适量，切碎后用开水冲泡，加入白糖代茶饮，有化痰止咳之功效。

(5) 治便秘：鲜橘皮12克或干橘皮6克，煎汤服用，可治便秘。

(6) 解酒：用鲜橘皮30克，加盐少许煎汤饮服，醒酒效果颇佳。

(7) 治睡觉磨牙：睡觉前10分钟，口中含一块橘皮，然后入睡，最好不要将桶皮吐出，若感到不适时，再吐出。

(8) 防止牙齿“酸倒”：食酸橘对老人或牙齿过敏者均不宜。其实，只要在食酸橘后，即用剩下的新鲜橘皮泡开水喝下，就可以防止牙齿“酸倒”。

(9) 治乳腺炎：生橘皮30克、甘草6克，煎汤饮服，可治乳腺炎。

(10) 治口臭：将一小块橘皮含在口中，或嚼一小块鲜橘皮，可治口臭。

(11) 解鱼蟹之毒：用适量的橘子皮煎汤饮服，可缓解食鱼、食蟹后的中毒。

(12) 治胃寒呕吐：将橘皮和生姜片加水同煎，饮其汤，可治疗胃寒、呕吐。

(13) 理气消胀：用鲜橘子皮泡开水，加适量白糖，饮后可理气消胀，生津润喉。

(14) 治消化不良：将50克橘皮浸泡在酒里。这种酒有温补脾胃的功效，用于消化不良、反胃呕吐等症。对多食油腻而引起的消化不良、不思饮食症，尤为有效。

(15) 清肺化痰：将橘子皮洗净后置于白酒中，浸泡20余天即可饮用。其味醇厚爽口，且有清肺化痰的作用：若浸泡的时间再长～点，至春节或开春后再饮，则味道更佳。

(16) 治风寒感冒：鲜橘皮、生姜片，加红糖适量煎水喝，可治疗风寒、感冒、呕吐、咳嗽。

(17) 提神开胃：将橘皮洗净切成丝后晒干，与茶叶放在一起存放。饮用时，用开水冲服，其味清香可口，有开胃、通气、提神的功效。

(18) 治胰腺炎：用橘子皮30克、甘草10克和水共煎当茶饮。有助于治疗急性胰腺炎。

(19) 降血压。将橘子皮切成丝晾干作枕芯用，有顺气、降压的功效，对高血压病人很适用。

(20) 治脚沙虫：脚趾间沾染污水杂渍，易发生奇痒，若搔抓，则破皮流水，臭味难闻。此时可用鲜橘子皮猛擦痒处，止痒效果甚佳。

过夜茶叶的妙用

(1) 将残茶叶浸入水中数天后，浇在植物根部，可促进植物生长。

（2）把残茶叶晒干，放到厕所或沟渠里燃熏，可消除恶臭，具有驱除蚊蝇的功能。

（3）用残茶叶擦洗木、竹桌椅，可使之更为光洁。把残茶叶晒干，铺撒在潮湿处，能够去潮。

（4）残茶叶晒干后，还可装入枕套充当枕芯，非常柔软。

巧用咖啡渣

咖啡不仅是一种受欢迎的饮料，剩下的咖啡渣还可以帮助我们解决许多问题。

（1）用晒干的咖啡渣来清洗餐具，除了效果胜过一般洗涤液外，更重要的是咖啡渣对人体安全无害，不像洗涤液洗涤餐具后，不冲洗干净会对人体健康带来损害。

（2）炒菜的锅用得时间久了，里里外外都布满了油腻，既不卫生，又有异味。将烹煮过的咖啡渣放进锅里，在火上炒烤，油腻和气味会逐渐消失。

（3）吸烟的人不觉得烟味的讨厌，但不吸烟的人对此却感到不舒服。将烹煮过的咖啡渣放在烟灰缸中，可以袪除臭味，也更容易熄灭烟蒂。

（4）家里的冰箱中总会有一些不好闻的味道，将烹煮过的咖啡渣放在冰箱中可以减少冰箱中的异味。

（5）家里鞋柜最大，一打开柜门，有股无以言表的气味。如果在鞋柜里放一些烹煮过的咖啡渣，就会好很多。

（6）咖啡渣中的矿物质可以让松弛的皮肤愈泡愈紧，所以喝过咖啡后，千万别丢掉可以让你瘦身的咖啡渣。具体操作：①将咖啡倒入锅里煮，煮得要比平时更浓一些；②将留下的咖啡渣倒入浴缸里，然后泡上 20 分钟左右。

废瓶盖子再利用的窍门

（1）巧做搓衣板：将废药瓶上的橡皮盖子收集起来，按纵横交错位置，一排排钉在一块长方形木板上（钉子须钉在盖子凹陷处），就成为一块很实用的搓衣板。

（2）巧用废瓶盖清洁墙壁：将几只小瓶盖钉在小木板上，即成一个小铁刷。用它可刮去贴在墙壁上的纸张和鞋底上的泥土等，用途很广。

（3）保护房门：将废弃无用的橡皮盖子用双面胶固定在房门的后面，可防止门在开关时与墙的碰撞，能起到保护房门的作用。

（4）修通下水道的揣子：通下水道的揣子经过长时间使用后，木把就与橡胶脱离了。遇此，可找一个酒瓶铁盖，用螺钉将瓶盖固定在木把端部，然后再套上胶碗就可以免除掉把的现象。

（5）止痒：夏天被蚊虫叮咬奇痒难忍，可将热水瓶盖子放在蚊子叮咬处摩擦 2～3 秒钟，然后拿掉，连续 2～3 次，剧烈的瘙痒会立即消失，局部也不会出现红斑。瓶盖最好是取自 90℃左右水温的热水瓶。

（6）养花卉：取一只瓶盖放在花盆的出水孔处，既能使水流通，又能防止泥土流失。

（7）刮鱼鳞：取长约15厘米的小圆棒，在其一端钉上2～4个酒瓶盖，利用瓶盖端面的齿来刮鱼鳞，是一种很好的刮鳞工具。

（8）削姜皮：姜的形状弯曲不平，体积又小，欲削除姜皮十分麻烦，可用汽水瓶或酒瓶盖周围的齿来削姜皮，既快又方便。

变质葡萄糖的化肥功效

变质葡萄糖粉是好肥料。将变质的葡萄糖粉捣碎撒入花盆土四周，三日后黄叶就会变绿，长势茂盛。其适用于吊兰、刺梅、万年青、龟背竹等。

巧用牙膏

（1）白色家具泛黄时，用牙膏轻轻擦拭，可使家具重新变得洁白光亮。

（2）电熨斗用久了，其底部会积一层糊锈。可在电熨斗断电冷却的情况下，在底部抹上少许牙膏，用干净的软布轻轻擦拭，即可将糊锈除去。

（3）手表表面有划痕，首饰上有污渍，都可以用牙膏来擦拭。

（4）搪瓷茶杯，日久沉积茶垢，不容易洗去，只要用软布涂抹少许牙膏擦洗，茶垢就会很快除去。

（5）手电筒的反光镜，用久发黑时，可用细布涂抹牙膏揩擦，即可光亮如新。

（6）下厨炒菜，有时会被沸油灼伤皮肤。如皮肤灼伤的面积较小，即可用少许药物牙膏涂抹伤处，这样有消炎止痛、预防感染的功效。

（7）生了痱子后，用牙膏外擦，可使痱子逐渐消退。

（8）被蚊子叮咬后，常会隆起一个疙瘩，奇痒难忍。此时，涂上牙膏，用力按摩一会儿，即能止痒消肿。

（9）刮胡子时，先用温水沾湿胡须，然后涂点牙膏用手擦起泡沫即可用剃刀剃去，这比用肥皂好多了。

剩香皂再利用的窍门

家中有一些存放已久的或是用剩下的小香皂块，香味已经淡去，香皂也变得比较硬，似乎没有什么价值了。但你可别轻易把它们扔了，采用下面的方法，让它们再次发挥作用吧！

将香皂用刀切成薄片，把切好的香皂放到不锈钢碗里，隔水加热。加热的同时，放入蜂蜜、花茶、香精，用木棍调和，用小火煮，直到香皂溶解成黏稠状。停止加热后，在糊里加上花茶充分搅拌，让它冷却并揉成团。加入橄榄油，加入干花香料。将混合物制作成形，可以用手捏，也可以放入模具里；20分钟后，把香皂从模具中取出，最后把香皂放在炎热干燥的地方，存放一周或两周就可以使用了。放在毛巾或织品中间可以让香皂的香味更加持久。

贴心小提示：

（1）可以将家里用剩下的小香皂头积攒下来用来制作花香香皂，既环保，又避免浪费。

（2）模具可以用各种容器代替，如果冻盒子、小碗等。

（3）在香皂中加入不同的花茶，可以起到不同的疗效。

剩余护发素再利用的窍门

把剩下的护发素抹在玻璃上，或者拿一小片软一点的泡沫，沾上护发素来擦瓷砖上的一些污渍效果也很不错。

剩余冷霜再利用的窍门

用剩的冷霜，或时间过长不宜再擦用的冷霜不要丢掉，可以代替鞋油。用冷霜擦皮鞋，不但能把脏的地方擦干净，且皮面也会变得柔软光滑。使用时，用一点点水，用力擦几下，就能把鞋上的赃物去掉。

空洗发瓶变小皂盒

将用剩的洗发水的空瓶子，剪出合适的高度与形状，可用做装肥皂的小皂盒。

空汽水瓶变“吊式花瓶”

三只相同式样，相似颜色的汽水瓶，洗洗干净，用麻绳捆捆，连接起来，再绑上吊环——就成了一只别有风味的吊式花瓶！

废旧瓶再利用的窍门

（1）制漏斗：用剪刀从可乐空瓶的中部剪断，上部即是一只很实用的漏斗，下部则可作一只水杯用。

（2）制筷筒：将玻璃瓶从瓶颈处裹上一圈用酒精或煤油浸过的棉纱，点燃待火将灭时，把瓶子放在冷水中，这样就会整整齐齐地将玻璃瓶切开了。用下半部做筷筒倒也很实用。

（3）制风灯：割掉玻璃瓶底，插在竹筒做的灯座里即成。灯座的底上要打几个通风小洞，竹筒的底缘也要开几个缺口，这样把灯放在桌上，空气就能从缺口里进去。

（4）制金鱼缸：粗大的玻璃瓶子，可以按照筷筒的方法做个金鱼缸。在下面的瓶塞上，装上一段橡皮管，不把金鱼捞出来，就可以给金鱼换水。

（5）制吊灯罩：找一个大的、带瓶盖的、色彩艳丽的空酒瓶（如白兰地酒瓶等），把瓶子打磨光滑。在瓶子里装上吊灯头和灯泡，在原来的瓶盖上钻个孔，让电线穿过，拧上瓶盖。在瓶颈上套8厘米长的彩色塑料管。在瓶子中部贴上一圈金色的贴胶纸，就成了一盏美丽的吊灯了。

废易拉罐变门帘

用废易拉罐和废铁罐头盒不仅可以加工成各种样式的物件，还可以做成新颖的门帘。

先把废罐的盖及底除去，再用剪刀剪开就取得了一张张金属片。把这些金属片敲平并剪成约1.3厘米宽的长条，用钉子在它的一端钉一个小洞，以便扣上一根小绳。再把金属片长条扭曲，把它们悬挂起来。当金属片被风吹动时，长条便会转动，由于金属片的颜色不同，看起来便十分美观。如用绳把许多段不同颜色的金属片连接起来，这就更令人眼花缭乱了。

吃剩的雪糕棒变“精巧小木筒”

模仿传统式木筒的造型，将平常吃完的雪糕棒洗干净，并收集起来，拼贴于塑胶容器外围，再加上手提把手的设计，便可制造出惟妙惟肖的精巧小木筒。

废挂历再利用的窍门

用废旧挂历或稍硬的纸做室内壁花瓶。把它折成长8寸、宽5寸，再卷成圆筒，上大下小。然后用小夹子夹住折缝的地方，挂在室内墙上，最好是在墙角，再插上自己喜欢的花。如果怕花瓶晃动，底下可用图钉按上。这种花瓶制作起来十分简单方便，也很美观大方，尤其是在卧室和客厅，显得十分别致，而且可以随时更换。

旧伞衣再利用的窍门

无修理价值的旧尼龙伞，其伞衣大都很牢固。因而可将伞衣拆下，改制成图案花色各异的大小号尼龙手提袋。其制作方法是：先将旧伞衣顺缝合处拆成小块（共8片）洗净、晒干、烫平。然后用其中6片颠倒拼接成长方形，2片做提带或背带。拼接时，可根据个人爱好和伞衣图案，制成各种各样的提式尼龙袋。最后，装上提带、背带或各式扣件即成。

旧丝袜再利用的窍门

（1）破旧的丝袜弹性好，将其收集起来，扎好，装上木棍，就是十分理想的除尘掸。而且丝袜能产生静电，比一般的除尘掸更易将衣橱、餐厅的死角、缝隙清理干净。

（2）丝袜既有弹性，又能防尘、透气，如果用旧丝袜收藏皮鞋、皮包、毛毯等，效果就非常好，东西在丝袜里面不易变形、霉变。

废海绵再利用的窍门

用废海绵土种花，比单用土种花效果好。方法是：将废旧海绵放在花盆底部，上面盖上一层土。在浇花的时候，海绵可以起到蓄水作用，较长时间地供给花木充足的水分。

旧皮带再利用的窍门

每次刀片用完后，在旧皮带背面来回蹭几下，就可以延长刀片的使用寿命。

废电池再利用的窍门

手电筒灯光变暗后，废电池不要扔掉，可以装在收音机里继续使用一段时间；收音机声音变小了，可以把废电池装在闹钟里使用，一般还能够正常运行很久。

蚊香灰再利用的窍门

（1）蚊香灰很细，用来磨刀或磨其他金属器具，光洁平滑，不留印痕。

（2）蚊香灰内含钾，是理想的盆栽肥料。略微洒些水，灰便可入土，很容易被花草吸收利用。

二、节省妙招

控制水长流的窍门

每一个家庭既要保持卫生清洁，又要节水，如何使这两者巧妙地统一起来呢？这就需要从改变用水习惯入手。

（1）很多人在洗碗的时候，边抹洗涤剂边让水流着，别看水流时间不长，但一分钟就会浪费10～18升水。

（2）刷牙时水长流用水量是38升（普通可乐瓶为1.25升），但短时冲刷用水量为2升，可节省水量36升。

（3）洗手时，水长流用水量是8升，如果用盆洗，用水量是4升，可节省水量4升。洗脸如果让水长流，则浪费的水更多。

（4）长时间流水带来的浪费是很大的，如果勤开勤关水龙头，节水量相当可观。假如洗碗、洗手、洗脸还用传统的办法——用盆洗，那么就能节约更多的水。

一水多用的窍门

家庭用水要尽量做到串联使用，坚持做到一水多用。

（1）淘米水可以用来洗菜，同时有利于去除蔬菜表面的农药。

（2）可以用洗菜水、洗衣水、洗碗水及洗澡水等清洗水来浇花、洗车及擦洗地板。

（3）将用过的清洗水回收后冲马桶。

利用屋顶装置的雨水贮留设备，收集雨水作为一般浇花、洗车及冲马桶等的替代水源。

洗菜节水的窍门

用洗涤灵清洗瓜果蔬菜，需要用清水冲洗几次，才敢放心吃。可改用盐水浸泡消毒，只冲洗一遍就够了。

尽量用盆洗菜，不要直接在水龙头下冲洗。

先抖去菜上的浮土，择好后再用水洗；土豆、胡萝卜等先去皮，然后再洗。

第一遍洗菜时，可用少量的水；第二遍可用多一些水，每遍洗完都应清除盆底的泥沙。

清洗餐具节水的窍门

清洗餐具时，可先用纸擦去油垢，再用热水洗，最后用温水或冷水冲洗干净。

用盆洗餐具，第一遍在水中加入少量洗洁精进行清洗，第二遍用清水清洗。不要直接在水龙头下清洗。

如果您使用的是新型厨房洁具（两个水盆槽），可以将一个水盆放入加了少量洗洁精的水，用于清洗；同时另一个水盆放入清水，用于冲洗。

洗衣节水的窍门

衣服集中起来洗，减少洗衣次数，节约用水。选择有自动调节水量的洗衣机，根据衣物多少调节水量；洗衣前先脱水一次，可省水、省时、省电。将漂洗的水留作下一批衣物的洗涤用水，一次可节省30%～40%的清水。

洗澡节水的窍门

缩短洗澡的时间，用短时间的淋浴取代盆浴。如果盆浴，水不要放满，1/3～1/4盆水就足够用。如果淋浴，不要将水自始至终地开着，尽可能先从头到脚淋湿即关喷头，然后用浴液或肥皂擦洗，最后一次冲洗干净。洗澡时不要“顺便”洗衣服。

厕所节水的窍门

如果您觉得厕所的水箱过大，可以在水箱里放进一只装满水的大可乐瓶或其他相当的容器，以减少每次的冲水量。但注意不要妨碍水箱部件的运动。

如果您新装修了房子，需购置便器，请选用节水型马桶。定期检查水箱是否漏水。若进水阀失灵或出水阀失灵，就会长时间流水。

使用收集的家庭废水（洗菜水、洗衣水等）冲厕所，可以一水多用。垃圾不论大小、粗细都不要通过厕所冲掉，一来会浪费较多的水，二来可能导致管道堵塞，给自己和别人带来麻烦。

淘米水、刷锅水和不含肥皂沫的洗脸水、洗脚水可用来冲厕所、浇花。淘米水还可给花木提供营养。

灯具省电的窍门

荧光灯比白炽灯节电 70%，20W 的荧光灯亮度胜过 40W 的白炽灯灯泡，但只相当于 13W 的节能型荧光灯耗电量。36W 细管节能日光灯比 40W 普通日光灯降低 4W 功耗，且亮度较高，使用寿命长。

还有一种三基色节能灯，一只 5W 的节能灯相当于 20W 的白炽灯亮度，10W 的节能灯可相当于 60W 的白炽灯亮度。

（1）尽量不要选择太繁杂的吊灯，在居室设计中，不要布置过多的射灯。在开闭频繁、面积小、照明要求低的情况下，可采用白炽灯。双螺旋灯丝型白炽灯比单螺旋灯丝型白炽灯光通量增加 10%，可根据需要优先选用。

（2）家庭在选用灯具时，尽可能少用乳白色玻璃罩和磨砂玻璃罩灯具，因为光源的光线通过这类灯具后，亮度会大大降低。

（3）在各类灯具中，荧光灯主要用于室内照明，汞灯和钠灯用于室外照明，也可将二者装在一起作混光照明。这样做光效高、耗电少、光色逼真、协调、视觉舒适。

电冰箱省电的窍门

电冰箱如果不注意节电，一台一般每月会多消耗约 5 度电。使用同样的家用冰箱存放食品，耗电量的多少可大不相同。这里介绍一些节电窍门。

（1）选购冰箱的规格大小应根据自己家的需要，不要买过大的冰箱。从我国居民的饮食习惯看，家用电冰箱以每人平均容积 50 升左右为宜。因此，三口或四口之家可考虑选购 150～220 升的冰箱。

（2）应将电冰箱摆放在环境温度低，而且通风良好的位置，要远离热源，避免阳光直射。摆放冰箱时左右两侧及背部都要留有适当的空间，以利于散热。

（3）电冰箱应放在阴凉通风处，离墙要有一定距离。冰箱的冷凝器要经常打扫，以保证冷凝效果。

（4）不要把热饭、热水直接放入，应先放凉一段时间后再放入电冰箱内。热的食品放入会提高箱内温度，增加耗电量，而且食物的热气还会在冰箱内结霜沉积。

（5）尽量减少打开冰箱门的次数。因为开门期间冷气逸出，热气进入，需要耗能降温。放入或取出物品动作要快，不要耽误时间。

（6）要选择合适的材料包装冷冻物。不合理的包装会使食品味道散开并变干，其中的水分还会很快转化为霜在冰箱内沉积。一般来说，紧凑的包装，保鲜效果更好。由于体积小容易冻透，用小包装比较省电，在存入冰箱前可按每次用量分成几份包装，然后放入。

（7）冰箱内食品的摆放不宜过多过挤，特别是方形包装食品更是不能摆满，存入的食品相互之间应留有一定间隙，以利于空气流通。

（8）根据所存放的食品恰当选择箱内温度，如鲜肉、鲜鱼的冷藏温度是零下 1℃左右，鸡蛋、牛奶的冷藏温度是 3℃左右，蔬菜、水果的冷藏温度是 5℃左右。

（9）放在冰箱冷冻室内的食品，在食用前可先转移到冰箱冷藏室内逐渐融化，以便使冷量转移入冷藏室，可节省电能。

（10）要保持冰室内的清洁，及时除去霜层。冷冻室挂霜太厚时，制冷效果会减弱。化霜宜在放食品时进行，以减少开门次数。完成冰箱清洁作业后，要先使其干燥，否则又会立即结霜，这样也要耗费电能。冰箱霜厚度超过 6 毫米就应除霜。

（11）水果、蔬菜等水分较多的食品，应洗净沥干后，用塑料袋包好放入冰箱。以免水分蒸发加厚霜层，缩短除霜时间，节约电能。

（12）夏季制作冰块和冷饮应安排在晚间。晚间气温较低，有利于冷凝器散热。

（13）在冰箱盛水盘上方的滴水管道，是冰箱与外界空气唯一直接交换的通道，所以泄冷现象是不容忽视的，如果用一团棉花裹在滴水漏斗上，然后用细绳或胶布包扎，那么就能达到省电的目的。

空调省电的窍门

家用空调器是一种消耗电能非常多的电器，夏天，往往要占到整个用电量的 2/3 以上，如何使它既满足人们的生活需要，又使得能源的消耗控制在合理的范围以内呢？以下几点对于大家也许有点启示：

（1）首先，选用空调器应优先选用无氟环保节能型、能效比较高的产品。

（2）使用空调时要记住关闭门窗。同时不要将空调恒温器调至最冷。

（3）减少门窗等关闭不严的问题，防止冷气的损失。

(4) 根据不同的时间、场合设定不同的温度，因为人体对温度的适应性在不同的场合是不同的。

(5) 检查室外机遮篷，如属多余，请拆除。我们常常看到，室外机大部分都安装了遮篷，从表面上看是防止了日晒雨淋，但事实上分体式空调室外机电气部分是按照防水要求设计的，遮篷只能造成室外机效率的降低，在室外机周围形成一个高热小环境，会大大减低散热效果，严重时可能造成过热停机。

(6) 检查房间的电源电压值是否达到要求，如果电压低于 190 伏，这时的空调就会只用电而不制冷了。

(7) 安装空调时尽量选择背阴的房间或房间的背阴面，避免阳光直接照射在空调器上。

(8) 使用空调的房间，最好挂一层较厚的窗帘，这样可阻止室内外冷热空气交流。

(9) 开空调时温度不应定得太低，否则，既耗电又容易使人感冒。

(10) 空调不宜从早开到晚，最好在清晨气温较低的时候停一停，这样既可省电，又可调节室内空气。

(11) 应经常清除空调过滤网上的灰尘，一方面可保持空气清洁，另一方面可使空气循环系统保持畅通，以达到省电的目的。

(12) 分体式空调器室内外机组之间的连接管越短越好，弯曲半径要大，以减少耗电，并且，连接管还要做好隔热保温。

(13) 定期清除室外机散热片上的灰尘，因为灰尘过多，会使空调用电增多，严重时还会引起压缩机过热、保护器跳闸。

(14) 夏季空调温度设定在 26～28℃，夏季空调调高 1℃，如每天开 10 小时，那么 1.5 匹空调机可节电 0.5 度。

电视机省电的窍门

家中的电视机是使用率最高的电器，在节电上加以注意，也能为您省下一笔可观的费用。

(1) 挑选合适的电视剧：挑选家用电视机时，尽量选用晶体管集成电路的，可以省电。还要根据家庭人口的多少、房间大小选择适当尺寸的电视机。大尺寸的电视机，耗电大，观看距离也大。反之，房间小、观看人少的，挑选尽寸小一些的电视机就可以了。

(2) 要控制好电视的对比度和亮度：亮度过大，不仅耗电多，且易降低机器寿命，对人的视力也不利，把电视对比度和亮度调到中间为最佳。一般彩色电视机最亮与最暗时的功耗能相差 30～50W，建议室内开一盏低瓦数的日光灯，以控制环境亮度。要控制音量的大小，音量越大耗电越多，通常每增加 1 瓦的音频功率，要增加 3～4W 功耗。

（3）观看影碟时，最好在AV状态下：因为在AV状态下，信号是直接接入的，减少了电视高频头工作，耗电自然就减少了。

（4）看完电视后关闭总电源开关：因为遥控关机后，显像管仍有灯丝预热，电视机仍处在整机待用状态，还在用电。

（5）要给电视机加防尘罩：因为夏季机器温度高，机内极易吸附灰尘。机内灰尘多可能造成漏电，不仅增大了耗电，还会影响电视的图像和伴音质量。

洗衣机省电的窍门

洗衣机的耗电量取决于电动机的额定功率和使用时间长短。电动机的功率是固定的，所以恰当地减少洗涤时间就能节电。

（1）先浸后洗：洗涤前，先将衣物在流体皂或洗衣粉溶液中浸泡10～14分钟，让洗涤剂与衣服上的污垢脏物起作用，然后再洗涤。脏衣物经浸泡后可用洗衣机漂洗一次，如果衣服较少还可用快速洗涤，化纤物洗涤时间以3分钟，棉织品和床单的洗涤时间以7分钟为宜，这样可使洗衣机的运转时间缩短一半左右，不仅电耗相应减少了一半。还可以减少洗衣机磨损程度。

（2）分色洗涤，先浅后深：不同颜色的衣服分开洗，不仅洗得干净，而且也洗得快，比混在一起洗可缩短1/3的时间。

（3）先薄后厚：一般质地薄软的化纤、丝绸织物，四五分钟就可洗干净，而质地较厚的棉、毛织品要十来分钟才能洗净。厚薄分别洗，比混在一起洗可有效地缩短洗衣机的运转时间。

（4）额定容量：若洗涤量过少，电能白白消耗；反之，一次洗得太多，不仅会增加洗涤时间，而且会造成电机超负荷运转，既增加了电耗；又容易使电机损坏。

（5）用水量适中，不宜过多或过少：水量太多，会增加波盘的水压，加重电机的负担，增加电耗；水量太少，又会影响洗涤时衣服的上下翻动，增加洗涤时间，使电耗增加。要利用程序控制选择合适的水位段，一般以刚淹没衣物为宜。要适量配放洗涤剂，过量的洗涤剂只会增加漂洗难度和漂洗次数。

（6）正确掌握洗涤时间，避免无效动作：衣物的洗净度如何，并不完全同洗涤时间成正比，主要是与衣物上污垢的程度、洗涤剂的品种和浓度有关。最好采用低泡洗衣粉或者皂粉。洗衣粉的出泡多少和洗涤能力之间无必然联系，优质低泡洗衣粉或皂粉容易漂洗，一般比高泡洗衣粉少漂洗1～2次，省电、省水、又省时。

（7）调整洗衣机皮带：洗衣机的皮带打滑、松动，电流并不减小，而洗衣效果差；调紧洗衣机的皮带，既能恢复原来的效率，又不会多耗电。

（8）合理洗衣：衣物洗了头遍后，最好将衣物甩干，挤尽脏水，这样，漂洗的时候，就能缩短时间，并能节水省电。

(9) 掌握脱水时间：各类衣物在转速800～1000转/分钟的情况下脱水1分钟，脱水率就可达55%，再延长时间脱水率也提高很少，所以洗衣后脱水时，脱水1分多钟就可以了。

(10) 洗衣最好用集中洗涤的办法：一桶洗涤剂连续洗几批衣物，洗衣粉可适当增添。全部洗完后再逐一漂清。这样，就可省电、省水、节省洗衣粉和洗衣时间。

家用电脑省电的窍门

对多数家用电脑来说，包括主机、彩色显示器在内，最大功率一般在150w左右，要想节电，可从以下几个方面入手：

(1) 根据具体工作情况调整运行速度：比较新型的电脑都具有绿色节电功能，您可以设置休眠等待时间（一般设在15～30分钟之间），这样，当电脑在等待时间内没有接到键盘或鼠标的输入信号时，就会进入“休眠”状态，自动降低机器的运行速度直到被外来信号“唤醒”（播放VCD时，节能设置仍有可能生效，影响播放速度）。

(2) 调整显示器亮度或关闭：如只听音乐时，可以将显示器亮度调到最暗或干脆关闭；打印机应在使用时打开，用完后及时关闭。

(3) 尽量使用硬盘：一方面硬盘速度快，不易磨损，另一方面开机后硬盘就保持高速旋转，不用也一样耗能。

(4) 对机器经常保养，注意防潮、防尘：机器积尘过多，将影响散热，显示器屏幕积尘会影响亮度。保持环境清洁，定期清除机内灰尘，擦拭屏幕，既可节电又能延长电脑的使用寿命。

电热水器省电的窍门

电热水器的节电应从机器的选择、用电时段、选择温度等方面加以注意，具体如下：

(1) 选择高品质、信誉好的电热水器。

(2) 选择保温效果好，带防结垢装置的电热水器。

(3) 执行分时电价的地区，在低谷时开启，蓄热保温，高峰时段关闭，可减少电费支出。

(4) 淋浴器温度设定一般在50～60℃，不需要用水时应及时关机，避免反复烧水。

(5) 如果家中每天都需要使用热水，并且热水器保温效果比较好，那么应该让热水器始终通电，并设置在保温状态。因为保温一天所用的电，比把一箱凉水加热到相同温度所用的电要少。

(6) 夏天可将温控器挡位调低，改用淋浴代替盆浴可降低费用。

电饭锅省电的窍门

别看电饭锅个头不大，耗电却不小，一个4升容积的电饭锅，功率就超过1000W。因此也要注意节能。

（1）用电饭锅煮饭一定要准确测试放水量。在使用时除按照说明书规定的放水量外，还应注意按不同米质放水，并逐步摸索精确的加水量。水若放多了，电饭锅会将锅中的水全部蒸发后才能进入保温状态，这样既耗电又会使饭过烂而不好吃。

（2）做饭时待锅内水开后可拔下电源插头，利用余热还可加热一段时间，饭如果没熟透可再次插上电源插头，这样断续通电可节电20%到30%。煮饭做汤时，只要熟的程度合适即可切断电源。

（3）电饭锅的内锅一定要与电热盘吻合，若发现中间有杂物时，应及时清理，这样可保持电热盘的热传导性能，也可节约用电，提高电饭锅的热效率。如电热盘被油渍污物附着或出现黄黑色氧化焦膜时，应及时进行清洁，可选用零号细砂纸轻擦或用竹木片刮除。

（4）用热水或温水煮饭，待饭熟到一定程度即可断电，并在锅盖上盖一层毛巾，能减少热量损失，还可节电。

（5）煮熟米饭后，若不需保温，应拔下电源插头。这样做是由于电饭锅的电源插头若不拔下，则当电饭锅的内锅温度降至70℃时，电饭锅会自动通电。

（6）饭煮好后，关闭电源开关或者拔下电源插头，避免自动保温通电。

（7）根据平时所煮饭量的多少选用功率适当，保温性能好的电饭煲。

电风扇省电的窍门

风扇电机的耗电量与负载大小（电风扇的叶片大小）及电机两端所加电压高低成正比，电机两端所加的电压又与转速成正比，也就是说，风扇的叶片直径越大、转速越高越费电。

（1）合理利用电风扇挡位：同一台电风扇的最快挡与最慢挡的耗电量相差约40%，在快挡上使用1小时的耗电量，可在慢挡上使用将近2小时。因此，刚启动时应在高速挡位，达到额定转速后，再换中速挡或低速挡，这样有利于电机的快速启动，从而达到保护电机的目的。

（2）提高电风扇的工作效率：使用电风扇时，应将其放在室内相对阴凉处，使凉风吹向温度较高处；白天将风扇摆在屋角，使室内空气向室外流动；晚上将风扇移至窗口内侧，好将室外的冷空气吹到室内，或将电扇朝顺风的方向吹，使降温效率提高，缩短使用电扇的时间，从而使电耗减少。

（3）使用电风扇后要断电：每次使用完电风扇后，除关掉开关外，还应将电源插头拔下，以免开关失灵而长期通电，使电耗增加，产生损坏电机的可能。

（4）勤给风扇“洗澡”：电风扇用的时间长了，就会有灰尘附着在扇叶上。这样不但使风扇看起来不美观，还会使耗电量大大增加。所以，一定要经常给风扇“洗澡”。这样做既能使居室得到美化，还可以节省电能。

此外，如果电扇内部的灰尘积存过量，会出现电路腐蚀甚至漏电、短路的现象，导致安全隐患。

吸尘器省电的窍门

使用吸尘器的节能诀窍如下：

（1）使用前，应仔细看一遍说明书，然后对照说明书检查一下各种附件是否齐全，再按说明书步骤和方法将吸尘器各部分安装好。

（2）启动前，先核对一下电源的电压和频率，若吸尘器带有地线，应可靠接地。

（3）启动前，还应检查机体上的集层过滤袋，框格是否放平，机体上应该关紧的门、搭扣或。盖是否关好、盖严和搭紧，检查确认无误后才可启用。

（4）使用前，应当将被清扫场所中的较大脏物、纸片等除去，以免吸入管内堵塞进风口或尘道。

（5）使用吸尘器时，应注意不要吸进易燃物（如沾有汤油的尘团、火柴头、未熄灭的烟头、易燃药粉等）、潮湿泥土、污水、金属屑等，以防损坏机器。

（6）每次连续使用时间最好不要超过2小时，以免电机过热而烧毁。

（7）吸尘器使用一段时间后，手感吸力会减弱，此时，只需彻底清除管内、网罩表面和内层（双层隔离层内部）的堵塞物和积尘，就能恢复原有的吸力。

（8）吸尘器使用时，要远离水泵、辐射源及炉灶等。

（9）吸尘器使用时，一旦发现有异物堵住吸管，或有异常噪声、电机过热现象时应立即停止使用，否则会烧毁电机。

（10）对于一般化纤地毯、地板、沙发床等的清洁吸尘，输入功率为600W左右的吸尘器吸力已经足够，对于羊毛长绒地毯的吸尘，功率可大一些。但大于1000W的，在地毯吸尘时，反而有推不动吸刷的感觉。因此，选择功率大小适宜的吸尘器，既方便使用，也利于节省电力。

（11）对可调速的吸尘器，一般把最大的吸力用于地毯吸尘，其次的用于地板吸尘，再次的用于床及沙发吸尘，最小的用于窗帘、挂件等家物吸尘。

（12）有灰尘指示器的吸尘器，不能在满刻度工作，接近满刻度时，应停机清灰。

（13）吸尘器清理尘埃时，不要将手和脚放在吸入口附近，以免发生危险。

（14）吸尘器并非万能的垃圾收集箱，它对大的和极微小的东西也不能用，如大的垃圾因管道口径和吸力有限，自然吸不进去；极细微的粉末（如复印机的碳粉），吸尘器不能有效过滤，这些粉尘对吸尘器主机危害甚大。

（15）吸尘器电线的绝缘保护层要保护好，吸尘器工作时要有人看管以防发生意外。

（16）吸尘器的贮尘袋应经常清理，否则会降低吸尘效率。

数码相机省电的窍门

首先，拍摄时尽量避免使用不必要的变焦操作；其次，避免频繁使用闪光灯；再次要少用 LCD 显示屏，将它关闭，可使电池使用时间延长两三倍；另外还要尽量少用连拍功能。

（1）正确使用和保养充电电池也是保障数码相机正常供电的关键。目前数码相机使用的电池分为锂电池、镍氢电池、镍铬电池、碱性电池等，除了锂电池外，最受欢迎、技术最成熟的是镍氢电池。

（2）刚买回来的充电电池在使用前应充分充电，锂电池的充电时间一定要超过 6 小时，镍氢电池一定要超过 14 小时，一般需经过多次充放电之后，才能达到最佳效果。如果在电量没有用完的情况反复给电池充电，电池的使用时间也会慢慢缩短。

（3）为了避免电量的流失，应尽量保持电池接触点的清洁，长期不用的电池，每半年要充、放电 1 次。另外，新旧电池不要同时搭配使用。还应注意，充满电后的电池很热，性能也不稳定，应该等冷却后再装入相机使用。

（4）数码相机不用时，机身要擦干净，用干净的布蘸点清水擦拭即可，然后阴干，放在阴凉干燥的地方，有条件的话放入防潮箱：卡里面存储的文件拷至电脑，确保卡里没有照片和其他文件，并把卡从机器里取出，和机器放在一起：取出电池。

电熨斗省电的窍门

家中电熨斗省电有如下妙招：

（1）一般熨衣服前 3 分钟通电，就够使电熨斗热度恰到好处。

（2）使用蒸汽熨斗时，加热水省电又省时。

（3）熨斗在最高温时，应熨烫麻质或棉质衣服。绢质手帕或化纤之类的衣物，可在拔下熨斗电源插头后，利用余热熨烫。

（4）每次熨衣时，最好将皱痕一次熨平，如果反复熨烫，一则更慢，二则多耗电。

（5）掌握熨斗通电时间：一般来讲，一个 300W 的电熨斗通电 1 分钟可升温 20%。可根据熨烫的衣料，掌握好通电时间。

汽车节油的窍门

开车的朋友们学习掌握一些汽车节油的秘籍，时间久了也可为您省掉一笔可观的费用。

（1）汽车行驶过程中，要注意看水温表，发动机正常的水温应保持在 80℃～90℃，如果过高或不足都会使油耗增加。当水温超过95℃时，油耗比正常温度时增加，并且会很容易导致机件磨损和损坏。

（2）时常检查轮胎的气压，以保持在最佳状态。轮胎气压不足会增加耗油量，因此应该定时检查轮胎气压。只要有一个轮胎少打40千帕斯卡，这个轮胎就会减少1万千米的寿命，而且令汽车的总耗油量增加3%。

（3）不要随意更换轮胎的大小。选择更宽的轮胎或许让您的车看来更有“跑车味”，但轮胎越宽，车轮阻力越大，燃油消耗量越多。

（4）用黏度最低的发动机油。在自己汽车所能用的最低发动机油黏度的范围内，发动机油黏度越低，发动机就越“省力”，也就越省油。

（5）不要热身过度。有些车主喜欢在早上开车前，热身后才上路，但热身太久也是一种浪费。另外，您其实也可以先让车子慢慢行驶一两千米来达到热身的效果。

（6）不要超速。对一般汽车而言，80千米的时速是最省油的速度，有统计表明，每增加1千米的时速，就使您的耗油量增加0.5%。

（7）任何时候都不要大脚踩油门或轰油门。路面起伏颠簸时，踩油门的脚最好松开，因为此时脚很容易踩深油门，而发动机的电脑对这种快速给油来不及处理，加的油不能充分燃烧。

（8）在遇红绿灯或前方车辆刹车时，要提前挂空挡，滑行到红绿灯前或前方车后，视情况再换挡前行。

液化气节能的窍门

用煤气或天然气烧水或做饭时，掌握火苗的高度及灶台与锅底的距离可适当节能，具体如下：

（1）一般来说，火苗的外焰温度高于内焰，做饭时应随时调节阀门，控制火苗高度，使外焰与锅底充分接触，但不让其超过锅底外缘，这样才能取得最佳加热效果。火的大小要和锅一致，锅小火大的话，火烧在四周只会白白消耗燃气热能。

（2）灶台表面与锅底的距离不宜小于3厘米，因为煤气燃烧时需要氧气助燃，间距过小会造成氧气混合量减小，气体不能充分燃烧，热值下降。有些人认为，用小火可以节约煤气，其实用小火烧水会使时间延长，火焰在空气中散失的热量多，反而更费煤气。在菜或饭快做好时，关上煤气，借助炉灶的余热来维持烹饪所需的热量。

（3）在烹饪时，应先把要做的食物准备好再点火，避免烧“空灶”。火的大小可以根据锅的大小来决定，火焰分布的面积与锅底相平为最佳。

（4）如果是煲汤、炖东西，先用大火烧开，关小火只要保持锅内的汤滚开而又不溢出就行。

烧水节省燃气的窍门

在烧温水时，有人喜欢先将少量的水烧开，再加冷水来使水的温度达到中和，认为这样做可以节约燃气，实际上这样做很不科学。

（1）假如需要特定温度的热水，可以将冷水烧至所需的温度，直接饮用就行了。这样可使燃气得到节约。因为烧水时，从水被烧热到烧开的这段过程，锅、壶表面与空气的温差很大，热量散失多，同时与火焰的温差较小，对热量吸收不利。

（2）越在接近沸腾的时候，水需要的热量就越大，消耗掉的天然气就越多，这个阶段的热效率非常低。比如，直接用烧到 60℃的热水，比用烧开后再掺冷水到 60℃同样多的热水省气 10%左右。因此，用冷水兑开水作热水使用并不节省燃气。

此外，烧水时最好的选择是连续烧两壶，这样做可节省烧第二壶水时加热水壶所需要的燃气。

采暖节能的窍门

冬季取暖节能也有窍门可循，具体如下：

（1）尽量不加暖气罩。许多家庭装修时在散热器上加设暖气罩，但是，再加上暖气罩后，人们普遍发现，屋子不热了，这是散热器即暖气片对热量的散发，首先通过加热散热器周围的空气，热空气不断上升，冷空气不断流来再被加热，形成空气对流，散发热量。如果散热器被暖气罩所封闭，暖气片周围不能形成空气对流，散热器就难以通过对流有效散发热量。

另外，散热器的热表面向四周物体和壁面不断发出热辐射，以此来加热房间。热辐射是直线进行的，如果散热器为暖气罩所封闭，则散热器的热量只能辐射到暖气罩的内表面上，再通过被加热了的暖气罩外表面，进行二次辐射。这么一来，散热器该散发的热量散不出去，只得经过回水管白白地流回热力站或锅炉房，而屋子里只能得到相当少的热量。

（2）正确设置暖气罩。暖气罩设置不当，会妨碍散热器散发热量，从改善室内热环境和节约能源的角度看，当然是以不设暖气罩为好。如果住户很想安设暖气罩的话，那么，一是不影响通过散热器的空气对流，二是不妨碍散热器表面向室内的热辐射。

（3）为了使通过散热器的空气对流顺利，在暖气罩下部或侧面沿地面附近应留出5～10 厘米宽的空隙，以便下部空气进入，在暖气罩正面沿上板下沿，也应留出相同宽度的长条空隙，以便上部热空气流出。在暖气罩与墙壁之间上沿则不应留有间隙，否则向上流动的空气携带的灰尘，容易黏附在此处墙面上，造成脏污。

与此同时，为了减少散热器表面的热辐射，应在暖气罩正面留出稍大一些的空隙，其位置与散热器位置相同，而面积略大于散热器。此处可用铁丝网或细木条网作部分遮挡。这种做法，对暖气片的散热影响不很大，不至于因安设暖气罩而使室温明显降低。